高职高专教育“十二五”规划特色教材
国家骨干高职院校建设项目成果

种子加工贮藏技术

刘松涛　闫凌云　主编

中国农业大学出版社
·北京·

内容简介

本教材从种子贮藏期间的生理代谢和种子物理特性开始，重点分析了种子在贮藏期间的变化和异常产生的原因及防止措施，结合原理和变化对种子安全贮藏提出建议，最后结合具体作物的特性分别讨论了安全贮藏的措施，同时也对种子贮藏的新技术进行了简要的说明，并且介绍了种子干燥、加工与处理的主要方法和技术。本教材按照主要情境编写，每个情境由任务单、资讯单、信息单、计划单、决策单、材料工具清单、实施单、作业单、检查单、评价单和教学反馈单11个部分组成，突出岗位职业技能，内容按照工作环节或流程编写，注重体现工学结合、校企合作的教学需要。本书基本理论深浅适中，技术可操作性强。

图书在版编目(CIP)数据

种子加工贮藏技术/刘松涛，闫凌云主编．—北京：中国农业大学出版社，2013.6(2018.3重印)

ISBN 978-7-5655-0736-6

Ⅰ.①种… Ⅱ.①刘…②闫… Ⅲ.①种子-加工-高等职业教育-教材②种子-贮藏-高等职业教育-教材 Ⅳ.①S339

中国版本图书馆CIP数据核字(2013)第134180号

书　名 种子加工贮藏技术

作　者 刘松涛　闫凌云　主编

策划编辑 陈　阳　伍　斌　　**责任编辑** 冯雪梅

封面设计 郑　川　　**责任校对** 陈　莹　王晓凤

出版发行 中国农业大学出版社

社　址 北京市海淀区圆明园西路2号　　**邮政编码** 100193

电　话 发行部 010-62818525,8625　　读者服务部 010-62732336

编辑部 010-62732617,2618　　出　版　部 010-62733440

网　址 http://www.cau.edu.cn/caup　　**e-mail** cbsszs @ cau.edu.cn

经　销 新华书店

印　刷 北京时代华都印刷有限公司

版　次 2013年6月第1版　2018年3月第2次印刷

规　格 787×1 092　16开本　15印张　353千字

定　价 26.00元

河南农业职业学院教材编审委员会

编审人员

主　编　刘松涛（河南农业职业学院）
　　　　　闫凌云（河南农业职业学院）

副主编　雷清泉（河南农业职业学院）
　　　　　李延峰（河南省种子管理站）

参　编　（以姓氏笔画为序）
　　　　　刘树立（奥瑞金种子有限公司）
　　　　　陈　刚（河南农业职业学院）
　　　　　武　思（河南农业职业学院）
　　　　　贾文华（河南省种子管理站）

主　审　王应君（河南农业职业学院）

前　言

本教材全面贯彻落实了教育部《关于全面提高高等职业教育教学质量的若干意见》(简称16号文件),是强化工学结合、突出实践能力、改革人才培养模式的具体体现。“国以农为本,农以种为先”,种子是最基本的农业生产资料,种子行业已经向现代化、专业化和集团化发展。种子加工贮藏技术是种子工作中的一个重要环节。对种子科学加工、安全贮藏,能使种子在较长时间内保持生活力,减少损失,提高商品性,是粮食安全的重要保障。

本教材以专业技能培养为中心,依据种子生产与经营等种植类专业职业岗位群的需求,精选素材,对课程内容进行设计调整,按种子加工和贮藏技术设计课程项目,以岗位典型工作任务来设计教学任务。本书阐述了种子贮藏期间的生理代谢、种子物理特性和种子加工原理,重点分析了种子在贮藏期间的变化和异常产生的原因及防止措施,介绍了种子加工的主要环节技术措施,并且对种子科学加工和安全贮藏提出建议。本书基本理论深浅适中,技术可操作性强。克服了以往教材“总论、各论各自独立,理论、实践相脱节”的缺点,本教材将总论、各论的内容有机融合,实现了理论和技能的完美结合;教材中各项目的实施过程融入了企业的要素,引进企业的运行和管理模式,严格按照企业管理要求完成课程项目;教师、学生扮演企业相应的角色,教师以项目经理的身份布置任务,学生以员工的身份,在企业真实生产情境下完成典型工作任务,体现了教学内容的先进性、教学组织的灵活性。

本教材共分8个情境,即种子贮藏原理、种子物理特性、种子干燥技术、种子加工原理及技术、种子仓库有害生物及其防治、种子仓库及其设备和种子入库、种子贮藏期间的变化和管理、主要农作物种子的贮藏方法,其中情境1由武思编写;情境2由雷清泉编写;情境3由陈刚编写;情境4由李延峰、贾文华编写;情境5、情境6由刘松涛编写;情境7由闫凌云编写;情境8由刘树立编写。本教材由刘松涛统稿,王应君审稿。

本教材主要作为高职高专种子专业或者植物生产类专业的教材,也可作为种业企业和科技人员的培训教材、工作手册及广大农业教育、科研工作者的学习参考教材。

由于编者业务水平有限,谬误与疏漏之处在所难免,敬请读者斧正。

编　者

2012年11月

目　录

学习情境1　种子贮藏原理

种子是活的有机体，每时每刻都在进行着呼吸作用，即使是非常干燥或处于休眠状态的种子，呼吸作用仍在进行，但强度减弱。种子的呼吸作用与种子的安全贮藏有非常密切的关系。因此，了解种子的呼吸及其各种影响因素，对控制呼吸作用和做好种子贮藏工作有重要的实践意义。

任 务 单

<table>
<tr><td>学习领域</td><td colspan="6">种子加工贮藏技术</td></tr>
<tr><td>学习情境 1</td><td colspan="4">种子贮藏原理</td><td>学时</td><td>6</td></tr>
<tr><td colspan="7">任务布置</td></tr>
<tr><td>能力目标</td><td colspan="6">1.能根据种子呼吸与种子安全的关系,制定种子安全贮藏的条件。
2.能根据后熟作用与种子安全的关系,制定种子安全贮藏的条件。
3.能根据种子呼吸与种子加工的关系,制定种子加工的技术路线。
4.能根据后熟作用与种子加工的关系,制定种子加工的技术路线。</td></tr>
<tr><td>任务描述</td><td colspan="6">种子贮藏期限的长短,因作物种类、耕作制度及贮藏条件而不同。如秋播种的种子贮藏期短,后备种子则要长一些,而种质资源保存的种子贮藏期则更长。一般情况下,贮藏期短的种子不易丧失生活力,贮藏期长的则容易丧失生活力,但不是绝对的。品质优良的种子,在干燥低温条件下,采用科学管理方法则可延长寿命,反之则不能,甚至引起种子迅速变质。具体任务要求如下:
1.从提高种子耐藏性着手,改善贮藏条件。
2.根据种子呼吸与种子安全的关系,制定种子安全贮藏的条件。
3.能根据后熟作用与种子安全的关系,制定种子安全贮藏的条件。
4.并用科学管理方法是种子安全贮藏的重要保证。</td></tr>
<tr><td>学时安排</td><td>资讯 1 学时</td><td>计划 1 学时</td><td>决策 1 学时</td><td>实施 2 学时</td><td>检查 0.5 学时</td><td>评价 0.5 学时</td></tr>
<tr><td>参考资料</td><td colspan="6">[1] 颜启传.种子学.北京:中国农业出版社,2001.
[2] 束剑华.园艺植物种子生产与管理.苏州:苏州大学出版社,2009.
[3] 吴金良,张国平.农作物种子生产和质量控制技术.杭州:浙江大学出版社,2001.
[4] 胡晋.种子贮藏加工.北京:中国农业出版社,2003.
[5] 农作物种子质量标准(2008).北京:中国标准出版社,2009.
[6] 金文林,等.种子产业化教程.北京:中国农业出版社,2003.</td></tr>
<tr><td>对学生的要求</td><td colspan="6">1.必须掌握种子呼吸概念、评价指标和影响因素。
2.能判断种子所处的状态。
3.掌握种子后熟作用的概念。
4.会根据原理制定种子安全贮藏的方法和制定种子安全贮藏的条件。
5.严格遵守课堂纪律和工作纪律,不迟到,不早退,不旷课。
6.本情境工作任务完成后,需提交学习体会报告,要求另附。</td></tr>
</table>

资 讯 单

<table>
<tr><td>学习领域</td><td colspan="3">种子加工贮藏技术</td></tr>
<tr><td>学习情境 1</td><td>种子贮藏原理</td><td>学时</td><td>1</td></tr>
<tr><td>咨询方式</td><td colspan="3">在资料角、实验室、图书馆、专业杂志、互联网及信息单上查询；咨询任课教师</td></tr>
<tr><td>咨询问题</td><td colspan="3">1. 种子呼吸的概念和方式是什么？如何判断？
2. 种子呼吸的评价方法有哪些？
3. 影响种子呼吸的因素有哪些？
4. 种子呼吸和种子安全贮藏的关系如何？
5. 根据种子呼吸制定不同状态条件下的种子贮藏条件。
6. 什么是种子后熟作用？
7. 后熟作用和种子安全贮藏的关系如何？
8. 根据种子后熟作用制定不同状态条件下的种子贮藏条件。
9. 种子合理贮藏措施如何制定？</td></tr>
<tr><td>资讯引导</td><td colspan="3">1. 问题 1～4 可以在胡晋的《种子贮藏加工》第一章中查询。
2. 问题 5 可以在颜启传的《种子学》第七章中查询。
3. 问题 6～8 可以在刘松涛的《种子加工技术》项目二中查询。</td></tr>
</table>

信 息 单

学习领域	种子加工贮藏技术
学习情境 1	种子贮藏原理

一、种 子 呼 吸

(一)贮藏种子的呼吸概念

种子的任何生命活动都与呼吸密切相关,种子的呼吸过程是将种子内贮藏物质不断分解的过程,它为种子提供生命活动所需的能量,促使有机体内生化反应和生理活动正常进行。种子的呼吸作用是贮藏期间种子生命活动的集中体现,因为贮藏期间不存在同化过程,而主要进行分解作用和劣变过程。

呼吸作用是种子内在活性组织及酶和氧的参与下将本身的贮藏物质进行一系列的氧化还原反应,最后放出二氧化碳和水,同时释放能量的过程。它是活组织特有的生命活动,如禾谷类种子中只有胚部和糊粉层细胞是活组织,所以种子呼吸作用是在胚和糊粉层细胞中进行。种胚虽只占整粒种子的 3%~13%,但它是生命活动最活跃的部分,呼吸作用以胚部为主,其次是糊粉层。种皮和胚乳经干燥后,细胞一般不存在呼吸作用,但果种皮和通气性有关,也会影响呼吸的性质和强度。

(二)种子呼吸的性质

种子的呼吸类型分有氧呼吸和无氧呼吸两种。有氧呼吸即通常所指的呼吸作用,其过程可以简括如下:

$$C_6H_{12}O_6+6O_2 \rightarrow 6CO_2+6H_2O+2\ 870.22\ kJ$$

无氧呼吸一般指在缺氧条件下,细胞把种子贮存的某些有机物分解成不彻底的氧化产物,同时释放能量的过程。反应式如下:

$$C_6H_{12}O_6 \rightarrow 2C_2H_5OH+2CO_2+100.42\ kJ$$

一般无氧呼吸产生酒精,但也可以产生乳酸,其反应式如下:

$$C_6H_{12}O_6 \rightarrow 2CH_3COCOOH+75.31\ kJ$$

种子呼吸的性质随环境条件、作物种类和种子品质而不同。干燥的、果种皮紧密的、完整饱满的种子处在干燥低温、密闭缺氧的条件下,以缺氧呼吸为主,呼吸强度低;反之则以有氧呼吸主,呼吸强度高。种子在贮藏过程中两种呼吸往往同时存在,通风透气的种子堆,一般以有氧呼吸为主,但在大堆种子底部仍可能发生缺氧呼吸。若通气不良,氧气供应不足时,则缺氧呼吸优势。含水量较高的种子堆,由于呼吸旺盛,堆内种温升高,如果通风不良,便会产生乙醇及类物质在种子堆内积累过多,往往会抑制种子正常呼吸代谢,甚至使胚中毒死亡。

(三)种子的呼吸强度和呼吸系数

呼吸作用可以用两个指标来衡量,即呼吸强度和呼吸系数(也叫呼吸商,简称 RQ)。

1.呼吸强度

呼吸强度是指一定时间内,单位重量种子放出的二氧化碳量或吸收的氧气量。它是表示种子呼吸强弱的指标。种子贮藏过程中,呼吸强度增强无论在有氧呼吸和缺氧呼吸条件下都是有害。种子长期处在有氧呼吸条件下,放出的水分和热量,会加速贮藏物质的消耗和种子生活力的丧失。对水分较高的种子来说,在贮藏期间若通风不良,种子呼吸放出的一部分水汽就被种子吸收,而释放出来的热能则积聚在种子堆内不易散发出来,因而加剧种子的代谢作用;在密闭缺氧件下呼吸强度愈大,愈易缺氧而产生有毒物质,使种子窒息而死。因此,对水分含量高的种子,入仓前应充分通风换气和晒干,然后密闭贮藏由有氧呼吸转变为缺氧呼吸。干燥种子,由大部分酶处于钝化状态,本身代谢作用十分微弱,种子内贮藏养料的消耗极少,即使贮藏在缺氧条件下,也不容易丧失发芽率。实践证明,干燥种子密闭贮藏能保持生活力许多年,其原因就在于此。

2.呼吸系数

呼吸系数是指种子在单位时间内放出二氧化碳的体积和吸收氧气的体积之比,即

$$呼吸系数=放出\ CO_2\ 体积/吸收\ O_2\ 体积$$

呼吸系数是表示呼吸底物的性质和氧气供应状态的一种指标。当碳水化合物为呼吸底物时,若氧化完全,呼吸系数为1。如果呼吸底物中氧碳值比值比碳水化合物小的脂肪和蛋白质,则其呼吸系数小于1。如果底物是一些比碳水化合物含氧较多的物质,如有机酸,其呼吸系数大于1。由此可见,呼吸系数随呼吸底物而异,实际上种子中含有各种呼吸底物,往往不是单纯利用一种物质作为呼吸底物的,所以呼吸系数与底物的关系并非容易确定。一般而言,贮藏种子利用的是存在于胚部的可溶性物质,只有在特殊情况下受潮发芽的种子才有可能利用其他物质。

呼吸系数还与氧的供应是否充足有关。测定呼吸系数的变化,可以了解贮藏种子的生理作用是在什么条件下进行的。当种子进行缺氧呼吸时,其呼吸系数大于1;在有氧呼吸时,呼吸系数等于1或小于1。如果呼吸系数比1小得多,表示种子进行强烈的有氧呼吸。氧气的供应还与果种皮的结构有关,果种皮致密,透氧性极低的种子,往往存在缺氧呼吸现象。

(四)影响种子呼吸强度的因素

种子呼吸强度的大小,因作物、品种、收获期、成熟度、种子大小、完整度和生理状态而不同,同时还受环境条件的影响,其中水分、温度和通气状况的影响更大。

1.水分

呼吸强度随着种子水分的提高而增强(图1-1)。潮湿种子的呼吸作用很旺盛,干燥种子的呼吸作用则非常微弱。因为酶类随种子水分的增加而活化,把复杂的物质转变为简单的呼吸底物。所以种子内的水分愈多,贮藏物质的水解作用愈快,呼吸作用愈强烈,氧气的消耗量愈大,放出的二氧化碳和热量愈多。可见种子中游离水的增多是种子新陈代谢强度急剧增加的决定因素。种子内出现游离水时,水解酶和呼吸酶的活动便旺盛起来,增强种子呼吸强度和物质的消耗。当游离水将出现时的种子含水量称为临界水分。一般禾本科作物种子临界水分为13.5%左右(如水稻13%、小麦14.6%、玉米11%);油料作物种子的临界

水分为8%～8.5%（油菜7%）。

随着种子水分的升高不仅呼吸强度增加，而且呼吸性质也随之变化。临界水分与种子贮藏的安全水分有密切关系，而安全水分随各地区的温度不同而有差异。禾谷类作物种子的安全水分，在温度0～30℃范围内，温度一般以0℃为起点，水分以18%为基点，以后温度每增高5℃，种子的安全水分就相应降低1%。在我国多数地区，水分不超过14%～15%的禾谷类作物种子，可以安全度过冬、春季；水分不超过12%～13%可以安全度过夏、秋季。

2.温度

在一定温度范围内种子的呼吸作用随着温度的升高而加强。一般种子处在低温条件下，呼吸作用极其微弱，随着温度升高，呼吸强度不断增强，尤其在种子水分增高的情况下，呼吸强度随着温度升高而发生显著变化，但这种增长受一定温度范围的限制。在适宜的温度下，原生质黏滞性较低，酶的活性强，所以呼吸旺盛；而温度过高，酶和原生质遭受损害，使生理作用减慢或停止。图1-2的曲线表明，几种水分不同的小麦种子，呼吸强度在0～55℃范围内逐渐增强，温度超过55℃，呼吸强度又急剧下降。由此可见，水分和温度都是影响呼吸作用的重要因素，两者互相制约。干燥的种子即使在较高温度的条件下，其呼吸强度要比潮湿的种子在同样温度下低得多；而潮湿种子在低温条件下的呼吸强度比在高温下低得多。因此干燥和低温是种子安全贮藏和延长种子寿命的必要条件。

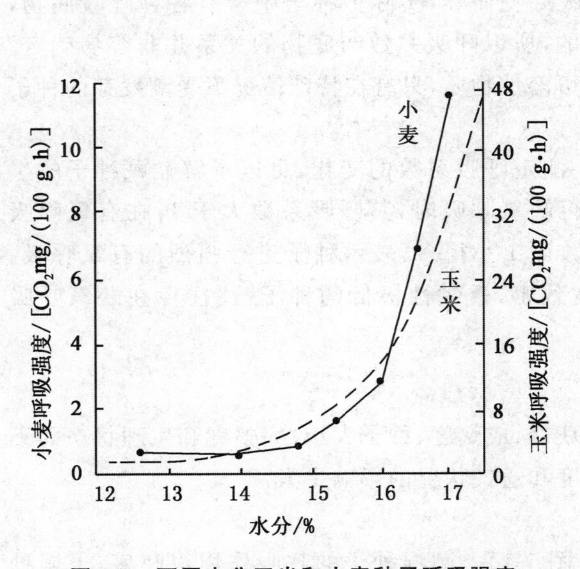

图1-1　不同水分玉米和小麦种子呼吸强度

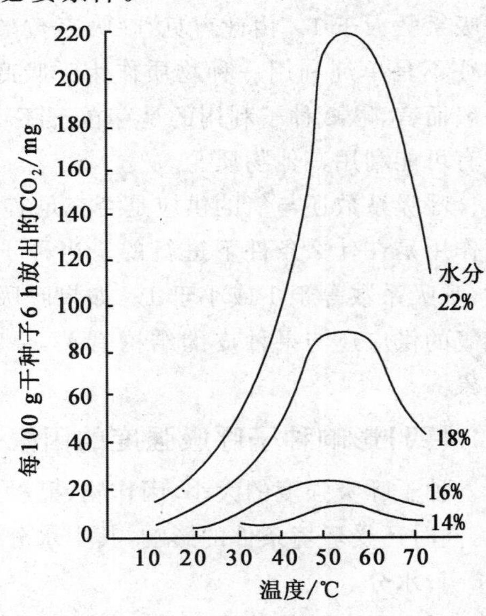

图1-2　温度对不同水分小麦种子呼吸强度的影响

3.通气

空气流通的程度可以影响呼吸强度与呼吸方式。如表1-1所示，不论种子水分高低，在通气条件下的呼吸强度均大于密闭贮藏。同时还表明种子水分和温度愈高，则通气对呼吸强度的影响愈大。但高水分种子，若处于密闭条件下贮藏，由于旺盛的呼吸，很快会把种子堆内部间隙中的氧气耗尽，而被迫转向缺氧呼吸，结果引起大量氧化不完全的物质积累，导致种子迅速死亡。因此，高水分种子，尤其是呼吸强度大的油料作物种子要特别注意通风。水分不超过临界水分的干燥种子，由于呼吸作用下常微弱，对氧气的消耗很慢，即使在密闭条件下，也能长期保持种子生活力。在密闭条件下，种子发芽率随着其水分提高而逐渐下降(表 1-1)。

表 1-1　通气对大豆种子呼吸强度(CO_2)的影响　　mg/(100 g·h)

温度/℃	水分/%					
	10.0		12.5		15.0	
	通风	密闭	通风	密闭	通风	密闭
0	100	10	182	14	231	45
2～4	147	16	203	23	279	72
10～12	286	52	603	154	827	293
18～20	608	135	979	289	3 526	1 550
24	1 073	384	1 667	704	5 851	1 863

通气对呼吸的影响还和温度有关。种子处在通风条件下，温度愈高，呼吸作用愈旺盛，生活力下降愈快；生产上为有效地长期保持种子生活力，除干燥、低温外，进行合理的密闭或通风是必要的。

4.化学物质

二氧化碳、氮气以及农药等气体对种子呼吸作用也有明显影响，浓度高时往往会影响种子的发芽率。例如，种子间隙中二氧化碳浓度积累至 12%时，就会抑制小麦和大豆的呼吸作用；若提高小麦水分，在二氧化碳含 7%时就有抑制作用。目前，有些粮食部门采用脱氧充氮或提高二氧化碳浓度等方法保管粮食，既可杀虫灭菌，在一定程度上又能抑制粮食的呼吸作用。这种方法在粮食保管方面已有成效，但在保存农业种子方面，还有待进一步研究。

5.种子本身状态

种子的呼吸强度还受种子本身状态的影响。凡是未充分成熟的、不饱满、损伤的、冻伤的、发过芽的、小粒的和大胚的种子，呼吸强度都高；反之，呼吸强度就低(图 1-3)。因为未成熟、冻伤、发过芽的种子含有较多的可溶性物质，酶的活性也较强，损伤、小粒的种子接触空气面较大，大胚种子则由于胚部活细胞所占比例较大，呼吸强度有所升高。

从上可知，种子入仓前应该进行清选分级，剔除杂质、破碎粒、未成熟粒、不饱满粒与虫蚀粒，把不同状态的种子进行分级，以提高贮藏稳定性。凡受冻、虫蚀过的种子不能作种用，而对大胚种子、呼吸作用强的种子，贮藏期间要特别注意干燥和通气。

6.间接因素

如果贮藏种子感染了仓虫和微生物，一旦条件适宜时便大量繁殖，由于仓虫、微生物生命活动的结果放出大量的热能和水汽，间接地促进了种子呼吸强度的增高(图 1-4)。同时，三者(种子、仓库害虫、微生物)的呼吸构成种子堆的总呼吸，那就会消耗大量的氧气，放出大量的二氧化碳，也间接地影响种子呼吸方式，这就加速种子生活力丧失。据试验，昆虫的氧气消耗量为等量谷物的 130 000 倍。栖息密度越高，则其氧气消耗量越大。在有仓虫的场合，氧气随着温度增高而减少愈快。随着仓内二氧化碳的积累，仓虫就窒息死亡。但有的仓虫能忍耐 60%浓度的二氧化碳。虽然二氧化碳浓度的提高会影响仓虫的死亡，但仓虫死亡的真正原因是氧气的减少。当氧气浓度减少到 2%～2.5%时，就会阻碍仓虫的发生。在密封条件下，由于仓虫本身的呼吸，使氧气浓度自动降低，而阻碍仓虫继续发生，即所谓自动驱除，这就是密封贮藏所依据的一个原理（图 1-5）。

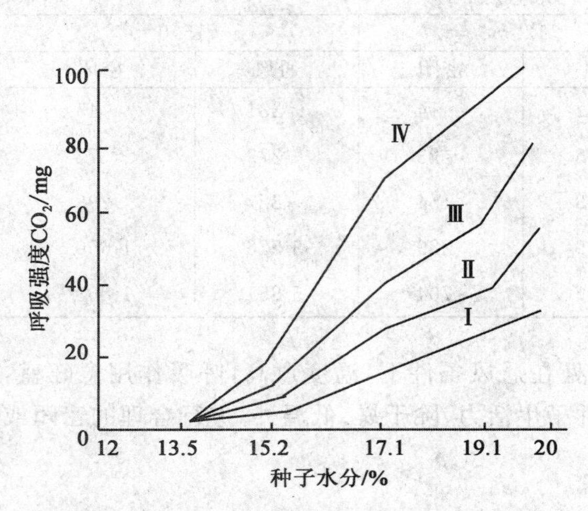

图 1-3　种子完整度与呼吸强度的关系

Ⅰ 饱满籽粒　Ⅱ 不饱满籽粒

Ⅲ 极不饱满粒　Ⅳ 破碎粒

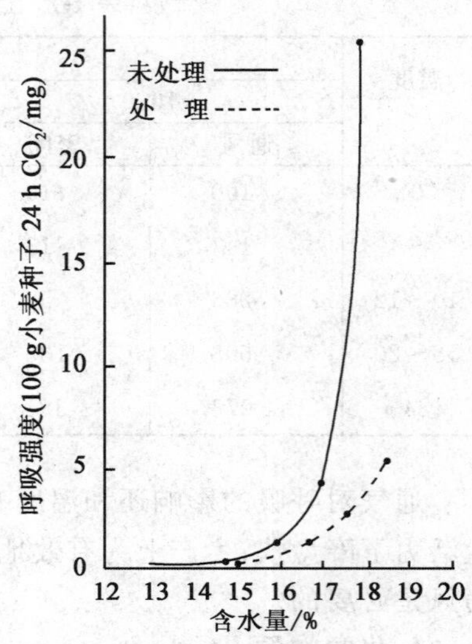

图 1-4　正常与有菌繁殖的小麦种子呼吸强度与含水量的关系

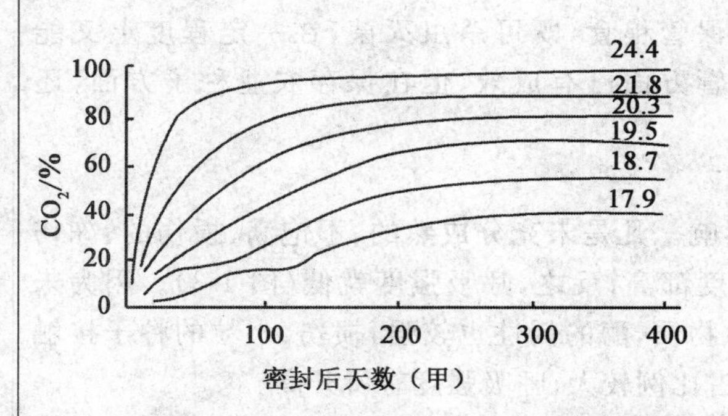

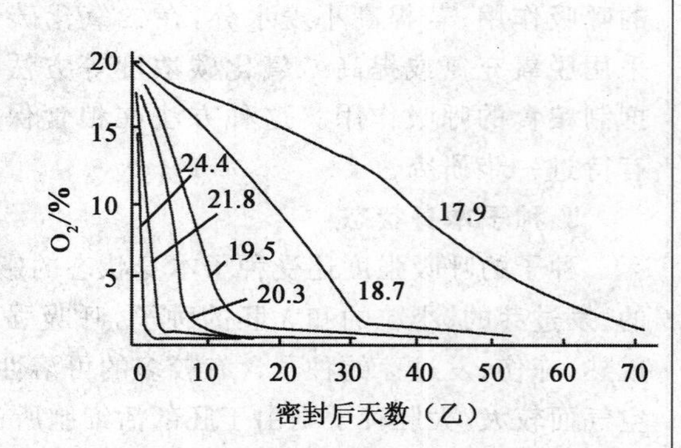

图 1-5　不同密封时间籽粒间空气的 CO_2 和 O_2 质量分数变化（图中数字为含水量/%）

（五）呼吸与种子贮藏的关系

种子的呼吸是种子贮藏期间生命活动的集中和具体表现，种子的呼吸强度和种子的安全贮藏有密切的联系。呼吸作用对种子贮藏有两方面的影响。有利方面是呼吸可以促进种子的后熟作用，但通过后熟的种子还是要设法降低种子的呼吸强度；利用呼吸自然缺氧，可以达到驱虫的目的。不利方面是，在贮藏期间种子呼吸强度过高会引起许多问题。

种子呼吸强度大，消耗了大量贮藏干物质。据计算，每放出1 g二氧化碳必须消耗0.68 g葡萄糖。贮藏物质的损耗会影响种子的重量和种子活力；种子呼吸作用释放出大量的热量和水分。例如，每克葡萄糖转化可产生0.5 g水分，种子有氧呼吸释放的能量的44%，微生物分解种子时释放能量的88%转变成热能。种子堆是热的不良导体，这些水分和热从不能散发出去。使种子堆湿度增大，种温增高，湿度与热量被种子吸收后，使得种子的呼吸强度提高。如此恶性循环以后造成种子发热霉变，完全丧失生活力；缺氧呼吸会产生有毒物质，积累后会毒害种胚，降低或使种子丧失生活力；种子呼吸释放的水汽和热量，使仓虫和微生物活动加强，加剧对种子的取食和危害。由于仓虫、微生物生命活动的结果放出大量的热能和水汽，又间接地促进了种子呼吸强度的增高。

综上所述，呼吸作用是种子生理活动的集中表现。在种子贮藏期间把种子的呼吸作用控制在最低限度，就能有效地保持种子生活力和活力。一切措施（包括收获、脱粒、清选、干燥、仓房、种子品质、环境条件和管理制度等）都必须围绕降低种子呼吸强度和减缓劣变进程来进行。

二、种子的后熟作用

（一）种子的后熟

1.后熟的概念

种子成熟应该包括两方面的意义，即种子形态上的成熟和生理上的成熟，只具备其中一个条件时，都不能称为种子真正的成熟。种子形态成熟后被收获，并与母株脱离，但种子内部的生理生化过程仍然继续进行，直到生理成熟；这段时期的变化实质上是成熟过程的延续，又是在收获后进行的，所以称为后熟。实际上是在种子内发生的准备发芽的变化。种子通过后熟作用，完成其生理成熟阶段，才可认为是真正成熟的种子。种子在后熟期间所发生的变化，主要是在质的方面，而在量的方面只减少而不会增加。从形态成熟到生理成熟变化的过程，称为种子后熟作用。完成后熟作用所需的时间，称为后熟期。

2.休眠和后熟的关系

休眠是指生理休眠（即种子是活的，给以适宜条件也不发芽），休眠是广义的名词，后熟是休眠的一种状态，或是引起休眠的一种原因。种子未通过后熟作用，不宜作为播种材料，否则发芽率低，出苗不整齐，影响成苗率。小麦子粒未通过后熟，磨成面粉，影响烘烤品质；大麦子粒未通过后熟，制成的麦芽不整齐，不适于酿造啤酒。

3.种子后熟期的长短

不同作物种子后熟期长短有差异。是由作物品种的遗传特性和环境条件影响而形成的。一般来说，麦类后熟期较长，粳稻、玉米、高粱后熟期较短，油菜、籼稻基本无后熟期或很短，在田间可完成后熟，在母株上就可以发芽，称为“穗发芽”。杂交稻种子也易发生他发芽的现象。

4.促进种子后熟的意义

未完成后熟的种子，发芽率低，出苗不整齐，影响成苗率。而且影响子粒的加工和食用品质，提早收获的种子，更是会延长后熟过程。促进种子后熟的顺利完成，对提高种子的质量具有重要意义。在农业实践上为争取生长季节，往往将前作稍稍提早收获，使后作可以提前播种。针对这一情况，可采用留株后熟的方法，在作物收割后让种子暂时留在母株上，等在母株上完成后熟作用后再进行脱粒，可大大提高种子品质。如果种子已充分成熟，则收获时当即脱粒与留在母株上进行后熟对种子品质无甚影响(表 1-2)。

表 1-2　不同后熟方法和种子品质的关系(亚麻)　%

处理	乳熟期		乳熟初期		黄熟期		完熟期	
	绝对重量	油分	绝对重量	油分	绝对重量	油分	绝对重量	油分
对照	1.06	7.3	1.82	2.22	2.86	3.72	4.43	4.03
在果实中进行后熟	1.02	11.8	1.46	2.34	3.28	3.63	4.28	3.90
在茎秆上进行后熟	1.42	22.8	2.40	2.74	3.74	3.68	4.28	3.97

根据化学分析，证实禾谷类作物在蜡熟期进行收获后，茎秆中的营养物质仍能够继续输送到子粒中去而使千粒重有所增加，其增加数量约相当于子粒本身重量的 10%，在有些连作稻地区，当早稻成熟期间，为了合理安排劳动力，适当提早晚季稻移植期，往往将早稻稍提前割，收割时不立即脱粒而把稻把倒挂在支架上让其通过后熟期，等到晚季稻移植完毕，再进行脱粒、曝晒、贮藏。这种留株后熟的方法，不仅是调剂劳动力的有效措施，同时对提高早稻种子的播种品质和保证晚稻插秧不误农时也有显著效果。

检查种子是否已经完成其后熟作用，通常应用最简便的方法就是进行标准的发芽试验，即按检验规程中所确定的操作技术和条件测定种子的发芽势和发芽率，而发芽势可作为反映种子后熟作用所达到的程度的最好指标，将测定结果与同品种已经通过后熟作用的种子作对比，如果二者数值很近似，则表明该种子基本上已完成后熟，可以立即供生产上使用。否则必须再贮藏一段时期，等待后熟期完全通过或采取适当措施(如加温通风)以促进种子的新陈代谢作用，加速其通过。后一情况在生长季节比较短促的地区是值得注意的。

(二)种子后熟期间的生理生化变化

种子的后熟作用是贮藏物质由量变到质变为主的生理活动过程。在后熟期间，种子内部的贮藏物质的总量变化很微小，只减少而不增加，其主要变化是各类物质组成的比例和分子结构的繁简及存在状态等。变化方面和成熟期基本一致，即物质的合成作用占优势。随着后熟作用逐渐完成，可溶性化合物不断减少，而淀粉、蛋白质和脂肪不断积累，酸度降低；另一方面，种子内酶的活性(其中包括淀粉酶、脂肪酶和脱氢酶)由强变弱。当种子通过了后熟期，其生理状态即进入一个新阶段，而与后熟期的生理状态显然有很大的差异。主要表现在以下几方面：

(1)种子内部的低分子和可同化的物质的相对含量下降，而高分子的贮藏物质积累达最高限度，如单糖脱水缩合成为复杂的糖类(淀粉是其中最主要的一种)，可溶性的含氮物质结合成为蛋白质。

(2)种子水分含量下降，自由水大大减少，成为促进物质合成作用的有利条件。

(3)由于脂肪酸及氨基酸等有机酸转化为高分子的中性物质，细胞内部的总酸度降低。

(4)种子内细胞的呼吸强度降低。

(5)酶的主要作用在适宜条件下开始逆转,使水解作用趋向活跃。

(6)发芽力由弱转强,即发芽势和发芽率开始提高,可适于生产上作播种材料。

(三)影响后熟的因素

种子后熟作用在贮藏期间进行的快慢和环境条件有很大关系,主要的影响因素有温度、湿度、通气等。

1.温度

通常较高的温度(不超过45℃),有利于细胞内生理生化变化的进行,促进种子的后熟。反之,种子长期贮藏在低温条件下,使生理生化进行得非常缓慢,甚至处于停滞状态,这样就会阻碍种子的后熟作用,使发芽率不能提高,例如,小麦在收获后,适当加温(在40~45℃)使其干燥,同时保持通风条件,则可使细胞内部酶的作用加强,因而很快使种子完成其后熟过程。如林木种子的后熟有时需要较低的温度。

2.湿度

湿度对种子的后熟也有较大的影响。空气相对湿度小,有利种子水分向外扩散,促进后熟过程的进行。空气相对湿度大,不利种子水分向外扩散,延缓后熟过程的进行。

3.通气

通气良好,氧气供给充足,有利于种子后熟作用完成。二氧化碳对后熟过程有阻碍作用。含水量为15%的小麦种子于20℃分别在空气、氧气、氮气及二氧化碳中贮藏,以二氧化碳中贮藏通过后熟最迟。

(四)后熟与种子贮藏的关系

1.后熟引起种子贮藏期间的"出汗"现象

新入库的农作物种子由于后熟作用尚在进行中,细胞内部的代谢作用仍然比较旺盛,其结果使种子水分逐渐增多,一部分蒸发成为水汽,充满种子堆的间隙,一部分达到过饱和状态,水汽就凝结成微小水滴,附在种子颗粒表面,这就形成种子的"出汗"现象。当种子收获后,未经充分干燥进仓,同时通风条件较差,这种现象就更容易发生。

从生理生化的角度进行分析,新种子在贮藏过程中释放出较多的水分是由于下列原因造成的。

(1)种子刚收获后,尚未完成后熟过程,细胞内部(特别是胚部的细胞)的呼吸作用仍保持相当旺盛,由于呼吸而放出的水分在通风不良的情况下越积越多。

(2)种子在后熟过程中,继续进行着物质的转化作用,即由可溶性低分子物质合成为高分子的胶体物质,同时放出一定量的水分,例如,由两分子葡萄糖变为较复杂的麦芽糖时,得到一分子的麦芽糖,同时放出一分子的水。

$$2C_6H_{12}O_6 \rightarrow C_{12}H_{22}O_{11} + H_2O$$

葡萄糖　　麦芽糖

又如,两分子氨基酸缩合成为一分子的二肽时,也同时放出一分子的水。

此外,种子中胶体物质束缚水的能力随后熟的通过而减弱,使一部分原来的胶状结合水转变为自由水。

2.后熟造成仓内不稳定

种子在贮藏期间如果发生“出汗”现象，显然表明种子尚处于后熟过程中，进行着旺盛的生理生化变化，引起种子堆内湿度增大，以致出现游离的液态水吸附在种子表面。这时候可导致种子堆内水分的再分配现象，更进一步加强局部种子的呼吸作用，如果没有及时发现，就会引起种子回潮发热，同时也为微生物造成有利的发育条件，严重时种子就可能霉变结块甚至腐烂。因此，贮藏刚收获的种子，在含水量较高而且未完成后熟的情况下，必须采取有效措施如摊晾、曝晒、通风等以控制种子细胞内部的生理生化变化，防止积聚过多的水分而发生上述各种不正常现象。

这里应该特别指出：种子的“出汗”现象和种子的“结露”现象是很相似的，但它们导致的原因却截然不同。“出汗”是由于种子细胞内部生理生化活动的结果释放出大量的水分所造成，产生矛盾的主要方面是内因；而“结露”是由于种子堆周围大气中温、湿度与种子本身的温度及水分存在一定差距所造成，产生矛盾的主要方面是外因（即大气中温、湿度的变化）。

在生产实践上，为防止后熟期不良现象的发生，必须适时收获，避免提早收获使后熟期延长；充分干燥，促进后熟的完成；入库后勤管理，入库后1个月内勤检查，适时通风，降温散湿。

3.后熟期种子抗逆力强

种子在后熟期间对恶劣环境的抵抗力较强，此时进行高温干燥处理或化学药剂熏蒸杀虫，对生活力的损害较轻。如小麦种子的热进仓，利用未通过后熟种子抗性强的特点，采用高温暴晒种子后进仓，起到杀死仓虫的目的。

三、种子的贮藏

种子脱离母株后，经过种子加工进入仓库，即与贮藏环境构成整体并受环境条件的影响。经过充分干燥而处于休眠的种子，其生命活动的强弱主要受贮藏条件的影响。种子如果处在干燥、低温、密闭的条件下，生命活动非常弱，消耗贮藏物质极少，其潜在生命力弱。所以，种子在贮藏期间的环境条件，对种子生命活动及播种品质起决定性的作用。

影响种子贮藏的环境条件，主要包括空气相对湿度、温度及通气状态等。

（一）空气相对湿度

种子在贮藏期间水分的变化，主要决定于空气中相对湿度的大小，当仓库内空气相对湿度大于种子平衡水分的相对湿度时，种子就会从空气中吸收水分，使种子内部水分逐渐增加，其生命活动也随着增加，其生命活动也随着水分的增加由弱变强。在相反的情况下，种子向空气释放水分渐趋干燥，其生命活动将进一步受到抑制。因此种子在贮藏期间保持空气干燥即低相对湿度是十分必要的。

对于耐干燥种子保持低相对湿度是根据实际需要和可能而定的。种质资源保存时间较长，种子水分很干，要求相对湿度很低，一般控制在30%左右；大田生产用种贮藏时间相对较短，要求相对湿度不是很低，主要达到种子安全水分相对平衡的湿度即可，大致在60%～70%。从种子的安全水分标准和目前实际情况考虑，仓内相对湿度一般控制在65%以下为宜。

(二)仓内温度

种子温度会受仓库温度影响而起变化，而仓温又受气温影响而变化，但这三种温度常常存在一定差距。当气温上升的季节，气温高于仓温和种温；在气温下降的季节，气温低于仓温和种温。仓温不仅使种温发生变化，而且有时因为二者温差悬殊，会引起种子堆水分转移，甚至发生结露；特别是在气温剧变的春秋季节，这类现象的发生更多。如种子在高温季节入库贮藏，到秋季由于气温逐渐下降影响到仓壁，使靠近仓壁的种温和仓温随之下降。这部分空气的密度增大而发生对流，近墙壁的空气形成一股气流向下流动，由于种子堆中央受气温影响较小。种温仍然较高，形成一股向上的气流，因此，向下的气流经过底层，由种子堆中央转而向上，通过种温较高的中心层，再到达顶层较冷部分，然后离开种子堆表面，与四周的下降气流形成回路。在此气流循环回路中，空气不断从种子堆吸收水分随气流流动，遇冷空气凝结于距上表面以下 35～75 cm 处(图 1-6)。若不及时采取措施，顶部种子层将会发生劣变。

另一种情况是发生在春节气温回升时，种子堆内气流状态刚好相反。此时种子堆内温度较低，仓壁四周种温受气温影响升高，空气自种子堆中心下降，并沿仓壁附近上升，因此，气流种的水分凝结在仓底(图 1-7)。所以春节由于气温的影响，不仅能使种子堆表层发生结露，而且底层种子容易增加水分，时间长了也会引起种子劣变。为避免种温与气温之间造成悬殊温差，一般采取仓内隔热保温措施，使种温保持恒定不变。或者在气温较低时，采用通风方法，使种温随气温变化。

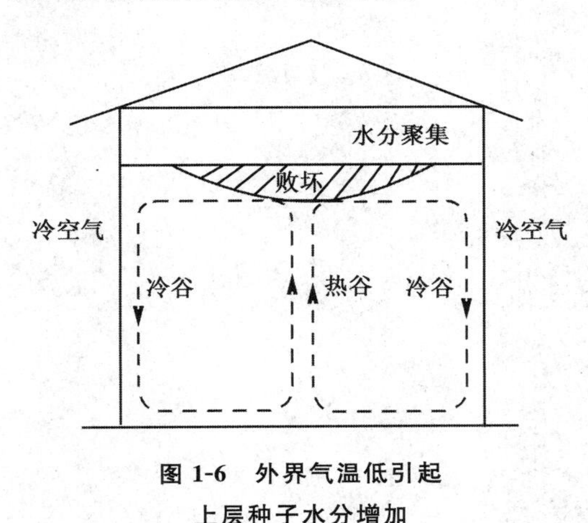

图 1-6 外界气温低引起
上层种子水分增加

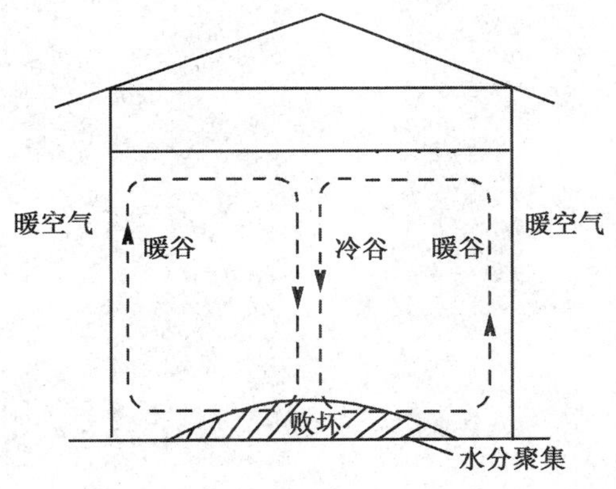

图 1-7 外界气温高引起
低层种子水分增加

一般情况下，仓内温度升高会增加种子的呼吸作用，同时促使害虫和霉菌危害。所以，在夏季和春末秋初这段时间，最容易造成种子败坏变质。低温则能降低种子数目活动和抑制霉菌的危害。种质资源保持时间较长，常采用很低的温度如 0℃，－10℃甚至－18℃。大田生产用种数量较多，从实际考虑，一般控制在 15℃即可。

(三)通气情况

空气中除含有氮气、氧气和二氧化碳等各种气体外，还含有水汽和热量。如果种子长期贮藏在通气条件下，由于吸湿增温使其数目活动由弱变强，很快会丧失生活力。干燥种子以贮藏在密闭条件下较为有利，密闭是为了隔绝氧气，抑制种子生命活动，减少物质消耗，保持其生命的潜在能力。同时密闭也是为了防止外界水汽和热量进入仓内，但是不是绝对的，当仓内温、湿度大于仓外时，就应该打开门窗进行通气，必要时采用机械鼓风加速空气流通，使仓内温、湿度尽快下降。

除此之外，仓内应保持清洁卫生，如果种子感染了仓虫和微生物，则由于虫、菌的繁殖和活动的结果，放出大量的水和热，使贮藏条件恶化，从而直接和间接危害种子，仓虫、微生物的生命活动需要一定的环境条件，如果仓内保持干燥、低温、密闭，则可对它们起一定作用。

计 划 单

学习领域	种子加工贮藏技术		
学习情境1	种子贮藏原理	学时	1
计划方式	小组讨论、成员之间团结合作共同制订计划		

序号	实施步骤	使用资源

<table>
<tr><td>制订计划说明</td><td colspan="5"></td></tr>
<tr><td rowspan="3">计划评价</td><td>班级</td><td></td><td>第　组</td><td>组长签字</td><td></td></tr>
<tr><td>教师签字</td><td colspan="2"></td><td>日期</td><td></td></tr>
<tr><td colspan="5">评语：</td></tr>
</table>

决 策 单

<table>
<tr><td>学习领域</td><td colspan="8">种子加工贮藏技术</td></tr>
<tr><td>学习情境 1</td><td colspan="5">种子贮藏原理</td><td>学时</td><td colspan="2">1</td></tr>
<tr><td colspan="9">方案讨论</td></tr>
<tr><td rowspan="7">方案对比</td><td>组号</td><td>任务耗时</td><td>任务耗材</td><td>实现功能</td><td>实施难度</td><td>安全可靠性</td><td>环保性</td><td>综合评价</td></tr>
<tr><td>1</td><td></td><td></td><td></td><td></td><td></td><td></td><td></td></tr>
<tr><td>2</td><td></td><td></td><td></td><td></td><td></td><td></td><td></td></tr>
<tr><td>3</td><td></td><td></td><td></td><td></td><td></td><td></td><td></td></tr>
<tr><td>4</td><td></td><td></td><td></td><td></td><td></td><td></td><td></td></tr>
<tr><td>5</td><td></td><td></td><td></td><td></td><td></td><td></td><td></td></tr>
<tr><td>6</td><td></td><td></td><td></td><td></td><td></td><td></td><td></td></tr>
<tr><td>方案评价</td><td colspan="8">评语：</td></tr>
<tr><td>班级</td><td></td><td>组长签字</td><td></td><td>教师签字</td><td></td><td>日期</td><td colspan="2"></td></tr>
</table>

材料工具清单

学习领域	种子加工贮藏技术						
学习情境 1	种子贮藏原理						
项目	序号	名称	作用	数量	型号	使用前	使用后
所用仪器仪表	1	呼吸仪					
	2						
	3						
	4						
	5						
	6						
	7						
所用材料	1	玉米种子			含水量 20%		
	2	玉米种子			含水量 10%		
	3	玉米种子			含水量 15%		
	4						
	5						
	6						
	7						
	8						
所用工具	1	天平					
	2						
	3						
	4						
	5						
	6						
	7						
	8						
班级		第　组	组长签字		教师签字		

实 施 单

<table>
<tr><td>学习领域</td><td colspan="3">种子加工贮藏技术</td></tr>
<tr><td>学习情境 1</td><td>种子贮藏原理</td><td>学时</td><td>2</td></tr>
<tr><td>实施方式</td><td colspan="3">小组合作;动手实践</td></tr>
</table>

序号	实施步骤	使用资源

实施说明:

<table>
<tr><td>班级</td><td></td><td>第 组</td><td>组长签字</td><td></td></tr>
<tr><td>教师签字</td><td colspan="2"></td><td>日期</td><td></td></tr>
</table>

作 业 单

<table>
<tr><td>学习领域</td><td colspan="6">种子加工贮藏技术</td></tr>
<tr><td>学习情境 1</td><td colspan="6">种子贮藏原理</td></tr>
<tr><td>作业方式</td><td colspan="6">资料查询、现场操作</td></tr>
<tr><td>1</td><td colspan="6"></td></tr>
<tr><td colspan="7">作业解答：</td></tr>
<tr><td>2</td><td colspan="6"></td></tr>
<tr><td colspan="7">作业解答：</td></tr>
<tr><td>3</td><td colspan="6"></td></tr>
<tr><td colspan="7">作业解答：</td></tr>
<tr><td>4</td><td colspan="6"></td></tr>
<tr><td colspan="7">作业解答：</td></tr>
<tr><td>5</td><td colspan="6"></td></tr>
<tr><td colspan="7">作业解答：</td></tr>
<tr><td rowspan="4">作业评价</td><td>班级</td><td></td><td>第 组</td><td></td><td colspan="2"></td></tr>
<tr><td>学号</td><td></td><td>姓名</td><td></td><td colspan="2"></td></tr>
<tr><td>教师签字</td><td></td><td>教师评分</td><td></td><td>日期</td><td></td></tr>
<tr><td colspan="6">评语：</td></tr>
</table>

检　查　单

<table>
<tr><td colspan="2">学习领域</td><td colspan="3">种子加工贮藏技术</td></tr>
<tr><td colspan="2">学习情境 1</td><td colspan="2">种子贮藏原理</td><td>学时</td><td>0.5</td></tr>
<tr><td>序号</td><td>检查项目</td><td>检查标准</td><td>学生自检</td><td>教师检查</td></tr>
<tr><td>1</td><td></td><td></td><td></td><td></td></tr>
<tr><td>2</td><td></td><td></td><td></td><td></td></tr>
<tr><td></td><td></td><td></td><td></td><td></td></tr>
<tr><td></td><td></td><td></td><td></td><td></td></tr>
<tr><td></td><td></td><td></td><td></td><td></td></tr>
<tr><td></td><td></td><td></td><td></td><td></td></tr>
<tr><td></td><td></td><td></td><td></td><td></td></tr>
<tr><td></td><td></td><td></td><td></td><td></td></tr>
<tr><td></td><td></td><td></td><td></td><td></td></tr>
<tr><td></td><td></td><td></td><td></td><td></td></tr>
<tr><td></td><td></td><td></td><td></td><td></td></tr>
<tr><td></td><td></td><td></td><td></td><td></td></tr>
<tr><td></td><td></td><td></td><td></td><td></td></tr>
<tr><td rowspan="3">检查评价</td><td>班级</td><td></td><td>第　组</td><td>组长签字</td><td></td></tr>
<tr><td>教师签字</td><td colspan="2"></td><td>日期</td><td></td></tr>
<tr><td colspan="5">评语：</td></tr>
</table>

评 价 单

学习领域	种子加工贮藏技术				
学习情境 1	种子贮藏原理			学时	0.5
评价类别	项目	子项目	个人评价	组内互评	教师评价
专业能力（60%）	资讯（10%）	搜集信息（5%）			
		引导问题回答（5%）			
	计划（10%）	计划可执行度（3%）			
		讨论的安排（4%）			
		检验方法的选择（3%）			
	实施（15%）	仪器操作规程（5%）			
		仪器工具工艺规范（6%）			
		检查数据质量管理（2%）			
		所用时间（2%）			
	检查（10%）	全面性、准确性（5%）			
		异常的排除（5%）			
	过程（10%）	使用工具规范性（2%）			
		检验过程规范性（2%）			
		工具和仪器管理（1%）			
	结果（10%）	排除异常（10%）			
社会能力（20%）	团结协作（10%）	小组成员合作良好（5%）			
		对小组的贡献（5%）			
	敬业精神（10%）	学习纪律性（5%）			
		爱岗敬业、吃苦耐劳精神（5%）			
方法能力（20%）	计划能力（10%）	考虑全面、细致有序（10%）			
	决策能力（10%）	决策果断、选择合理（10%）			
评价评语	班级		姓名		学号		总评	
	教师签字		第　组	组长签字		日期	
	评语：				

教学反馈单

学习领域	种子加工贮藏技术			
学习情境 1	种子贮藏原理			
序号	调查内容	是	否	理由陈述
1				
2				
3				
4				
7				
8				
9				
10				
11				
12				
13				
14				
15				

你的意见对改进教学非常重要,请写出你的建议和意见:

调查信息	被调查人签字		调查时间	

学习情境2　种子物理特性

种子的物理性质指种子本身在移动、堆放过程中所反映出来的多种特性。影响种子物理性质的因素主要是作物品种遗传特性及环境条件。种子的物理特性与种子的加工、贮藏密切相关。从种子加工和贮藏的角度看，种子的物理特性和清选分级、干燥、运输以及贮藏保管等生产环节都有密切关系。在建造种子仓库时，对于仓库的结构设计、所用材料以及种子机械设备的装配等，都应该从种子物理性方面作比较周密的考虑。例如，散落性好的种子，在进行机械化清选和输送过程中比较方便有利，但却要求具有较高坚牢度的仓库结构。由此可见，深入了解各种农作物种子的物理特性，对做好种子贮藏等工作，具有一定的指导意义。

任务单

<table>
<tr><td>学习领域</td><td colspan="6">种子加工贮藏技术</td></tr>
<tr><td>学习情境 2</td><td colspan="4">种子物理特性</td><td>学时</td><td>6</td></tr>
<tr><td colspan="7">任务布置</td></tr>
<tr><td>能力目标</td><td colspan="6">1. 理解种子容重、比重、密度、孔隙度、导热性和比热容的含义，以及相关概念。
2. 理解影响种子容重、比重、密度、孔隙度、导热性和比热容的因素。
3. 能根据种子这些物理特性与贮藏加工的关系，制定种子加工工艺和贮藏条件。
4. 能分析种子自动分级的原因及其与种子贮藏和加工的关系。</td></tr>
<tr><td>任务描述</td><td colspan="6">1. 能根据种子这些物理特性与贮藏加工的关系，制定种子加工工艺和贮藏条件。</td></tr>
<tr><td>学时安排</td><td>资讯 1 学时</td><td>计划 1 学时</td><td>决策 1 学时</td><td>实施 2 学时</td><td>检查 0.5 学时</td><td>评价 0.5 学时</td></tr>
<tr><td>参考资料</td><td colspan="6">[1]颜启传. 种子学. 北京：中国农业出版社，2001.
[2]束剑华. 园艺植物种子生产与管理. 苏州：苏州大学出版社，2009.
[3]吴金良，张国平. 农作物种子生产和质量控制技术. 杭州：浙江大学出版社，2001.
[4]胡晋. 种子贮藏加工. 北京：中国农业出版社，2003.
[5]农作物种子质量标准(2008). 北京：中国标准出版社，2009.
[6]金文林，等. 种子产业化教程. 北京：中国农业出版社，2003.</td></tr>
<tr><td>对学生的要求</td><td colspan="6">1. 种子容重、比重与贮藏加工的关系如何？
2. 种子孔隙度与贮藏加工的关系如何？
3. 种子散落性、自动分级在贮藏加工过程中如何应用？
4. 种子导热性、比热容与贮藏加工的关系如何？
5. 种子平衡水分与贮藏加工的关系如何？</td></tr>
</table>

资　讯　单

学习领域	种子加工贮藏技术		
学习情境 2	种子物理特性	学时	1
咨询方式	在资料角、实验室、图书馆、专业杂志、互联网及信息单上查询；咨询任课教师		
咨询问题	1.种子容重、比重与贮藏加工的关系如何？ 2.种子孔隙度与贮藏加工的关系如何？ 3.种子散落性、自动分级在贮藏加工过程中如何应用？ 4.种子导热性、比热容与贮藏加工的关系如何？ 5.种子平衡水分与贮藏加工的关系如何？		
资讯引导	1.问题 1～5 可以在胡晋的《种子贮藏加工》中查询。 2.问题 1～5 可以在颜启传的《种子学》中查询。 3.问题 1～5 可以在刘松涛的《种子贮藏加工技术》中查询。		

信 息 单

学习领域	种子加工贮藏技术
学习情境 2	种子物理特性

一、容重和比重

种子的千粒重(绝对重)对衡量同一作物品种不同来源(如生产地区或季节不同等情况)的种子播种品质有一定参考价值。但对不同品种的种子而言,则只能说明品种特性而不能作为评定种子品质的标准。因此,在某些情况下,测定种子的容重和比重更具有生产实践意义。

(一)种子容重

1.种子容重定义

种子的容重是指单位容积内种子的绝对重量,单位为 g/L。

2.种子容重影响因素

种子容重的大小受多种因素的影响,如种子颗粒大小、形状、整齐度、表面特性、内部组织结构、化学成分(特别是水分和脂肪)以及混杂物的种类和数量等。凡颗粒细小、参差不齐、外形圆滑、内部充实、组织结构致密、水分及油分含量低、淀粉和蛋白质含量高,并混有各种沉重的杂质(如泥沙等),则容重较大;反之容重较小。

由于容重所涉及的因素较为复杂,测定时必须作全面的考虑,否则可能引起误解,而得出与实际情况相反的评价。例如,原来品质优良的种子,可能因收获后清理不够细致,混有许多轻的杂质而降低容重;瘦小皱瘪的种子,因水分较高,容重就会增大(这一点和饱满充实的种子不同);油料作物种子可能因脂肪含量特别高,容重反而较低。诸如此类的特殊情况,都应在测定时逐一加以分析,以免造成错误结论。

水稻种子因带颖壳,其表面又覆有稃毛,因此充实饱满的水稻种子不一定能从容重反映出来,一般不将水稻种子的容重作为检验项目。

一般情况下,种子水分越低,则容重越大,这和绝对重量有相反的趋势。但种子水分超过一定限度,或发育不正常的种子,关系就不明显。油菜籽虽含有丰富的油脂,但其体积因水分不同而有显著变化,即水分愈少,籽粒的体积越小,其绝对重量下降,而容重增大(表 2-1)。油菜籽的容重和千粒重与水分的关系。

种子容重与水分之间的关系因具体情况而有差异。当种子水分增加时,往往影响某些物理特性的改变。首先是种子体积因吸胀而膨大,其次是种皮的皱褶逐步消失而变的丰满光滑,同时,种子在湿润的条件下,其摩擦系数显著增大,这些变化都在不同程度上影响容重,而使种子容重与水分之间呈负相关的趋势。

在另一种情况下,种子水分增加,容重开始时下降,以后又随着水分增多而逐渐上升。如燕麦等带有稃壳的种子表现特别明显。这主要由于稃壳与果皮间的空隙里所残留的气体排出而为水所填充,种子的比重加大,因而影响到容重。

表 2-1 各种农作物种子的容重和比重

作物类型	容重/(g/L)	比重/(g/mL)	作物类型	容重/(g/L)	比重/(g/mL)
稻谷	460～600	1.04～1.18	大豆	725～760	1.14～1.28
玉米	725～750	1.11～1.22	豌豆	800	1.32～1.40
小麦	651～765	1.20～1.53	蚕豆	705	1.10～1.38
高粱	740	1.14～1.28	油菜	635～680	1.11～1.18
荞麦	550	1.00～1.15	蓖麻	495	0.92
小米	610	1.00～1.22	紫云英	700	1.18～1.34
大麦	455～485	0.96～1.11	苕子	740～790	1.35
裸麦	600～650	1.20～1.37			

3.容重的应用

种子容重在生产上的应用相当广泛，在贮运工作上可根据容重推算一定容量内的种子质量，或一定质量的种子所需的仓容和运输时所需车厢数目，计算时可应用下列公式：

体积＝质量/容重

上式中需用对应的单位，如质量为 kg，容重为 g/L，得出的体积为 m^3。

(二)种子的比重

1.种子的比重定义

种子比重为一定的绝对体积的种子质量和同体积的水的质量之比，也就是种子绝对质量和它的绝对体积之比。

2.种子的比重影响因素

就不同作物或不同品种而言，种子比重因形态构造(有无附属物)、细胞组织的致密程度和化学成分的不同而有很大差异。就同一品种而言，种子比重则随成熟度和充实饱满度为转移；大多数作物的种子成熟愈充分，内部积累的营养物质愈多，则籽粒愈充实，比重就愈大。但油料作物种子恰好相反，种子发育条件愈好，成熟度愈高，则比重愈小，因为种子所含油脂随成熟度和饱满度而增加。因此，种子比重不仅是一个衡量种子品质的指标，在某种情况下，还可作为种子成熟度的间接指标。

种子在高温高湿条件下，经长期贮藏，由于连续不断的呼吸作用，消耗掉一部分有机养料，可使比重逐渐下降。

3.种子的比重测量方法

(1)酒精测定法　种子比重的测定方法有好几种，其中最简便的方法是用有精细刻度的5～10 mL 的小量筒，内装 50% 酒精约 1/3，记下酒精或水所达到的刻度，然后称适当的质量(一般 3～5 g)的净种子样品，小心放入量筒中，再观察酒精平面升高的刻度，即为该种子样品的体积，代入下式，求出比重：

种子比重＝种子质量(g)/种子体积(mL)

此法简单，但缺点是较粗糙。

(2)比重计测定法

①称净种子样品 2～3 g(W_1)。

②将二甲苯(或甲苯，或 50% 酒精)装入比重瓶，到标线为止。

③把装好二甲苯和种子的比重瓶称重(W_2)。

④倒出一部分二甲苯，将已称好的式样(W_1)投入比重瓶中，再用二甲苯装满到比重瓶的标线，用吸水纸吸去多余的二甲苯。投入后，注意种子表面应不附着气泡。

⑤将装好二甲苯和种子的比重瓶称量(W_3)。

⑥应用公式进行计算

$$种子比重(S)=W_1\times G/(W_2+W_1-W_3)$$

式中：G 为二甲苯的比重，15℃下为 0.863。如用其他药液代替二甲苯，需查出该药液在测定种子比重时的温度条件下的比重。

种子的比重和容重，在一般情况下呈直线正相关，可应用回归方程式从一种特性的测定数。

4.种子比重测定的意义

种子工作中，种子比重常用于清选分级，播前处理，计算种子堆密度＝容重/比重×100%。

二、种子的密度和孔隙度

种子堆的体积实际是由种粒(包括固体杂质)和空隙构成。种子装在一定容量的容器中，所占的实际容积仅仅是其中一部分，其余部分为种子间隙，充满着空气或者其他气体。

(一)种子密度与孔隙度的概念

种子实际体积与容器的容积之比，如用百分率表示即为种子密度。容器内种子间隙的体积与容器的容积之比，用百分率表示即为种子孔隙度，二者之和为 100%。因此，种子密度与种子孔隙度是互为消长的物理特性。一批种子具有较大的密度，其孔隙度就相应小一些。

测定种子的密度，首先要测定种子的绝对质量(即千粒重)，绝对体积(即千粒实际体积)及容重，然后代入下式即得：

$$种子密度=种子容重/种子比重\times 100\%$$

计算时需注意种子容重的单位，上式中容重应为每 100 L/kg，如容重单位为每升克数，则需将上式改为：

$$种子密度=种子容重/种子比重\times 10\times 100\%$$

在一个装满种子的容器中，除种子所占的实际体积外，其余均为孔隙，因此种子的孔隙度即为：

$$孔隙度=100\%-密度$$

表 2-2 为一些作物种子的密度和孔隙度。从表 2-2 中可知，作物种子的密度和孔隙度，不但在不同作物种类间有差异，而且同一作物不同品种间也存在着很大变幅。一般凡带有稃壳和果皮的种子，如稻谷、大麦、燕麦、向日葵等，其密度都比较小，而孔隙度则相应比较大。

表 2-2　各种农作物种子的密度和孔隙度　%

作物类型	密度	孔隙度	作物类型	密度	孔隙度
稻谷	35～50	50～60	亚麻	55～65	35～45
玉米	45～65	35～65	荞麦	40～50	50～60
小麦	55～65	35～45	黑麦	55～65	35～45
燕麦	30～50	50～70	向日葵	20～40	60～80

(二)影响种子密度和孔隙度的因素

各种作物种子的密度和孔隙度相差悬殊，品种间差异亦很大，这主要决定于种子颗粒的大小、均匀度、种子形状、种皮松紧程度，是否带颖壳或其他附属物、表面光滑、内部细胞结构及化学组成。此外还与种子水分、入仓条件及堆积厚度等有关。种子形状、大小和整齐度：种粒大且均匀，孔隙度大；有颖壳或毛，孔隙度大，种堆中轻型杂质多，孔隙度大；种子干燥(未吸潮)孔隙度大；种堆薄、未受挤压，孔隙度大。

从计算密度的公式来看，密度与容重成正比，而与比重成反比，似乎种子比重愈大，则密度愈小，二者变化的趋势是相反的。事实上，它们之间的关系并非这样简单，因为比重可以影响容重。比重大，容重亦往往相应增大，密度也随之提高，例如，玉米的比重一般比稻谷稍大，而其容重则远远地超过稻谷，因而玉米的密度一般也较稻谷为高。

三、种子的散落性和自动分级

(一)种子散落性

1. 种子散落性的定义

种子就每一单粒而言，是一小团干缩的凝胶，其形状固定，非遇强大外力，不易变化。但通常一大批种子是一个群体，各籽粒相互间的排列位置，稍受外力，就可发生变动，同时又存在一定的摩擦力。因此，就种子群体而言，它具有一定程度的流动性。当种子从高处落下或向低处移动时，形成一股流水状，因而称它为种子流，种子所具有的这种特性就称为散落性。

2. 种子散落性大小的指标

(1)种子的静止角　当种子从一定高度自然落在一个平面上，达到相当数量时，就会形成一个圆锥体。由于各种作物种子散落性的不一致，其形成的圆锥体亦因之而有差别。例如，豌豆的散落性较好，而稻谷的散落性较差，前者所形成的圆锥体比较矮而其底部比较大，即圆锥体的斜面与底部直径所呈之角比较小，后者形成的圆锥体比较高而底部比较小，即圆锥体的斜面与底部直径所呈之角比较大。因此，圆锥体的斜面与底部直径所呈之角可作为衡量种子散落性好与差的指标，这个角度即称为种子的静止角或自然倾斜角(图 2-1)。

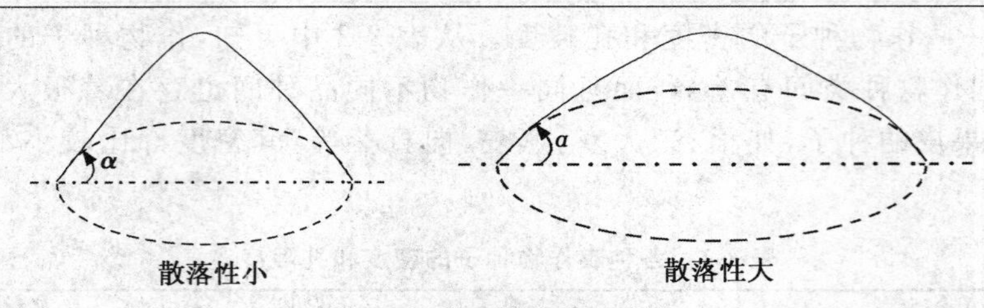

图 2-1 种子静止角示意图

种子停留在圆锥体的斜面之上所以不继续向下滚动而呈静止状态，这是由于种子的颗粒间存在着一定大小的摩擦力，摩擦力愈大，则散落性愈小，而静止角愈大。种子在圆锥体的斜面上由于重力作用而产生一个与斜面平行的分力，其方向与摩擦力相反。一粒种子在圆锥体的斜面上保持静止状态或继续滚动，完全取决于这个分力与摩擦力的对比结果。如该分力等于或小于种子颗粒间的摩擦力，则种子停留在斜面上静止不动，如该分力大于摩擦力，则种子沿斜面继续向下滚动，直到两个力达到平衡为止。

种了散落性的好与差，和种子的形态特征、夹杂物、水分含量、收获后的处理和贮藏条件等有密切关系。凡种子的颗粒比较大，形状近球形而表面光滑，则散落性较好，如豌豆、油菜等；如因收获方法不善或清选粗放而混有各种轻的夹杂物（如破碎叶片、稃壳、断芒、虫尸等），或因操作用力过猛而致种子损伤、脱皮、压扁、破裂等情况，则散落性大为降低。

种子的水分含量愈高，则颗粒间的摩擦力愈大，其散落性也相应减小。若用静止角表明这一关系，则呈正相关的趋势（表 2-3）。

表 2-3 种子水分与静止角的关系

项目	稻谷	小麦	玉米	大豆
水分/%	13.7	12.5	14.2	11.2
静止角/°	36.4	31.0	32.0	23.3
水分/%	18.5	17.6	20.1	17.7
静止角/°	44.3	37.1	35.7	25.4

种子的散落性可通过除芒机、碾种机或其他机械处理而发生变化。一般经过处理后，由于种子表面的附着物大部分脱除，比较光滑因而散落性增大。

种子在贮藏过程中，散落性也会逐渐发生变化。例如，贮藏条件不适当，以致种子回潮、发热、发酵、发霉或发生大量仓虫，散落性就会显著下降。尤其经过发热、发酵、发霉的种子，严重时成团结块，完全失去散落性。所以种子在贮藏过程中，定期检查散落性的变化情况，可大致预测种子贮藏的稳定性，以便必要时采取有效措施，否则会造成意外损失。

静止角的测定可采用多种简易方法。通常用长方形的玻璃皿一个，内装种子样品约 1/3，将玻璃皿慢慢向一侧横倒（即转动 90°的角），使其中所装种子呈一斜面，然后用半径较大的量角器测得该斜面与水平面所呈的角度，即为静止角（图 2-2）。另一方法是取漏斗一个，安装在一定高度，种子样品通过漏斗落于一平面上，形成一个圆锥体，再用特制的量角器测得圆锥体的斜度，即为静止角（图 2-3）。

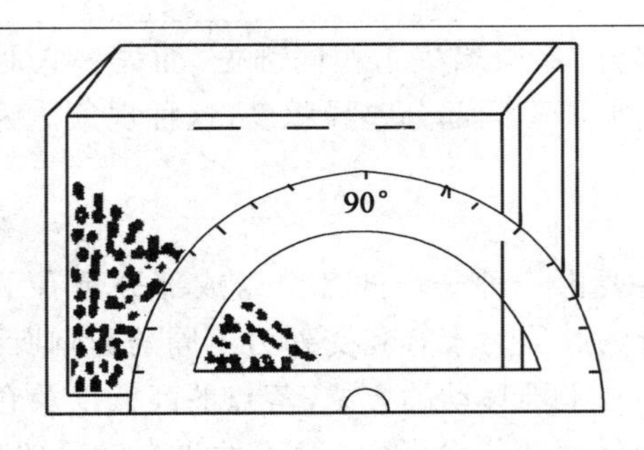

图 2-2 用长方形玻璃皿测定静止角

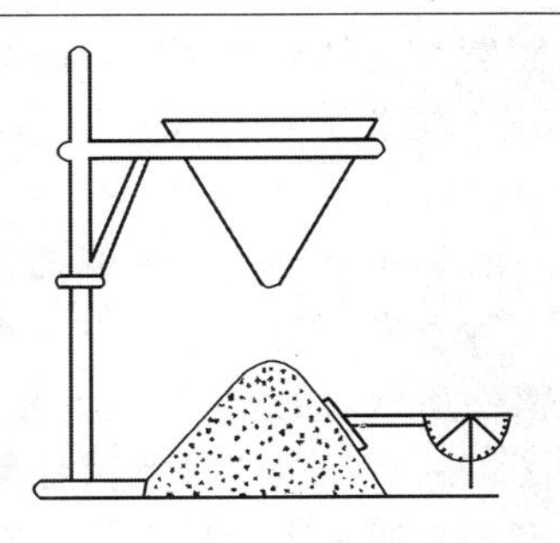

图 2-3 静止角的测定

测定静止角时，每个样品最好重复多次，记录其变异幅度，同时附带说明种子的净度和水分，以便和其他结果比较。表 2-4 的资料示明主要作物种子的静止角。

(2)种子自流角　表示种子散落性的另一指标是自流角，当种子摊放在其他物体的平面上，将平面的一端向上慢慢提起形成一个斜面，此时斜面与水平面所成之角(即斜面的陡度)亦随之逐渐增大，种子在斜面上开始滚动时的角度和绝大多数种子滚落时的角度，即为种子的自流角。种子自流角的大小，在很大程度上随斜面的性质而异，如表 2-4 所示。

表 2-4 主要作物种子的静止角及其变异幅度

作物类型	静止角/°	变幅/°	作物类型	静止角/°	变幅/°
稻谷	35～55	20	大豆	25～37	12
玉米	29～35	6	豌豆	21～31	10
小麦	27～28	11	蚕豆	35～43	8
小米	21～31	10	油菜	20～28	8
大麦	31～45	14	芝麻	24～31	7

种子自流角也在一定程度上受种子水分、净度及完整度的影响。必须注意在有关因素比较一致的情况下测定。有时由于取样方法、操作技术微小差异，往往不易获得一致的结果。种子的静止角与自流角虽不能测得一个精确的数值，但在生产上仍有一定实践意义。如建造种子仓库，就要根据种子散落性估计仓壁所承受的侧压力大小，作为选择建筑材料与构造类型的依据。

在种子清选、输送及保管过程中，常利用散落性以提高工作效率，保证安全，减少损耗。如自流淌筛的倾斜角应调节到稍大于种子的静止角。使种子能顺利地流过筛面，达到自动筛选除杂的效果；用输送机运送种子时，其坡度应调节到略小于种子的静止角，以免种子发生倒流。此外，在种子保管过程中，特别是入库初期，应经常观察种子散落性有无变化，如有下降趋势，则可能是回潮、结露、出汗以至发热霉变的预兆，应该做进一步的检查，并及时采取措施，以防造成意外损失。

(二)种子的自动分级

1. 种子自动分级的概念

当种子堆在移动时，其中各个组成部分都受到外界环境条件和本身物理特性的综合作用而发生重新分配现象，即性质相近似的组成部分，趋向聚集于相同部位，而失去它们在整个种子堆里原来的均匀性，在品质上和成分上增加了不同部分差异程度，这种现象称为自动分级。

2.种子自动分级的原因

种子堆移动时之所以发生自动分级现象，主要由于种子堆的各个组成部分具有不同的散落性所致；而散落性的差异是由各个组成部分的摩擦力不等和受外力不同的影响所引起。种子堆的自动分级还受其他复杂因素的影响，如种子堆移动的方式、落点的高低以及仓库的类型等。通常人力搬运倒入仓库的种子，落点较低而随机分散，一般不发生自动分级现象；种子用袋装方法入库，就根本不存在自动分级的问题。严重的自动分级现象往往发生在机械化大型仓库中，种子数量多，移动距离大，落点比较高，散落速度快，就很容易引起种子堆各组成部分强烈的重新分配。显而易见，种子的净度和整齐度愈低，则发生自动分级的可能性愈大。当种子流从高处向下散落形成一个圆锥形的种子堆时，充实饱满的籽粒和沉重的杂质大多数集中于圆锥形的顶端部分或滚到斜面中部，而瘦小皱瘪的籽粒和轻浮的杂质则多分散在圆锥体的四周而积集于基部。试从圆锥体的顶端、斜面上及其基部分别取样，并分析样品的成分，算出每种成分所占百分率，则可明显看出这种自动分级对种子堆所产生的高度异质性影响（表 2-5）。

表 2-5　种子装入圆筒仓内的自动分级

部位	容重/(g/L)	绝对重/g	碎粒/%	不饱满粒/%	杂草种子/%	有机杂质/%	轻杂质/%	尘土/%
顶部	704.1	16.7	1.84	0.09	0.32	0.14	0.15	0.75
中部	708.1	16.9	1.57	0.11	0.21	0.21	0.36	0.32
基部	667.5	15.2	2.20	0.47	1.01	1.01	2.14	0.69

从表 2-5 可见落在种子堆基部靠近仓壁的种子品质最差，其容重和绝对重均显著降低。碎种子和尘土则大多数聚集在种子堆的顶部和基部，斜面中部较少。而轻的杂质、不饱满籽粒与杂草种子则大部分散落在基部，即仓壁的四周边缘，因而使这部分种子容重大大降低。在小型仓库中，种子进仓时，落点低，种子流动距离短，受空气的浮力作用小，轻杂质由于本身滑动的可能性小，就容易积聚在种子堆的顶端，而滑动性较大的大型杂质和大粒杂草种子，则随饱满种子一齐冲到种子堆的基部，这种自动分级现象在散落性较大的小麦、玉米、大豆等种子中更为明显。

当种子从仓库中流出时，亦同样会发生自动分级现象。种子堆中央部分比较饱满充实的种子首先出来，而靠近仓壁的瘦小种子和轻的杂质后出来，结果因出仓先后不同而使种子品质发生很大差异。

在运输过程中，用输送带搬运种子，或用汽车、火车长距离运输种子，由于不断震动的影响，就会按其组成部分的不同特性发生自动分级现象，结果使饱满度较差的种子、带稃壳的种子、经虫蚀而内部有孔洞的种子以及轻浮粗大的夹杂物，都集拢到表面。

自动分级使种子堆各个组成部分的分布均衡性减低，某些部分积聚许多杂草种子、瘪粒、破碎粒和各种杂质，增强吸湿性，常引起回潮发热以及仓虫和微生物的活动，从而影响种子的安全贮藏。灰杂集中部位，孔隙度变小，熏蒸时药剂不易渗透，而且这些部位吸附性强，孔隙间的有效浓度较低，因此会降低熏蒸杀虫效果。

3.种子自动分级的不利影响

由于种子堆发生自动分级而增高差异性，在很大程度上影响种子检验的正确性。因此必须改进取样技术，以免从中抽得完全缺乏代表性的样品。在操作时，应严格遵守技术规程，选择适应的取样部位，增加点数，分层取样，使种子堆各个组成部分有同等被取样的机会，这样，检验的结果就能反映出种子品质的真实情况。

在生产上要彻底防止由于种子自动分级造成的各种不利因素，首先必须从提高进仓前清选工作的技术水平，除尽杂质，淘汰不饱满或不完整的籽粒着手。其次在贮藏保管业务上，如遇大型仓库进仓，可在仓顶安装一个金属锥形器，使种子流中比较大而重的组成部分落下时不致集中于一点而分散到四周，轻而小的组成部分能靠近中心落下，以抵消由于自动分级所产生的不均衡性。另一方面，可在圆筒仓出口处的内部上方安装锥形罩，当仓内种子移动时，中心部分会带动周围部分同时流出，使各部分种子混合起来，不致因流出先后不同导致种了品质差异悬殊。

四、种子的导热性和热容量

(一)种子的导热性

种子堆传递热量的性能称为导热性。种子本身是浓缩的胶体，具有一定的导热性能，但种子堆却是不良导体。热量在种子堆内的传递方式，主要通过两个方面：一方面靠籽粒间彼此直接接触的相互影响而使热量逐渐转移，其进行速度非常缓慢(传导传热)；另一方面靠籽粒间隙里气体的流动而使热量转移(对流传热)。一般情况下，由于种子堆内阻力很大，气体流动不可能很快，因此热量的传导也受到很大限制。在某些情况下，种子颗粒本身在很快移动(如通过烘干机时)，或空气在种子堆里以高速度连续对流(如进行强烈通风)，则热量的传导过程就发生剧烈变化，同时传导速度也大大加速，种子的导热性差，在生产上会带来两种相反的作用，在贮藏期间，如果种子本身温度比较低，由于导热不良，就不易受外界气温上升的影响，可保持比较长期的低温状态，对安全贮藏有利。但当外界气温较低而种子温度较高的情况下，由于导热很慢，种子不能迅速冷却，以致长期处在高温条件下，持续进行旺盛的生理代谢作用，促使生活力迅速减退和丧失，这就成为种子贮藏的不利因素。因此，作物种子经干燥后，必须经过一个冷却过程，并使种子的残留水分进一步散发。

种子导热性的强弱通常用导热率来表示。它决定于种子的特性、水分的高低、堆装所受压力以及不同部位的温差等条件。种子导热率就是指单位时间内通过单位面积静止种子堆的热量。在一定时间内，通过种子堆的热量是随着种子堆的表层与深层的温差而不同。各层之间温差愈大，则通过种子堆的热量愈多，导热率也愈大。

生产上要测出种子的导热率，先要测定种子的导热系数。种子的导热系数是指1 m厚的种子堆，当表层和底层的温差相差1℃时，在每小时内通过该种子堆每平方米表层面积的热量，其单位为kJ/(h·m·℃)。作物种子的导热系数一般都比较小，大多数在0.42～0.92 kJ/(h·m·℃)，并随种温和水分而有增减(表2-6)。

表 2-6　几种作物种子的导热系数

作物类型	种温/℃	水分/%	导热系数/(kJ/(h·m·℃))
小麦	20	22.8	0.828 4
	16.6	17.8	0.548 1
	10.0	17.5	0.384 9
大麦	17.5	18.6	0.640 1
燕麦	18.0	17.7	0.497 8
黑麦	16.7	11.7	0.723 8
黍	18.0	11.9	0.602 5

一般作物种子的导热系数介于水与空气之间，在 20℃ 时，空气的导热系数为 0.090 8 kJ/(h·m·℃)，而水的导热系数为 2.134 kJ/(h·m·℃)。可见在相同温度条件下，水的导热系数远远超过空气，因此，当仓库的类型和结构相同，贮藏的种子数量相近时，在不通风的密闭条件下，种子水分愈高，则热的传导愈快；种子堆的空隙愈大，则热的传导愈慢，亦即干燥而疏松的种子在贮藏过程中不易受外界高温的影响，能保持比较稳定的种温；反之，潮湿紧密的种子，则容易受外界温度变化的影响，温度波动较大。

在大型仓库中，如进仓的种子温度高低相差悬殊，由于种子的导热性太弱，往往经过相当长的时间仍存在较大的温差，不能使各部分达到平衡；于是种子堆温度较高部分的水分将以水汽状态逐渐转移到温度较低的部分而吸附在种子表面，使种子回潮，引起强烈地呼吸以至发热霉变。因此，种子入库时，不但要考虑水分是否符合规定标准，同时还须注意种温是否基本上一致，以免导致意外损失。

种子堆的导热性能与安全贮藏还存在着另一方面的密切关系。生产上往往可以利用种子的导热性比较差这个特性，使它成为有利因素。例如，在高温潮湿的气候条件下所收获的种子，需加强通风，使种子温度和水分逐步下降，直到冬季可达到稳定状态。来春季气温上升，空气湿度增大，则将仓库保持密闭，直到炎夏，种子仍能保持接近冬季的低温，因而可以避免夏季高温影响而确保贮藏安全。

(二)种子比热容

种子比热容是指 1 kg 种子升高 1℃时所需的热量，其单位为 kJ/(kg·℃)。种子热容量的大小决定于种子的化学成分(包括水分在内)及各种成分的比率。在种子的主要化学成分中，干淀粉的热容量为 1.548 1 kJ/(kg·℃)，油脂为 2.05 kJ/(kg·℃)，干纤维为 1.34 kJ/(kg·℃)，而水为 4.184 kJ/(kg·℃)。绝对干燥的作物种子的热容量大多数在 1.67 kJ/(kg·℃)左右，如小麦和黑麦均为 1.548 kJ/(kg·℃)，向日葵为 1.64 kJ/(kg·℃)，亚麻为 1.66 kJ/(kg·℃)，大麻为 1.55 kJ/(kg·℃)，蓖麻为 1.84 kJ/(kg·℃)。水的比热容较一般种子的干物质比热容要高出 1 倍以上，因此水分愈高的种子，其热容量亦愈大。如果已经测知种子干物质的比热容和所含的水分，则按下式可计算出它的热容量：

$$C=C_0(1-V)+4.184V$$

式中：C 为含有一定水分的种子的比热容；

C_0 为种子绝对干燥时的比热容；

V 为种子所含的水分。

例如已测得小麦种子的水分为10%，则其热容量为：

$$C=1.548\,1\times(1-0.1)+(4.184\times0.1)=1.811\,7[\text{kJ}/(\text{kg}\cdot℃)]$$

从上式推算所得的热容量，只能表示大致情况，因各种作物种子的组成成分比较复杂，对热容量都有一定影响。当种子干物质的热容量和所含水分的数据缺乏时，可应用比热容器直接测定种子的比热容，其步骤如下：在一定温度条件下，将一定量的水注入比热容器，然后将一定量的种子样品加热到一定温度，亦投入量热器中，等种子在水中热量充分交换而达到平衡时，观察量热器中水的温度比原来升高几度，再将平衡前后的温差折算成单位重量的水与种子的温差比率，即为种子的热容量。

了解种子的比热容，可推算一批种子在秋冬季节贮藏期间放出的热量，并可根据比热容、导热率和当地的月平均温度来预测种子冷却速度。通常一座能容 25×10^4 kg 的中型仓库，种温从进仓时20℃以上降到10℃以下，放出的总热量达数百万千焦。同样，在春夏季种温随气温上升，亦需吸收大量的热量。因此，在前一种情况下，需装通风设备以加速降温，后一种情况下，需密闭仓库以减缓升温，这样可保持种子长期处在比较低的温度条件下，抑制其生理代谢作用而达到安全贮藏的目的。

刚收获的作物种子，水分较高，比热容亦越大，如直接进行烘干，则使种子升高到一定温度所需的热量亦愈大，即消耗燃料亦愈多；而且不可能一次完成烘干的操作过程，如加温太高，会导致种子死亡。因此，种子收获后，放在田间或晒场上进行预干，是最经济而稳妥的办法。

五、种子的吸附性和吸湿性

（一）种子的吸附性

1.种子的吸附性概念

种子胶体具有多孔性的毛细管结构，在种子的表面和毛细管的内壁可以吸附其他物质的气体分子，这种性能称为吸附性。当种子与挥发性的农药、化肥、汽油、煤油、樟脑等物质贮藏在一起，种子的表面和内部会逐渐吸附此类物质的气体分子，分子的浓度愈高和贮藏的时间愈长，则吸附量愈大，不同种子吸附性的差异主要决定于种子内部毛细管内壁的吸附能力，因为毛细管内壁的有效表面的总和比种子本身外部的表面积超过20倍左右。

2.种子吸附的四种形式及有关概念

吸附作用通常因吸附的深度不同分为三种形式，即吸附、吸收和毛细管凝结或化学吸附。当一种物质的气体分子凝集在种子胶体的表面为吸附；其后，气体分子进入毛细管内部而被吸着，称为吸收；再进一步，气体分子在毛细管内达到饱和状态开始凝结而被吸收，则称为毛细管凝结。但就种子来说，这三种形式都可能存在，而且很难严格地加以区分。

种子在一定条件下能吸附气体分子的能力称为吸附容量，而在单位时间内能被吸附的气体数量称为吸附速率。被吸附的气体分子亦可能从种子表面或毛细管内部释放出来而散发到周围空气中去，这一过程是吸附作用的逆转，称为解吸作用。一个种子堆在整个贮藏过程中，所有种子对周围环境中的各种气体都在不断地进行吸附作用与解吸作用。如果条件固定不变，这两个相反的作用可达到平衡状态，即在单位时间内吸附的和解吸的气体数量相等。

当种子移置于另一环境中，则种子内部的气体或液体分子就开始向外扩散，或者相反，由外部向种子内部扩散。如果种子贮藏在密闭状态中，经过一定时间，可达到新的平衡。种子堆里的吸附与解吸过程主要是气体扩散作用来进行的。首先是种子堆周围的气体由外部扩散到种子堆的内部，充满在种子的间隙中，一部分气体分子就吸附在每颗种子的表面，另有一部分气体分子扩散到毛细管内部而吸附在内壁上，达到一定限度，气体开始凝结成为液态，转变为液态扩散；最后有一部分气体分子渗透到细胞内部而与胶体微粒密切结合在一起，甚至和种子内部的有机物质起化学反应，形成一种不可逆的状态，即所谓化学吸附，若被吸附的气体可以被可逆地完全解吸出来，则称为物理吸附。

3.影响种子吸附强弱的因素

农作物种子吸附性的强弱取决于多种因素，主要包括下列几方面：

(1)种子的形态结构(种子表面粗糙、皱缩的程度和组织结构)　凡组织结构疏松的，吸附力较强；表面光滑，坚实，或被有蜡质的，吸附力较弱。

(2)吸附面的大小　种子有效面积愈大，吸附力愈强。当其他条件相同时，籽粒愈小，比面愈大，其吸附性比大粒种子为强，此外，胚部较大的和表面露出较多的种子，其吸附性也较强。

(3)气体浓度　环境中气体的浓度愈高，则种子内部与外部的气体压力相差也愈大，因而加速其吸附。

(4)气体的化学性质　凡是容易凝结的气体，以及化学性质较为活泼的气体，一般都易被吸附。

(5)温度　吸附是放热过程，当气体被吸附于吸附剂(种子)表面的同时，伴随放出一定的热量，称为吸附热。解吸则是吸热过程，气体从吸附剂表而脱离时，需吸收一定的热量。在气体浓度不变的条件下，温度下降，放热过程加强，有利于吸附的进行，促使吸附量增加；温度上升，吸热过程加强，有利于解吸的进行，吸附量减少。熏蒸后在低温下散发毒气较为困难，原因就在于此。

(二)种子的吸湿性

种子对于水汽的吸附和解吸的性能称为种子的吸湿性。由于种子的主要组成成分是亲水胶体(典型的油质种子除外)，所以大多数种子对水汽的吸附能力是相当强的。

水汽和其他气体一样，吸附和解吸过程都是通过水汽的扩散作用而不断地进行着。首先是水分子以水汽状态从种子外部经过毛细管扩散到内部去，其中一部分水分子被吸附在毛细管的有效表面，或进一步渗入组织细胞内部与胶体微粒密切结合，成为种子的结合水或束缚水。当外部水汽继续向内扩散，使毛细管中的水汽压力逐渐加大，结果水汽凝结成水，称为液化过程。外部的汽态水分子继续扩散进去，直到毛细管内部充满游离状态的水分子，通常称游离水。这些水分子在种子中可以自由移动，所以也称自由水。当种子含自由水较多时，细胞体积膨大，种子外形饱满，内部的生理过程趋向旺盛，往往引起种子的发热变质。

种子收获后遇到潮湿多雨季节，空气中的湿度接近饱和状态，就容易发生这种情况。

当潮湿种子摊放在比较干燥的环境中，由于外界的水汽压力比种子内部低，水分子就从种子内部向外扩散，直到自由水全部释放出去。有时遇到高温干燥的天气，即使是束缚水也会被释放一部分，结果种子水分可达到安全贮藏水分以下，这种情况在盛夏和早秋季节或干旱地区是经常会发生的。

据研究，在相同的温度和相对湿度条件下，同一种种子吸湿增加水分和解吸降低水分这两种情况下的平衡水分不同。种子吸湿达到平衡的水分始终低于解吸达到平衡的水分，这种现象称吸附滞后效应。种子贮藏过程中，如干种子吸湿回潮，水分升高，以后即使大气湿度恢复到原来水平，种子解吸水汽，但最后种子水分也不能恢复到原有水平。因此，这一问题是生产上值得注意的。

种子吸湿性的强弱主要决定于种子的化学组成和细胞结构。种子含亲水胶体的比率愈大，吸湿性愈强；反之，含油脂较多的种子吸湿性较弱。禾谷类作物种子由于胚部含有较多的亲水胶体物质，其吸湿性要较胚乳部分强得多，因此，在比较潮湿的气候条件下，胚部比胚乳部分更容易吸湿回潮，往往成为每颗籽粒发霉变质的起始点。在贮藏上解决这个问题的根本措施是干种子密闭贮藏，以隔绝外界水汽的侵入。

计 划 单

<table>
<tr><td>学习领域</td><td colspan="5">种子加工贮藏技术</td></tr>
<tr><td>学习情境 2</td><td colspan="2">种子物理特性</td><td>学时</td><td colspan="2">1</td></tr>
<tr><td>计划方式</td><td colspan="5">小组讨论、成员之间团结合作共同制订计划</td></tr>
<tr><td>序号</td><td colspan="3">实施步骤</td><td colspan="2">使用资源</td></tr>
<tr><td></td><td colspan="3"></td><td colspan="2"></td></tr>
<tr><td></td><td colspan="3"></td><td colspan="2"></td></tr>
<tr><td></td><td colspan="3"></td><td colspan="2"></td></tr>
<tr><td></td><td colspan="3"></td><td colspan="2"></td></tr>
<tr><td></td><td colspan="3"></td><td colspan="2"></td></tr>
<tr><td></td><td colspan="3"></td><td colspan="2"></td></tr>
<tr><td></td><td colspan="3"></td><td colspan="2"></td></tr>
<tr><td></td><td colspan="3"></td><td colspan="2"></td></tr>
<tr><td></td><td colspan="3"></td><td colspan="2"></td></tr>
<tr><td></td><td colspan="3"></td><td colspan="2"></td></tr>
<tr><td></td><td colspan="3"></td><td colspan="2"></td></tr>
<tr><td>制订计划
说明</td><td colspan="5"></td></tr>
<tr><td rowspan="3">计划评价</td><td>班级</td><td></td><td>第　组</td><td>组长签字</td><td></td></tr>
<tr><td>教师签字</td><td colspan="2"></td><td>日期</td><td></td></tr>
<tr><td colspan="5">评语：</td></tr>
</table>

决 策 单

<table>
<tr><td>学习领域</td><td colspan="8">种子加工贮藏技术</td></tr>
<tr><td>学习情境 2</td><td colspan="5">种子物理特性</td><td>学时</td><td colspan="2">1</td></tr>
<tr><td colspan="9">方案讨论</td></tr>
<tr><td rowspan="7">方案对比</td><td>组号</td><td>任务
耗时</td><td>任务
耗材</td><td>实现
功能</td><td>实施
难度</td><td>安全
可靠性</td><td>环保性</td><td>综合
评价</td></tr>
<tr><td>1</td><td></td><td></td><td></td><td></td><td></td><td></td><td></td></tr>
<tr><td>2</td><td></td><td></td><td></td><td></td><td></td><td></td><td></td></tr>
<tr><td>3</td><td></td><td></td><td></td><td></td><td></td><td></td><td></td></tr>
<tr><td>4</td><td></td><td></td><td></td><td></td><td></td><td></td><td></td></tr>
<tr><td>5</td><td></td><td></td><td></td><td></td><td></td><td></td><td></td></tr>
<tr><td>6</td><td></td><td></td><td></td><td></td><td></td><td></td><td></td></tr>
<tr><td>方案评价</td><td colspan="8">评语：</td></tr>
</table>

班级		组长签字		教师签字		日期	

材料工具清单

学习领域	种子加工贮藏技术						
学习情境 2	种子物理特性						
项目	序号	名称	作用	数量	型号	使用前	使用后
所用仪器仪表	1	容重仪	测容重	6			
	2	比重仪	测比重	6			
	3						
	4						
	5						
	6						
	7						
所用材料	1	小麦种子	测试对象	40 kg			
	2	玉米种子	测试对象	40 kg			
	3	水稻种子	测试对象	40 kg			
	4	大豆种子	测试对象	40 kg			
	5						
	6						
	7						
	8						
所用工具	1	试管架	测静止角	6			
	2	漏斗	测静止角	6			
	3	量角器					
	4	容量瓶					
	5	塑料盒					
	6	天平					
	7						
	8						

班级		第　组	组长签字		教师签字	

实 施 单

<table>
<tr><td>学习领域</td><td colspan="3">种子加工贮藏技术</td></tr>
<tr><td>学习情境 2</td><td>种子物理特性</td><td>学时</td><td>2</td></tr>
<tr><td>实施方式</td><td colspan="3">小组合作;动手实践</td></tr>
</table>

序号	实施步骤	使用资源

实施说明:

<table>
<tr><td>班级</td><td></td><td>第　组</td><td>组长签字</td><td></td></tr>
<tr><td>教师签字</td><td colspan="2"></td><td>日期</td><td></td></tr>
</table>

作 业 单

<table>
<tr><td>学习领域</td><td colspan="6">种子加工贮藏技术</td></tr>
<tr><td>学习情境 2</td><td colspan="6">种子物理特性</td></tr>
<tr><td>作业方式</td><td colspan="6">资料查询、现场操作</td></tr>
<tr><td>1</td><td colspan="6"></td></tr>
<tr><td colspan="7">作业解答：</td></tr>
<tr><td>2</td><td colspan="6"></td></tr>
<tr><td colspan="7">作业解答：</td></tr>
<tr><td>3</td><td colspan="6"></td></tr>
<tr><td colspan="7">作业解答：</td></tr>
<tr><td>4</td><td colspan="6"></td></tr>
<tr><td colspan="7">作业解答：</td></tr>
<tr><td>5</td><td colspan="6"></td></tr>
<tr><td colspan="7">作业解答：</td></tr>
<tr><td rowspan="4">作业评价</td><td>班级</td><td></td><td>第　组</td><td></td><td colspan="2"></td></tr>
<tr><td>学号</td><td></td><td>姓名</td><td></td><td colspan="2"></td></tr>
<tr><td>教师签字</td><td></td><td>教师评分</td><td></td><td>日期</td><td></td></tr>
<tr><td colspan="6">评语：</td></tr>
</table>

检　查　单

<table>
<tr><td colspan="2">学习领域</td><td colspan="4">种子加工贮藏技术</td></tr>
<tr><td colspan="2">学习情境 2</td><td colspan="2">种子物理特性</td><td>学时</td><td>0.5</td></tr>
<tr><td>序号</td><td>检查项目</td><td colspan="2">检查标准</td><td>学生自检</td><td>教师检查</td></tr>
<tr><td>1</td><td></td><td colspan="2"></td><td></td><td></td></tr>
<tr><td>2</td><td></td><td colspan="2"></td><td></td><td></td></tr>
<tr><td></td><td></td><td colspan="2"></td><td></td><td></td></tr>
<tr><td></td><td></td><td colspan="2"></td><td></td><td></td></tr>
<tr><td></td><td></td><td colspan="2"></td><td></td><td></td></tr>
<tr><td></td><td></td><td colspan="2"></td><td></td><td></td></tr>
<tr><td></td><td></td><td colspan="2"></td><td></td><td></td></tr>
<tr><td></td><td></td><td colspan="2"></td><td></td><td></td></tr>
<tr><td></td><td></td><td colspan="2"></td><td></td><td></td></tr>
<tr><td></td><td></td><td colspan="2"></td><td></td><td></td></tr>
<tr><td></td><td></td><td colspan="2"></td><td></td><td></td></tr>
<tr><td></td><td></td><td colspan="2"></td><td></td><td></td></tr>
<tr><td></td><td></td><td colspan="2"></td><td></td><td></td></tr>
<tr><td rowspan="3">检查评价</td><td>班级</td><td></td><td>第　组</td><td>组长签字</td><td></td></tr>
<tr><td>教师签字</td><td colspan="2"></td><td>日期</td><td></td></tr>
<tr><td colspan="5">评语：</td></tr>
</table>

评 价 单

学习领域	种子加工贮藏技术				
学习情境2	种子物理特性			学时	0.5
评价类别	项目	子项目	个人评价	组内互评	教师评价
专业能力(60%)	资讯(10%)	搜集信息(5%)			
		引导问题回答(5%)			
	计划(10%)	计划可执行度(3%)			
		测试程序的安排(4%)			
		测试方法的选择(3%)			
	实施(15%)	测试操作规程(5%)			
		测试规范(6%)			
		测试质量管理(2%)			
		所用时间(2%)			
	检查(10%)	全面性、准确性(5%)			
		故障的排除(5%)			
	过程(10%)	使用工具规范性(2%)			
		测试过程规范性(2%)			
		工具和仪表管理(1%)			
	结果(10%)	排除故障(10%)			
社会能力(20%)	团结协作(10%)	小组成员合作良好(5%)			
		对小组的贡献(5%)			
	敬业精神(10%)	学习纪律性(5%)			
		爱岗敬业、吃苦耐劳精神(5%)			
方法能力(20%)	计划能力(10%)	考虑全面、细致有序(10%)			
	决策能力(10%)	决策果断、选择合理(10%)			
评价评语	班级		姓名	学号	总评
	教师签字		第　组	组长签字	日期
	评语：				

教学反馈单

学习领域	种子加工贮藏技术			
学习情境 2	种子物理特性			
序号	调查内容	是	否	理由陈述
1				
2				
3				
4				
7				
8				
9				
10				
11				
12				
13				
14				
15				

你的意见对改进教学非常重要，请写出你的建议和意见：

调查信息	被调查人签字		调查时间	

学习情境3　种子干燥技术

一般新收获的种子水分高达25%～45%。这么高水分的种子，呼吸强度大，放出的热量和水分多，种子易发热霉变，或者很快耗尽种子堆中的氧气而因厌氧呼吸产生的酒精致死，或者遇到零下低温受冻害而死亡。因此，必须及时将种子干燥，把其水分降低到安全包装和安全贮藏的水分，以保持种子旺盛的发芽力和活力，提高种子质量，使种子能安全经过从收获到播种的贮藏期限。

任 务 单

<table>
<tr><td>学习领域</td><td colspan="6">种子加工贮藏技术</td></tr>
<tr><td>学习情境3</td><td colspan="3">种子干燥技术</td><td>学时</td><td colspan="2">6</td></tr>
<tr><td colspan="7">任务布置</td></tr>
<tr><td>能力目标</td><td colspan="6">1. 理解种子干燥的必要性。
2. 能分析种子干燥的过程和影响种子干燥的因素。
3. 能掌握种子干燥的方法。
4. 能理解种子干燥各种方法的优点和缺点。</td></tr>
<tr><td>任务描述</td><td colspan="6">1. 能检测种子水分与干燥介质的关系，制定必要的种子干燥条件。
2. 根据种子特定种子和特定环境，能制定必要的种子干燥条件。</td></tr>
<tr><td>学时安排</td><td>资讯1学时</td><td>计划1学时</td><td>决策1学时</td><td>实施2学时</td><td>检查0.5学时</td><td>评价0.5学时</td></tr>
<tr><td>参考资料</td><td colspan="6">[1]颜启传. 种子学. 北京：中国农业出版社，2001.
[2]束剑华. 园艺植物种子生产与管理. 苏州：苏州大学出版社，2009.
[3]吴金良，张国平. 农作物种子生产和质量控制技术. 杭州：浙江大学出版社，2001.
[4]胡晋. 种子贮藏加工. 北京：中国农业出版社，2003.
[5]农作物种子质量标准(2008). 北京：中国标准出版社，2009.
[6]金文林，等. 种子产业化教程. 北京：中国农业出版社，2003.</td></tr>
<tr><td>对学生的要求</td><td colspan="6">1. 名词解释：干燥介质；绝对湿度；相对湿度；湿传递；热传递。
2. 种子干燥的原理是什么？
3. 干燥介质状况对种子干燥有何影响？
4. 干燥剂的种类和性能？</td></tr>
</table>

资　讯　单

<table>
<tr><td>学习领域</td><td colspan="3">种子加工贮藏技术</td></tr>
<tr><td>学习情境 3</td><td>种子干燥技术</td><td>学时</td><td>1</td></tr>
<tr><td>咨询方式</td><td colspan="3">在资料角、实验室、图书馆、专业杂志、互联网及信息单上查询；咨询任课教师</td></tr>
<tr><td>咨询问题</td><td colspan="3">1. 名词解释：干燥介质；绝对湿度；相对湿度；湿传递；热传递。
2. 种子干燥的原理是什么？
3. 干燥介质状况对种子干燥有何影响？
4. 干燥剂的种类和性能有哪些？</td></tr>
<tr><td>资讯引导</td><td colspan="3">1. 问题 1～4 可以在胡晋的《种子贮藏加工》中查询。
2. 问题 1～4 可以在颜启传的《种子学》中查询。
3. 问题 1～4 可以在刘松涛的《种子加工技术》中查询。</td></tr>
</table>

信 息 单

学习领域	种子加工贮藏技术
学习情境3	种子干燥技术

一、种子的干燥特性

(一)种子干燥的目的和必要性

1.种子的干燥目的

一般新收获的种子水分高达25%～45%。这么高水分的种子,呼吸强度大,放出的热量和水分多,种子易发热霉变,或者很快耗尽种子堆中的氧气而因厌氧呼吸产生的酒精致死,或者遇到零下低温受冻害而死亡。因此,必须及时将种子干燥,把其水分降低到安全包装和安全贮藏的水分,以保持种子旺盛的发芽力和活力,提高种子质量,使种子能安全度过从收获到播种的贮藏期限。

2.必要性

(1)防蒸死,防霉变、防虫蛀和防冻害　据研究,种子水分高,容易引起种子的伤害:当种子水分在40%,容重、比重、密度、孔隙度、导热性和比热容60%以上时,种子将发芽;种子水分在18%,容重、比重、密度、孔隙度、导热性和比热容20%以上时,种子发热变质或受冻死亡;种子水分在12%～14%时,种子上(里)将会因真菌生长而霉变;种子水分在8%～9%时,种子仓虫开始活动繁殖而蛀食种子。因上述可知,对新收获水分高达25%～35%的种子,必须及时采用干燥方法,将种子水分降低到安全水平,这是确保种子发芽力和活力的重要步骤。

(2)确保安全包装、安全贮藏和安全运输　种子是活的生物有机体,每时每刻进行着呼吸作用,但其呼吸强度,随着水分和温度的增高而加强,就会放出大量的水分和热量,使种子发热霉变,并且,在氧气耗尽时,将转变为缺氧呼吸而产生酒精杀死种子。只有采用干燥方法,将种子水分降低到安全水平才能确保安全包装,安全贮藏和安全运输,并保持其生活力和活力到销售和播种。

(3)保持包衣和处理种子的活力　种子包衣和处理过程,包衣剂和处理药液一般为水溶液,在包衣和处理过程中,会使种子吸水回潮而水分增加,这不仅会使种子呼吸强度增加,易发生劣变,而且这种药液还会伤害种子胚根,影响种子正常发芽和成苗,因此,在种子包衣过程和处理后应该及时干燥才能保持其发芽力和活力。

(二)种子的传湿力

1.种子的传湿力概念

(1)种子的传湿力　种子是一种吸湿的生物胶体。种子在低温潮湿的环境中能吸收水汽,在高温干燥的环境中能散出水汽,种子这种吸收或散出水汽的能力称为种子传湿力。

(2)影响传湿力的因素　种子传湿力的强弱主要决定于种子本身的化学组成和细胞结构及外界温度。如果种子内部结构疏松,毛细管较粗,细胞间隙较大,种子含淀粉多和外界温度高时,传湿力就强,反之则弱。根据这个道理,一般禾谷类种子的传湿力比含蛋白质多的豆类种子相对要强,普通小麦种子传湿力比硬粒小麦强。

(3)传湿力与种子干燥关系　传湿力强的种子,干燥起来就比较容易;相反,传湿力弱的种子,干燥起来就比较慢。在干燥过程中,一定要根据种子的传湿力强弱来选择干燥条件。传湿力强的种子可选择较高的温度干燥,干燥介质的相对湿度要低些,并可进行较大风量鼓风。传湿力弱的种子则与此相反。

(三)种子干燥的介质

1.种子干燥介质

要使种子干燥,必须使种子受热,将种子中的水汽化后排走,从而达到干燥的目的。单靠种子本身是不能完成这一过程的。需要一种物质与种子接触,把热量带给种子,使种子受热,并带走种子中汽化出来的水分,这种物质称为干燥介质。介质在这里既是载热体.又是载湿体,起到双重作用。常用的干燥介质是空气、加热空气、煤气(烟道气和空气的混合体)。

2.干燥中介质对水分的影响

防止种子发热变质、防冻、防止自热、防止种子发芽等,其首要问题是降低种子的水分。影响种子干燥的条件是介质的温度、相对湿度和介质流动速度。

种粒中的水分又是以液态和气态存在的,液态水分排走必须经过汽化,汽化所需的热量和排走汽化出的水分,需要介质与种子接触来完成。在干燥中,介质与种子接触的时候,将热量传给种子,使种子升温,促使其水分汽化,然后将部分水分带走。干燥介质在这里起着载热体和载湿体的双重作用。

种粒水分在汽化过程中,其表面形成蒸汽层。若围绕种粒表面的气体介质是静止不动的,则该蒸汽层逐渐达到该温度下的饱和状态,汽化作用停下。所以,我们使围绕谷粒表面的气体介质流动,新鲜的气体可将已被饱和的原气体介质逐渐驱走,而取代其位置,继续承受由种子中水分所形成的蒸汽,则汽化作用继续进行。因此,要想使种粒干燥,降低水分,与其接触的气体介质该是流动的,并需设法提高该气体介质的载湿体能力,即提高它达到饱和状态时的水汽含量。

如何提高空气在饱和状态下的水气量呢?在一定的气压下,1 m^3空气内水蒸气最高含量与温度有关,温度愈高则饱和湿度愈大。因为温度提高,气体体积增大,所以它继续承受水蒸气也加大。达到饱和时的绝对湿度也要加大,相对湿度就要降低。温度升高以后,由于绝对湿度不变,饱和湿度加大后,则空气相对湿度减少。一般情况下,空气温度拟增高 1℃,相对湿度可下降 4%～5%,同时种子中空气的平衡湿度也要降低,这是因为:相对湿度小,为种子水分汽化,放出水分创造了条件;饱和湿度增大,增加了空气接受水分的能力;湿度提高更能促使种子中水分迅速汽化。

因此,提高介质的温度,是降低种子水分的重要手段。可以说用任何方法加热空气,空气原有的含水量虽然没变,但持水能力却逐渐增加,热风干燥就是利用空气的这一特性,从而加速干燥进程,提高干燥效果。

(四)空气在种子干燥过程中的作用

种子干燥过程中,一方面对种子进行加热,促进其自由水汽化;另一方面要将汽化的水热气排走,这一过程需要用空气作介质进行传热和带走水蒸气。利用对流原理对种子进行干燥时,空气介质起着载热体和载湿体的作用;利用传导和辐射原理进行干燥时,空气介质起载湿体作用。掌握空气与种子干燥有关的性能,对保证种子干燥质量,提高生产率有重要意义。

1.空气的压力

空气作用于单位面积上的垂直力称为压强。在工程上,习惯将压强简称为压力。在干燥风机和气力输送中,一般所说的“压力”均指在单位面积上承受的力而言。空气的总压力等于干空气和水蒸气分压力之和,即

$$P=P_g+P_s$$

式中:P_g 为干空气的分压力;P_s 为水蒸气的分压力。

空气中的水蒸气占有与空气相同的体积,水蒸气的温度等于空气的温度。空气中水蒸气含量越多,其分压力也越大;反过来,水蒸气分压力的大小也直接反映了水蒸气数量的多少,它是衡量空气湿度的一个指标。种子干燥中,要经常用到这个参效。

种子干燥是在大气压下工作的,由于大气压力不同,空气的一些性质也不同。所以,在种子干燥时应注意大气压变化的影响。

2.空气湿度

自然界中的空气总是含有水蒸气的,从烘干技术角度来看,空气是气体和水蒸气的机械混合物,称为湿气体。当我们看到空气时总是把它当作湿气体对待的。空气加热后仍然是一种湿气体,湿气体是干气体和水蒸气两部分组成的。空气既然是一种湿气体。湿度是表明空气中含有水蒸气多少的一个状态参数,空气湿度用绝对湿度和相对湿度来表示。

(1)绝对湿度　每立方米的空气中所含水蒸气的重量即空气的绝对湿度,单位是 kg/m^3 或 g/m^3,这个数值愈大,说明单位体积内水蒸气愈多,湿度也愈大。空气中能够容纳水汽里的能力随着温度的增高而加大,但在一定温度下,每立方米空气所能容纳的水汽量是有限度的。当其达到饱和状态时,水汽含量的最大位,就叫饱和水汽量,又称“饱和湿度”。表 3-1 为不同温度下的饱和湿度。

(2)相对湿度　绝对湿度是指单位体积内蒸汽多少的一个标志,不能更明确、更直接地表示空气的潮湿程度。比如单位体积内蒸汽的含量是一样的,即绝对湿度相同,可是在夏天就感到干燥潮湿,这说明空气中的水蒸气饱和状态的远近有关。温度高时,距饱和状态远,感到干燥;温度低时,该空气距饱和状态近,感到潮湿。所以,我们在研究空气湿度时,只有绝对湿度还不能满足我们的要求。从空气和物质接触的关系上看,我们还要了解这种空气在接近饱和状态的程度,亦即空气的潮湿程度如何,需要引入相对湿度的概念。空气的相对湿度,就是在同温同压下,空气的绝对湿度和该空气达到饱和状态时的绝对湿度之比值的百分率,它表示空气中水汽含量接近饱和状态的程度。

$$相对湿度=绝对湿度/饱和湿度\times 100\%$$

表 3-1 空气的饱和湿度表

温度/℃	饱和水汽量/(g/m³)	温度/℃	饱和水汽量/(g/m³)	温度/℃	饱和水汽量/(g/m³)	温度/℃	饱和水汽量/(g/m³)
−20	1.078	−3	3.926	14	11.961	31	31.702
−19	1.170	−2	4.211	15	12.712	32	33.446
−18	1.269	−1	4.513	16	13.504	33	35.272
−17	1.375	0	4.835	17	14.338	34	37.183
−16	1.489	1	5.176	18	15.217	35	39.183
−15	1.611	2	5.538	19	16.143	36	41.274
−14	1.882	3	5.922	20	17.117	37	43.461
−13	1.942	4	6.330	21	18.142	38	45.746
−12	2.032	5	6.768	22	19.220	39	48.133
−11	2.192	6	7.217	23	20.353	40	50.625
−10	2.363	7	7.703	24	21.544	41	53.8
−9	2.548	8	8.215	25	22.795	42	56.7
−8	2.741	9	8.858	26	24.108	43	59.3
−7	2.949	10	9.329	27	25.486	44	62.3
−6	3.171	11	9.934	28	26.931	45	65.4
−5	3.407	12	10.574	29	28.447	50	83.2
−4	3.658	13	11.249	30	30.036	100	597.4

相对湿度可以直接表示空气的干湿程度。相对湿度越低，表示空气越干燥；相对湿度越高，表示空气越潮湿。一般习惯用湿度这个名词表示相对湿度。

相对湿度越低越有利于种子干燥。从上式中可以看出相对湿度小时，必须是绝对湿度小，或者饱和湿度大。这两种情况都表明达到饱和程度还差很远，还有很大的“潜力”承受从外界来的水蒸气，这对我们研究干燥种子的空气介质来说，是个很重要的参数。

相对湿度低时则干燥种子愈迅速，所以它是决定干燥种子是否可以采用自然通风或辅助加热干燥的重要参数。干燥种子时干燥介质的相对湿度不能超过60%。

影响相对湿度的变化因素是：空气中实际含水汽量（绝对湿度）的多少；温度的高低。温度越高，相对湿度越低（温度高、饱和湿度大）。

相对湿度检查当前用普通毛发湿度计和静止式干湿计进行测定。静止式干湿计是用两根水银温度计组成。一支温度计下端的水银球用纱布包上，纱布的下端浸在水盆里，使球面保持湿润状态，称为湿球温度计；另一支称为干球温度计。湿球上的热量于水的蒸发而被夺去，因此水银冷却而下降、故湿球的表示度常较干球为低，当空气内水汽达到饱和状态时，湿球纱布上的水不再蒸发，湿球的表示度也就不起变化，故与干球的湿度没有差别或相差很小。如果空气干燥，湿球上蒸发很快，湿球的表示度很快降低，于是干湿球的表示度相差也大。

二、种子干燥原理和干燥过程

(一)种子的干燥原理

种子干燥是通过干燥介质给种子加热,利用种子内部水分不断向表面扩散和表面水分不断蒸发来实现的。

种子表面水分的蒸发,取决于空气中水蒸气分压力的大小。空气中水蒸气的分压力表示空气中水蒸气含量多少,空气中水蒸气含量随水蒸气分压力的增加而增加。水蒸气分压力与含水量在本质上是同一参数。空气中水蒸气分压力与种子表面间水蒸气分压力之差,是种子干燥的推动力,它的大小决定种子表面水分蒸汽蒸发速度。压力差大,种子表面水分蒸发速度快。种子内部水分的移动现象,称为内扩散。内扩散又分为湿扩散和热扩散。

1.湿扩散

种子干燥过程中,表面水分蒸发,破坏了种子水分平衡,使其表面含水率小于内部含水率,形成了湿度梯度,而引起水分向含水率低的方向移动,这种现象称为湿扩散。

2.热扩散

种子受热后,表面温度高于内部温度,形成温度梯度。由于存在温度梯度,水分随热源方向由高温处移向低温处,这种现象称为热扩散。

温度梯度与湿度梯度方向一致时,种子中水分热扩散与湿扩散方向一致,加速种子干燥而不影响干燥效果和质量。如温度梯度和湿度梯度方向相反,使种子中水分热扩散和湿扩散也以相反方向移动时,影响干燥速度。由于加热温度较低,种子体积较小,对水分向外移动影响不大,如果温度较高,热扩散比湿扩散进行得强烈时,往往种子内部水分向外移动的速度低于种子表面水分蒸发的速度,从而影响干燥质量。严重的情况下,种子内部的水分不但不能扩散到种子表面,反而把水分往内迁移,形成种子表面裂纹等现象。

(二)影响种子干燥的因素

影响种子干燥的因素有:相对湿度、温度、气流速度和种子本身生理状态和化学成分。

1.相对湿度

在温度不变的条件下,干燥环境中的相对湿度决定了种子的干燥速度和降水量,如空气的相对湿度小,对含水率一定的种子,其干燥的推动力大,干燥速度和降水量大;反之则小。同时空气的相对湿度也决定了干燥后种子的最终含水量。

2.温度

温度是影响种子干燥的主要因素之一。干燥环境的温度高,一方面具有降低空气相对湿度、增加持水能力的作用;另一方面能使种子水分迅速蒸发。在相同的相对湿度情况下,温度高时干燥的潜在能力大。在一个气温较高、相对湿度较大的天气,对种子进行干燥,要比同样湿度但气温较低的天气进行干燥,有较高的干燥潜在能力。所以应尽量避免在气温较低的情况下对种子进行干燥。

3.气流速度

种子干燥过程中,存在吸附种子表面的浮游状气膜层,限止种子表面水分的蒸发。所以必须用流动的空气将其逐走,使种子表面水分继续蒸发。空气的流速高,则种子的干燥速度快，缩短了干燥时间。但空气流速过高，会加大风机功率和热能的损耗。所以在提高气流速度的同时，要考虑热能的充分利用和风机功率保持在合理的范围，降低种子干燥成本。

4.种子本身生理状态和化学成分

(1)种子生理状态和组成对干燥影响　刚收获的种子含水率较高，新陈代谢旺盛，进行干燥时宜缓慢，或先低温后高温，进行两次干燥。如直接用高温进行干燥种子容易丧失发芽能力。

(2)种子的化学成分对干燥影响

①水稻、小麦、玉米等属于淀粉类的种子，这类种子的组织结构疏松、毛细管粗大，传湿力强。所以干燥起来较容易，可采用较高温度进行干燥。

②大豆、蚕豆等属于蛋白类种子。这类种子组织结构紧密，毛细管较细，传湿力弱，但种皮却很疏松，易失去水分。干燥时，如采用较高的温度和气流速度，种子内的水分蒸发较慢，而种皮的水分蒸发得较快，使其水分脱节易造成种皮破裂，不易贮藏。而且影响种子的生命力，所以，对这类种子干燥时，尽量采用低温进行慢速干燥。

③油菜籽等油质类种子，含有大量的脂肪，属不亲水性物质。这类种子的水分比上述两类种子容易散发，可用高温快速干燥。但油菜籽种皮疏松易破，比热容低，在高温的条件下易失去油分，这是干燥过程中必须考虑的，除生理状态和化学成分外，种子籽粒大小不同，吸热量也不一致，大粒种子需热量多，小粒则少。

种子的干燥条件中，温度、相对湿度和气流速度之间存在着一定关系。温度越高，相对湿度越低，气流速度越高，则干燥效果越好；在相反的情况下，干燥效果就差。应当指出，种子干燥时，必须确保种子的生命力，否则即使种子能达到干燥，也失去了种子干燥的意义。

(三)种子干燥的特性曲线

1.种子的干燥曲线概念

种子的干燥曲线，是在不变的条件下(介质温度、相对湿度、种层厚度、介质穿过种层速度等)，把种子的水分变化随着时间变化的关系用曲线表示所得的曲线就是干燥曲线。

在干燥过程中，由于种子的水分不断变化并被干燥介质带走，因而种子在干燥过程中是有变化的。就其外部特征来看，是种子的质量在改变。如果知道种子最初的温度和质量，并在各个不同时间测定其质量的变化，就可以依此求出任何一个干燥时间种子的湿度，把不同时间内的湿度用曲线表示出来就得到了干燥曲线(图 3-1)。

在进行干燥过程中，种子中的水分不断汽化，种子的质量相应减轻。研究干燥过程，就是研究不同条件下，种子质量随干燥时间而变化的过程。将一定干燥条件下，种子水分变化与时间的关系用曲线表示出来，所得到曲线就称为该条件下的干燥特性曲线。

一般来说，种子水分在薄层干燥过程中的变化情况基本按图 3-1 所示的曲线进行。

2.干燥过程中的水分变化

由图 3-1 可以看出，干燥过程开始的最初阶段，种子水分降低是按直线(或近似直线)进行的，种子处于等速干燥阶段(A-B)。经过一个较短时间后，从 B 点开始，种子水分按曲线降低。种子水分降低的速度，随着干燥时间的延长而不断减慢，种子处于降速干燥阶段。到 C 点后，种子水分不再下降。

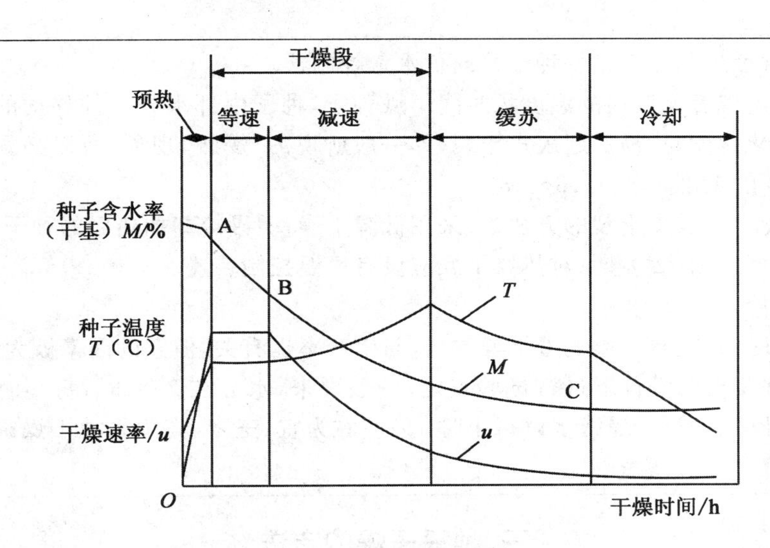

图 3-1 种子干燥特性曲线

应该指出，种子一开始受热，温度呈线性上升，而种子的水分还没有下降或降低很少，这个短时间称为种子的预热阶段。

等速干燥阶段，种子表面水蒸气分压处于和种子温度相适应的饱和状态，所有传给种子的热量都用于水分的汽化，种子温度保持不变，甚至略有下降。

随着干燥过程的进行，种子水分不断下降。当种子水分下降到吸湿水分时，种子内外层水分出现差异，即种子表面水分低于其内部水分。若要继续干燥，则种子表面汽化的水分须依靠其内部水分向外部转移，这时种子表面温度高于内部温度，热量从种子籽粒的外部向其内部传导（消耗一定热量），从而阻碍内部水分向外部转移。这两种作用的总和，使种子的干燥速度降低，开始了种子干燥的降速阶段。随着干燥过程的继续，种子干燥的速度愈来愈慢。当干燥速度降到零时，达到在该干燥条件下种子的平衡水分，种子的温度可升至热空气相近的温度。所谓吸湿水分，就是指当种子周围空气的对湿度达到 100％时，种子从空气中吸附水蒸气所能达到的含湿量。通常把种子内部的水分如吸附水、微毛细管水等称为结合水分（这部分水分较难干燥），而把高于吸湿水分的那部分水分称为自由水分。所以，吸湿水分是种子中结合水分与自由水分的分界点。

缓苏阶段，为停止供热使种子保湿（数小时）的过程，其主要作用是消除种子内、外部之间的热应力，减少“爆腰”损失。该阶段的干燥速度稍有降低。

冷却阶段，是对干燥后的种子进行通风冷却，使种子温度下降到常温或较低温度。该阶段的种子含水量基本上不再变化，干燥速度降到基本等于零。

3. 干燥过程中的温度变化

就温度而言，由曲线分析可知，在预热阶段中，种子温度由于干燥介质的作用急剧上升，达到种子表面水分大量汽化的程度，随后进入等速干燥阶段，种子表面水分由于大量汽化，则有所下降。在降速干燥阶段，由于汽化逐渐减少，使消耗在水分汽化的热量减少，剩余的热量促进种子本身的温度升高，种子和介质的温差逐渐变小，直到干燥速度等于零。汽化停止时，种子的温度就接近干燥介质的温度。当种子温度与介质温度相等或接近时，种子干燥完毕。因此，温度控制器也是一种很好的含水量控制器。

假如用高温或者比较高的温度长时间干燥种子，种子内部水分向外移动的速度大大低于表面水分汽化速度时，易引起表皮干裂，即一般所说的“爆腰”现象，所以必须掌握干燥的温度和时间，干燥温度一般在38～43℃。

目前，避免产生表皮干裂的方法是：采用低温干燥；缓慢冷却加热后的种子；一次降水幅度要有一定限度，并有缓苏期；对热风干燥应设有恒温控制装置。

4. 干燥时间

干燥所用时间的长短，影响着干燥质量，与生产率也有关，但它的因素极为复杂，最好在实际工作中，在相近的条件下进行试验查定，一般说来，水分在25%时，每小时降水不宜过快，实践经验证明，籽粒干燥降水以每小时1%左右为宜，玉米、高粱果穗干燥降水在每小时0.5%左右为宜。

三、种子干燥的方法

种子干燥方法可分为自然干燥、机械通风干燥、热空气干燥和干燥剂干燥等方法。

(一)种子自然干燥

1. 种子自然干燥的概述

自然干燥就是利用日光、风等自然条件，或稍加一点人工条件，使种子的含水量降低，达到或接近种子安全贮藏水分标准。

一般情况下，水稻、小麦、高粱、大豆等作物种子采取自然干燥可以达到安全水分。玉米种子完全依靠自然干燥往往达不到安全水分，可以用机械烘干为补充措施。自然干燥可以降低能源消耗，防止种子未烘干前受冻而降低发芽率；可以加快种子降水速度，促进种子早日收贮入库，同时也会降低种子的加工成本。

2. 自然干燥的原理

这是目前我国普遍采用的节约能源，廉价安全的种子干燥的主要方法。其干燥原理是种子在日光下晾晒中，种子内的水分向两个方向转移：一方面水分受热蒸发向上，散发于空气中；另一方面，由于表层种子受热较多，温度较高，而底层则受热较少，温度较低，因而在种子层中产生了温度差。根据湿热扩散定律，水分在干燥物体中沿着热流的方向移动，因此在日晒干燥时，种子中的水分也由表层向底层移动，因而造成表层与底层种子含水量在同一时间内可差3%～5%，为了防止上层干底层湿的现象，在晾晒时种子摊的厚度不可过厚，一般可摊成5～20 cm厚。大粒种子可摊铺15～20 cm；中粒种子可摊铺10～15 cm厚；小粒种子可摊5～10 cm。厚度。种子干燥降水速度与空气温度、空气相对湿度、种子形态结构和铺垫物相关。如果阳光充足，风力较大时还可以厚些。另外晒种子最好摊成波浪形，形成种子垄，这样晒种比平摊降水快，此外在晒种时应经常翻动，使上下层干燥均匀。

但应注意，在南方炎夏高温天气，中午或下午水泥晒场或柏油场地晒种时，因表面温度太高，易伤害种子。

3. 自然干燥的作用

在我国北方秋冬干燥季节，大气相对湿度很低，一般5%以下。由于刚收获的种子水分在25%～35%，其平衡水分大大高于野外空气的相对湿度，种子水分就会不断向外扩散失水而达到干燥的目的。但这种干燥方法的干燥时间较长，受外界大气湿度、温度和风速等因素的影响，并还应防止秋、冬寒潮的冻害。这种自然干燥方法在南方潮湿地带就很难应用。

4.自然干燥方法

自然干燥分脱粒前和脱粒后自然干燥，干燥方法也不相同。

(1)种子脱粒前干燥　脱粒前的种子干燥可以在田间进行，也可在场院、晾晒棚、晒架、挂藏室等处进行，利用日光曝晒或自然风干等办法降低种子的含水量。田间晾晒的优点是场地宽广，处理得当会使穗或谷穗植株等充分受到日光和流动空气(风)的作用降低水分。如玉米种子的果穗在收割前可采用“站秆扒皮”方法晾晒；高粱收割后可用刀削下穗头晒在高秆垛码上面；小麦、水稻可捆紧竖起，穗向上堆放晒干；大豆可在收割时放成小铺子晾晒。这些方法主要是利用成熟到收获这段较短的时间，使种子水分降低到一定程度。对一些暂时不能脱粒或数量较少又无人工干燥条件的种子，可采用搭晾晒棚，挂藏室、搭晾晒架等方法，将植株捆成捆挂起来，玉米穗制成吊子挂起来。实践中总结出来的最好的自然降水法是高茬晾晒。

高茬晾晒即在收割玉米秸时留茬高 50 cm 左右，将需晾晒的玉米果穗扒皮拴成挂，挂在玉米秸茬子上，每株玉米秸茬挂 6～10 个玉米果穗。

(2)脱粒后自然干燥　脱粒后自然干燥是籽粒的自然晾晒，这种方法古老简单，日光中紫外线有杀菌作用，此外晾种还可以促进种子的成熟、提高发芽率。晾晒种子是在晴天有太阳光时将种子堆放在晒场(场院)上，晒场的条件包括四周通风情况，对于凉晒种子降低水分的效果有很大差别。晒场常见的有土晒场和水泥晒场两种，水泥晒场由于场面较干燥和场面温度易于升高，晒种的速度快，容易清理，晾晒效果优于土晒场。但水泥晒场修建成本高，一般生产单位不易修建，而在种子公司、科研单位或良种场，均应设置水泥晒场。水泥晒场面积可大可小，一般根据本单位晒种子数从大小而定，晒种子经验数值是 1 t/15 cm。水泥晒场一般可按一定距离(面积)，中间修成鱼脊形，中间高两边低，晒场四周应设排水沟，以免积存雨水影响晒种。

(二)种子机械通风干燥

1.通风干燥的目的

对新收获的较高水分种子，因遇到天气阴雨或没有热空气干燥机械时，可利用送风机将外界冷干燥空气吹入种子堆中，把种子堆间隙的水汽和呼吸热量带走，以达到不断吹走水汽和热量，避免热量积聚导致种子发热变质，而使种子变干和降温的目的。这是一种暂时防止潮湿种子发热变质，抑制微生物生长的干燥方法。

2.种子通风干燥条件

限制通风干燥是利用外界的空气作为干燥介质，因此，种子降水程度受外界空气相对湿度所影响。一般只有当外界相对湿度低 70%时，采用通风干燥是最为经济和有效的方法。但在南方潮湿地区或北方雨天，因为外界大气湿度不可能很低，因而不可能将种子水分降低到当时大气相对湿度的平衡水分。当种子的持水力与空气的吸水力达到平衡时，种子既不向空气中散发水分，也不从空气中吸收水分。假设种子水分是 17%，这时种子水分与相对湿度 78%，温度为 4.5℃ 的空气相平衡。如果这时空气的相对湿度超过 78%，就不能进行干燥(表 3-2)。此外,达到平衡的相对湿度是随种子水分的减少而变低。因此,当种子水分是 15%时,空气的相对湿度必须低于 61%,否则无法进行干燥。

表 3-2 不同水分的种子在不同温度下的平衡相对湿度 %

温度/℃	种子水分/%					
	17	16	15	14	13	12
4.5	78	73	68	61	54	47
15.5	82	79	74	68	61	53
25	85	81	77	71	65	58

一般来说,平衡相对湿度是随着温度的上升而增高。因此,水分为 16%的种子,不能在相对湿度为 73%、温度为 4.5℃ 的空气中得到干燥。

从种子水分与空气相对湿度的平衡关系,可以表明自然风干燥必须辅之以人工加热的原因。所以,当采用自然风干燥,使种子水分下降到 15%左右时可以暂停鼓风,等空气相对湿度低于 70% 时再鼓风,使种子得到进一步干燥。70%相对湿度是在自然风干燥的常用温度下与水分为 15%的种子达到平水分时的相对湿度。如果相对湿度超过 70%时,开动鼓风不仅起不到干燥作用,反而会使种子从空气中吸收水分。所以,这种方法只能用于刚采收潮湿种子的暂时安全保存的通风干燥。

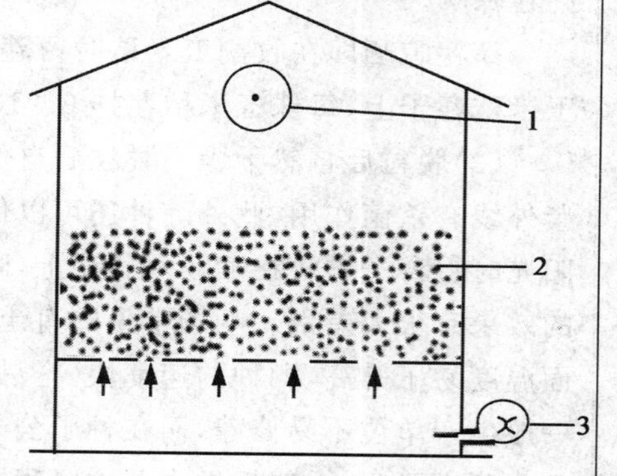

图 3-2 机械通风干燥法

3.种子通风干燥方法

这种干燥方法较为简便,只要有一个鼓风机就能进行通风干燥工作(图 3-2)。据研究实际经验推荐,通风干燥时,可按种子水分的不同,分别采用表 3-3 的最低空气流速。

一般认为,空气流量大于 9 m^3/min 时,只会增加电力消耗而不能增加种子干燥速度,因此是不经济的,因为种子层厚度对空气流量会有阻力。因此通风干燥效果还与种子堆高厚度和进入种子堆的风量有关。堆高厚度低,进风量大,干燥效果明显,种子干燥速度也快;反之则慢。在实践时可参考表 3-3。

表 3-3 各类种子常温通风干燥作业的推荐工作参数

通风干燥工作参数/%	种子堆最大厚度/m	所需的最低风量/(m^3/min)	降至安全水分时空气的最大允许相对湿度/%	通风干燥工作参数/%	种子堆最大厚度/m	所需的最低风量/(m^3/min)	降至安全水分时空气的最大允许相对湿度/%
稻谷 25	1.2	3.24	60	高粱 25	1.2	—	60
20	1.8	2.40	60	20	1.2	3.24	60
18	2.4	1.62		18	1.8	2.40	
16	3.0	0.78		16	2.4	1.62	
小麦 20	1.2	2.40		大麦 20	1.2	2.40	
18	1.8	1.62		18	1.8	1.62	
16	2.4	0.78		16	2.4	0.78	

(三)加热干燥法

这是一种利用加热空气作为干燥介质(干燥空气)直接通过种子层,使种子水分汽化,从而干燥种子的方法。在温暖潮湿的热带、亚热带地区,特别是大规模种子生产单位或长期贮藏的蔬菜种子,需利用加热干燥方法。

在加热干燥时对介质进行加温,以降低介质的相对湿度,提高介质的持水能力,并使介质作为载热体向种粒提供蒸发水分所需的热量。根据加温程度和作业快慢可分为:

1.低温慢速干燥法

所用的气流温度一般仅高于大气温度8℃,采用较低的气流流量,一般1 m^3 种子可采用6 m^3/min 气流量。干燥时间较长,多用于仓内干燥。

2.高温快速干燥法

用较高的温度和较大的气流量对种子进行干燥。可分为加热气体对静止种子层干燥和对移动的种子层干燥两种。

气流对静止种子层干燥,种子静止不动,加热气体通过静止的种子层以对流方式进行干燥,用这种方法加热气体温度不宜太高。根据干燥机类型、种子原始水分和不同干燥季节,温度一般可高于大气温度11～25℃ ,但加热的气流最高温度不宜超过43℃ 。属于这种形式的干燥设备有袋式干燥机、箱式干燥机及常用的热气流烘干室等。

加热气体对移动种子层干燥,在干燥过程中为了使种子能均匀受热,提高生产率和节约燃料,种子在干燥机中移动连续作业。潮湿种子不断加入干燥机,经干燥后又连续排出,所以这种方法又称为连续干燥。根据加热气流流动方向与种子移动方向配合方式分顺流式干燥、对流式干燥和错流式干燥3种形式,属于这种形式的烘干设备有滚筒式干燥机、百叶窗式干燥机、风槽式干燥机、输送带式干燥机。这些干燥机气体温度较高。各种干燥设备结构不同,对温度要求也不一致,如风槽式干燥机在干燥含水量低20%的种子时,一般加热气体的温度以43～60℃为宜,这时种子出机温度在38～40℃,如果种子含水量高,应采用几次干燥。

除此以外还有远红外、太阳能做热源的干燥方法。

(四)干燥剂干燥法

1.干燥剂干燥法的特点

这是一种将种子与干燥剂按一定比例封入密闭容器内。利用干燥剂的吸湿能力,不断吸收种子扩散出来的水分,使种子变干,直到达到平衡水分为止的干燥方法。其主要特点是:干燥安全。利用干燥剂干燥,只要干燥剂用量比例合理,完全可以人为控制种子干燥的水分程度,确保种子活力的安全;人为控制干燥水平。现已完全明白干燥剂的吸水量,可人为预定干燥后水分水平,然后按不同干燥剂的吸水能力,正确计算种子与干燥剂的比例,以便达到种子干燥水平;适用少量种子干燥。这种干燥法主要适用少量种质资源和科学研究种子的保存。

2.干燥剂的种类和性能

当前使用的干燥剂有氯化锂、变色硅胶、氯化钙、活性氧化铝、生石灰和五氧化二磷等。现就常用的几种分述如下:

(1)氯化锂(LiCl)　中性盐类,固体。在冷水中溶解度大,可达45%的重量浓度。吸湿能力很强。化学性质稳定性好,一般不分解、不蒸发,可回收再生重复使用,对人体无毒害。氯化锂一般用于大规模除湿机装置,将其微粒保持与气流充分接触来干燥空气,每小时可输送17 000 m^3以上的干燥空气。可使干燥室内相对湿度最低降到30%以下的平衡水分,能达到低温、低湿干燥的要求。

(2)变色硅胶($SiO_2 \cdot nH_2O$)　玻璃状半透明颗粒,无味、无臭、无害、无腐蚀性和不会燃烧。化学性质稳定,不溶解于水,直接接触水便成碎粒不再吸湿。硅胶的吸湿能力随空气相对湿度,最大吸湿量可达自身重量的40%(表3-4)。

硅胶吸湿后在150～200℃条件下加热干燥,性能不变仍可重复使用。但烘干温度超过250℃时,破裂并粉碎,丧失吸湿能力。

表3-4　不同相对湿度条件下硅胶的平衡水分　%

相对湿度	含水量	相对湿度	含水量
0	0.0	55	31.5
5	2.5	60	33.0
10	5.0	65	34.0
15	7.5	70	35.0
20	10.0	75	36.0
25	12.5	80	37.0
30	15.0	85	38.0
35	15.0	90	39.0
40	22.0	95	39.5
45	26.0	100	40.0
50	28.0		

一般的硅胶不能辨别其是否还有吸湿能力,使用不便。在普通硅胶内掺入氯化锂或氯化钴成为变色硅胶。干燥的变色硅胶呈深蓝色,随着逐渐吸湿而呈粉红色。当相对湿度达到40%～50%时就会变色。

(3)生石灰(CaO)　通常是固体,吸湿后分解成粉末状的氢氧化钙,失去吸湿作用。但是生石灰价廉,容易取材,吸湿能力较硅胶强。生石灰的吸湿能力因品质而不同,使用时需要注意。

(4)氯化钙($CaCl_2$)　通常是白色片剂或粉末,吸湿后呈疏松多孔的块状或粉末。吸湿性能基本上与氧化钙相同或稍稍超过。

(5)五氧化二磷(P_2O_5)　是一种白色粉末,吸湿性能极强,很快潮解。有腐蚀作用。潮解的五氧化二磷通过干燥,蒸发其中的水分,仍可重复使用。

3.干燥剂的用量和比例

干燥剂的用量因干燥剂种类、保存时间、密封时种子的水分而不同。硅胶的使用量取决于种子的原始水分、数量和需干燥到某相对湿度时的种子平衡水分。例如,把水分为13.5%的小麦,重量500 g,干燥30%相对湿度的平衡含水量(8.5%),需放多少硅胶,可按下列方法计算。

小麦种子需要除去的水分＝(种子原始水分－30％相对湿度的种子平衡水分)×种子重量

＝(13.5％－8.5％)×500

＝25(g)

需要硅胶＝需除去水分量÷30％相对湿度硅胶吸水量

＝25÷0.15＝166.7(g)

所以500 g小麦种子内需放170 g硅胶。

计 划 单

学习领域	种子加工贮藏技术		
学习情境3	种子干燥技术	学时	1
计划方式	小组讨论、成员之间团结合作共同制订计划		

序号	实施步骤	使用资源

制订计划说明					
计划评价	班级		第　组	组长签字	
	教师签字		日期		
	评语：				

决 策 单

<table>
<tr><td>学习领域</td><td colspan="8">种子加工贮藏技术</td></tr>
<tr><td>学习情境 3</td><td colspan="5">种子干燥技术</td><td>学时</td><td colspan="2">1</td></tr>
<tr><td colspan="9">方案讨论</td></tr>
<tr><td rowspan="7">方案对比</td><td>组号</td><td>任务耗时</td><td>任务耗材</td><td>实现功能</td><td>实施难度</td><td>安全可靠性</td><td>环保性</td><td>综合评价</td></tr>
<tr><td>1</td><td></td><td></td><td></td><td></td><td></td><td></td><td></td></tr>
<tr><td>2</td><td></td><td></td><td></td><td></td><td></td><td></td><td></td></tr>
<tr><td>3</td><td></td><td></td><td></td><td></td><td></td><td></td><td></td></tr>
<tr><td>4</td><td></td><td></td><td></td><td></td><td></td><td></td><td></td></tr>
<tr><td>5</td><td></td><td></td><td></td><td></td><td></td><td></td><td></td></tr>
<tr><td>6</td><td></td><td></td><td></td><td></td><td></td><td></td><td></td></tr>
<tr><td>方案评价</td><td colspan="8">评语：</td></tr>
<tr><td>班级</td><td></td><td>组长签字</td><td></td><td>教师签字</td><td></td><td>日期</td><td colspan="2"></td></tr>
</table>

材料工具清单

<table>
<tr><td>学习领域</td><td colspan="7">种子加工贮藏技术</td></tr>
<tr><td>学习情境3</td><td colspan="7">种子干燥技术</td></tr>
<tr><td>项目</td><td>序号</td><td>名称</td><td>作用</td><td>数量</td><td>型号</td><td>使用前</td><td>使用后</td></tr>
<tr><td rowspan="8">所用仪器</td><td>1</td><td>干燥器</td><td></td><td>6</td><td></td><td></td><td></td></tr>
<tr><td>2</td><td>天平</td><td></td><td>6</td><td></td><td></td><td></td></tr>
<tr><td>3</td><td>托盘天平</td><td></td><td>6</td><td></td><td></td><td></td></tr>
<tr><td>4</td><td>干燥箱</td><td></td><td>1</td><td></td><td></td><td></td></tr>
<tr><td>5</td><td>鼓风机</td><td></td><td>1</td><td></td><td></td><td></td></tr>
<tr><td>6</td><td>种子干燥机</td><td></td><td>1</td><td></td><td></td><td></td></tr>
<tr><td>7</td><td>通风管道</td><td></td><td>1</td><td></td><td></td><td></td></tr>
<tr><td>8</td><td>水分测定仪</td><td></td><td>6</td><td></td><td></td><td></td></tr>
<tr><td rowspan="6">所用材料</td><td>1</td><td>不同含水量的玉米种子</td><td>概念理解</td><td>40 kg</td><td></td><td></td><td></td></tr>
<tr><td>2</td><td>不同含水量的小麦种子</td><td>概念理解</td><td>40 kg</td><td></td><td></td><td></td></tr>
<tr><td></td><td></td><td></td><td></td><td></td><td></td><td></td></tr>
<tr><td></td><td></td><td></td><td></td><td></td><td></td><td></td></tr>
<tr><td></td><td></td><td></td><td></td><td></td><td></td><td></td></tr>
<tr><td colspan="7"></td></tr>
<tr><td rowspan="8">所用工具</td><td>1</td><td>温度计</td><td></td><td></td><td></td><td></td><td></td></tr>
<tr><td>2</td><td>干湿温度计</td><td></td><td></td><td></td><td></td><td></td></tr>
<tr><td>3</td><td>计算机</td><td></td><td></td><td></td><td></td><td></td></tr>
<tr><td>4</td><td></td><td></td><td></td><td></td><td></td><td></td></tr>
<tr><td>5</td><td></td><td></td><td></td><td></td><td></td><td></td></tr>
<tr><td>6</td><td></td><td></td><td></td><td></td><td></td><td></td></tr>
<tr><td>7</td><td></td><td></td><td></td><td></td><td></td><td></td></tr>
<tr><td>8</td><td></td><td></td><td></td><td></td><td></td><td></td></tr>
<tr><td>班级</td><td></td><td>第　组</td><td>组长签字</td><td colspan="2"></td><td>教师签字</td><td></td></tr>
</table>

实 施 单

学习领域	种子加工贮藏技术		
学习情境3	种子干燥技术	学时	2
实施方式	小组合作;动手实践		

序号	实施步骤	使用资源

实施说明:

班级		第 组	组长签字	
教师签字			日期	

作 业 单

学习领域	种子加工贮藏技术
学习情境 3	种子干燥技术
作业方式	资料查询、现场操作
1	
作业解答：	
2	
作业解答：	
3	
作业解答：	
4	
作业解答：	
5	
作业解答：	

<table>
<tr><td rowspan="4">作业评价</td><td>班级</td><td></td><td>第　组</td><td colspan="2"></td></tr>
<tr><td>学号</td><td></td><td>姓名</td><td colspan="2"></td></tr>
<tr><td>教师签字</td><td></td><td>教师评分</td><td>日期</td><td></td></tr>
<tr><td colspan="5">评语：</td></tr>
</table>

检 查 单

学习领域	种子加工贮藏技术			
学习情境 3	种子干燥技术		学时	0.5
序号	检查项目	检查标准	学生自检	教师检查
1	资讯问题	回答认真准确		
2	组培材料的观察	观察细致、准确		
3	仪器设备	准确认出仪器，说出作用		
4	各种工具	知道作用		
5	实验室组成	准确说出名称		
6	各实验室所用仪器设备	列出清单		
7	认出组培苗的类型	准确快速		
8				
9				
10				
11				
12				
13				
14				

检查评价	班级		第 组	组长签字	
	教师签字			日期	
	评语：				

评　价　单

<table>
<tr><td>学习领域</td><td colspan="7">种子加工贮藏技术</td></tr>
<tr><td>学习情境3</td><td colspan="4">种子干燥技术</td><td>学时</td><td colspan="2">0.5</td></tr>
<tr><td>评价类别</td><td>项目</td><td colspan="2">子项目</td><td>个人评价</td><td>组内互评</td><td colspan="2">教师评价</td></tr>
<tr><td rowspan="12">专业能力
(60%)</td><td rowspan="2">资讯
(10%)</td><td colspan="2">搜集信息(5%)</td><td></td><td></td><td colspan="2"></td></tr>
<tr><td colspan="2">引导问题回答(5%)</td><td></td><td></td><td colspan="2"></td></tr>
<tr><td rowspan="3">计划
(10%)</td><td colspan="2">计划可执行度(3%)</td><td></td><td></td><td colspan="2"></td></tr>
<tr><td colspan="2">实验室设计(4%)</td><td></td><td></td><td colspan="2"></td></tr>
<tr><td colspan="2">合理程度(3%)</td><td></td><td></td><td colspan="2"></td></tr>
<tr><td rowspan="3">实施
(20%)</td><td colspan="2">准确说出实验室名称(10%)</td><td></td><td></td><td colspan="2"></td></tr>
<tr><td colspan="2">本人在实验中作用(8%)</td><td></td><td></td><td colspan="2"></td></tr>
<tr><td colspan="2">所用时间(2%)</td><td></td><td></td><td colspan="2"></td></tr>
<tr><td rowspan="2">过程
(10%)</td><td colspan="2">仪器工具认识(5%)</td><td></td><td></td><td colspan="2"></td></tr>
<tr><td colspan="2">作用(5%)</td><td></td><td></td><td colspan="2"></td></tr>
<tr><td>结果
(10%)</td><td colspan="2">设计组培实验室(10%)</td><td></td><td></td><td colspan="2"></td></tr>
<tr><td style="display:none"></td></tr>
<tr><td rowspan="4">社会能力
(20%)</td><td rowspan="2">团结协作
(10%)</td><td colspan="2">小组成员合作良好(5%)</td><td></td><td></td><td colspan="2"></td></tr>
<tr><td colspan="2">对小组的贡献(5%)</td><td></td><td></td><td colspan="2"></td></tr>
<tr><td rowspan="2">敬业精神
(10%)</td><td colspan="2">学习纪律性(5%)</td><td></td><td></td><td colspan="2"></td></tr>
<tr><td colspan="2">爱岗敬业、吃苦耐劳精神(5%)</td><td></td><td></td><td colspan="2"></td></tr>
<tr><td rowspan="2">方法能力
(20%)</td><td>计划能力
(10%)</td><td colspan="2">考虑全面、细致有序(10%)</td><td></td><td></td><td colspan="2"></td></tr>
<tr><td>决策能力
(10%)</td><td colspan="2">决策果断、选择合理(10%)</td><td></td><td></td><td colspan="2"></td></tr>
<tr><td rowspan="3">评价评语</td><td>班级</td><td></td><td>姓名</td><td></td><td>学号</td><td>总评</td><td></td></tr>
<tr><td>教师签字</td><td></td><td>第　组</td><td>组长签字</td><td></td><td>日期</td><td></td></tr>
<tr><td colspan="7">评语：</td></tr>
</table>

教学反馈单

学习领域	种子加工贮藏技术
学习情境 3	种子干燥技术

序号	调查内容	是	否	理由陈述
1				
2				
3				
4				
7				
8				
9				
10				
11				
12				
13				
14				
15				

你的意见对改进教学非常重要,请写出你的建议和意见:

调查信息	被调查人签字		调查时间	

学习情境4　种子加工原理及技术

种子加工是指从收获到播种前对种子所采取的各种处理，包括种子清选、种子包衣、种子包装等一系列工序。以达到提高种子质量，保证种子安全贮藏，促进田间成苗及提高产量的要求。

种子加工内容包括种子清选、精选分级，种子包衣，种子播前处理，定量或定数包装等加工程序，即把新收获的种子加工成为商品种子的工艺过程。通过种子加工，提高种子净度、发芽力、品种纯度、种子活力，降低种子水分，提高耐藏性，抗逆性、种子用价、种子价位和商品特性。

任　务　单

<table>
<tr><td>学习领域</td><td colspan="6">种子加工贮藏技术</td></tr>
<tr><td>学习情境 4</td><td colspan="3">种子加工原理及技术</td><td>学时</td><td colspan="2">6</td></tr>
<tr><td colspan="7">任务布置</td></tr>
<tr><td>能力目标</td><td colspan="6">1.理解种子清选和精选的原理和技术。
2.掌握种子大小形状和筛子的关系。
3.理解空气筛和比重精选机工作原理。
4.理解种子处理的方法和处理的意义。
5.理解种子包衣和包装的标准。</td></tr>
<tr><td>任务描述</td><td colspan="6">1.能根据种子的实际情况,制定必要的种子加工工艺。
2.能根据种子类型和不同需求,对商品种子进行包衣和包装。</td></tr>
<tr><td>学时安排</td><td>资讯 1 学时</td><td>计划 1 学时</td><td>决策 1 学时</td><td>实施 2 学时</td><td>检查 0.5 学时</td><td>评价 0.5 学时</td></tr>
<tr><td>提供资料</td><td colspan="6">[1]颜启传.种子学.北京:中国农业出版社,2001.
[2]束剑华.园艺作物种子生产与管理.苏州:苏州大学出版社,2009.
[3]吴金良,张国平.农作物种子生产和质量控制技术.杭州:浙江大学出版社,2001.
[4]胡晋.种子贮藏加工.北京:中国农业出版社,2003.
[5]农作物种子质量标准(2008).北京:中国标准出版社,2009.
[6]金文林,等.种子产业化教程.北京:中国农业出版社,2003.</td></tr>
<tr><td>对学生的要求</td><td colspan="6">1.能种子的实际情况,制定必要的种子加工工艺。
2.能根据种子类型和不同需求,对商品种子进行包衣和包装。</td></tr>
</table>

资 讯 单

<table>
<tr><td>学习领域</td><td colspan="3">种子加工贮藏技术</td></tr>
<tr><td>学习情境 4</td><td>种子加工原理及技术</td><td>学时</td><td>1</td></tr>
<tr><td>咨询方式</td><td colspan="3">在资料角、实验室、图书馆、专业杂志、互联网及信息单上查询；咨询任课教师</td></tr>
<tr><td>咨询问题</td><td colspan="3">1. 解释名词：种子加工；种子包衣；种子包装。
2. 种子加工的作用是什么？
3. 冲孔筛和编织筛的特点有哪些？
4. 上、中、下三层筛子的作用是什么？中层和下层筛子筛孔变化对种子质量和获选率有何影响？
5. 种子清选的原理。
6. 种子包衣的方式有哪些？
7. 种衣剂类型有哪几种？
8. 种子包装的基本要求有哪些？
9. 每种包装材料的基本特点有哪些？
10. 种子标签的内容是什么？</td></tr>
<tr><td>资讯引导</td><td colspan="3">1. 问题 1～4 可以在胡晋的《种子贮藏加工》中查询。
2. 问题 5～8 可以在颜启传的《种子学》中查询。
3. 问题 9～10 可以在刘松涛的《种子加工技术》中查询。</td></tr>
</table>

信 息 单

学习领域	种子加工贮藏技术
学习情境 4	种子加工原理及技术

一、种子清选、精选原理和技术

(一)种子清选、精选的目的意义

1. 种子清选的目的和内容

种子清选主要是清除混入种子中的茎、叶、穗和损伤种子的碎片、杂草种子、泥沙、石块、空瘪等掺杂物,以提高种子纯净度,并为种子安全干燥和包装贮藏做好准备。

2. 种子精选分级的目的和内容

其主要目的是剔除混入的异作物或异品种种子,不饱满的,虫蛀或劣变的种子,以提高种子的精度级别和利用率,即可提高纯度、发芽率和种子活力。

(二)种子清选、精选原理

种子清选、精选可根据种子尺寸大小、种子比重、空气动力学特性、种子表面特性、种子颜色和种子静电特性的差异,进行分离,以清除掺杂物和废料。

1. 根据种子的尺寸特性分离原理和技术

(1)种子形状和大小　通常以长度(a)、宽度(b)和厚度(c)三个尺寸来表示(图 4-1)。各种种子长、宽、厚之间的关系,主要有如下四种情况。

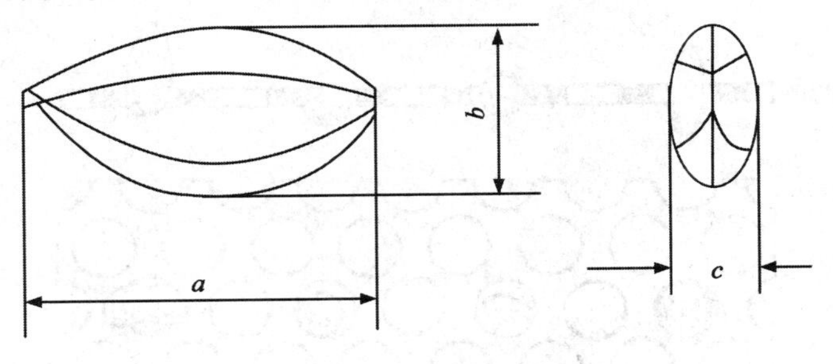

图 4-1　种子尺寸

a. 长度　b. 宽度　c. 厚度

$a>b>c$,为扁长形种子。如水稻、小麦、大麦等种子。

$a>b=c$,为圆柱形种子。如小豆等种子。

$a=b>c$,为扁圆形种子。如野豌豆等种子。

$a=b=c$,为球形种子。如豌豆种子等。

(2)筛子种类和筛孔形状

①筛子种类　目前常用种子清选用筛按其制造方法不同,可分为冲孔筛、编织筛和鱼鳞筛等种类。

a.冲孔筛　冲孔筛是在镀锌板上冲出排列有规律的、有一定大小与形状的筛孔，筛孔的形状有圈孔、长孔、鱼鳞孔等，也有冲三角孔的。筛板的厚度一般决定于筛孔的大小，筛孔小的薄一些，筛孔大的厚一些，以保持筛面的钢性强度，如筛面的镀锌层过厚，筛时筛孔易于堵塞，一般使用的厚度为 0.2～0.3 mm 。冲孔筛面具有坚固、耐磨、不易变形，适用于清理大型杂质及种粒分级，但筛孔所占用的面积较小(即有效面积较小)。

b.编织筛　编织筛面是由坚实的钢丝编织而成，其筛孔的形状有方形、长方形、菱形 3 种。编织筛钢丝的粗细根据筛孔大小而定，一般直径在 0.3～0.7 mm。编织的筛面，因钢丝易于移动，筛孔容易变形，筛面坚固性较差，但有效筛面积大，杂质容易穿过，适于清理细小杂质。菱形孔的编织筛面主要用于进料斗上，作过滤防护网使用。编织筛面也可用于阔筛、溜筛。

②筛孔形状　一般常用冲孔筛面的筛孔有圆孔、长孔和三角形孔等形状。

(3)不同形状筛孔的分离原理和分离用途　根据种子形状和大小，可选用不同形状和大小规格的筛孔进行分离，把种子与夹杂物分开，也可把不同长短和大小的种子进行精选分级。

①按种子的宽度分离　按种子的宽度分离选择圆孔筛。圆孔筛的圆孔只有一个量度，就是直径，它应小于种子的长度，大于种子的厚度因为筛面上的种子层有一定的厚度，当筛子运动时有垂直方向的分向量，种子可以竖起来通过筛孔，这说明筛孔对种子的长度不起限制作用。对于麦类作物种子，它的厚度小于宽度，筛孔对种子厚度也不起作用。所以对圆孔筛来说，它只能限制种子的宽度。种子宽度大于筛孔直径的，留在筛面上；宽度小于筛孔直径的，则通过筛孔落下(图 4-2)。

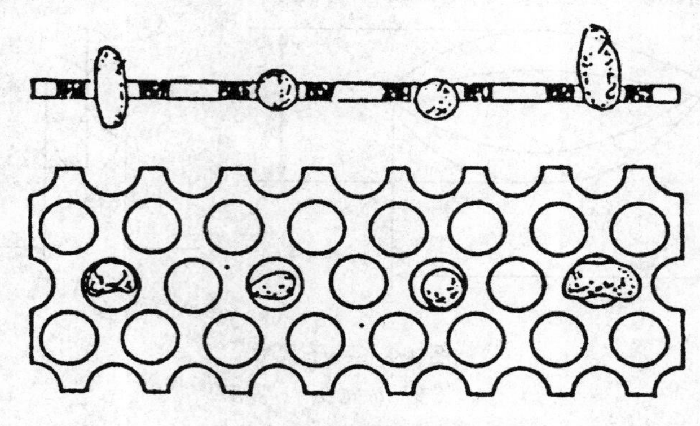

图 4-2　圆孔筛清选种子原理

②按种了的厚度分离　按种了的厚度分离，选用长孔筛的筛孔有长和宽两个量度，由于筛孔的长度大于种子的长度(大 2 倍左右)，所以只有筛孔宽度起限制作用。麦类作物种子的宽度大于厚度，种子可侧立起来以厚度方向从筛孔落下，所以种子的长度和宽度不起作用。只有按厚度分离，种子厚度大于筛孔宽度的留在筛面上，小于筛孔宽度的落于筛下(图 4-3)。这种筛子工作时，只需使种子侧立，不需竖起，种子做平移运动。因此，这种筛子可用于不饱满度种子的分离。

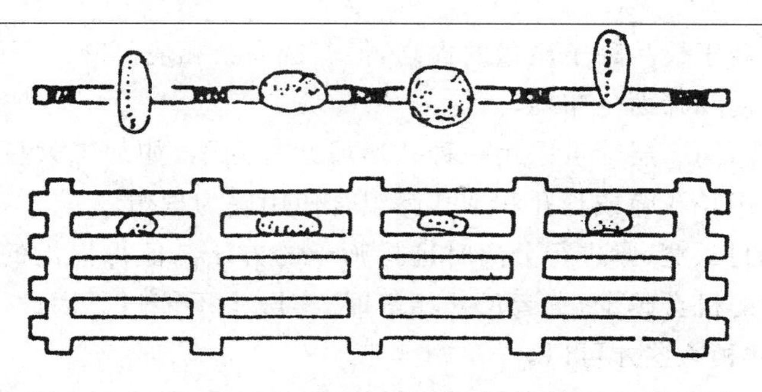

图 4-3 长孔筛清选种子原理

③按种子长度进行分离　对种子长度进行可用分离窝眼筒和窝眼盘。窝眼筒的窝眼有钻成和冲压两类。钻成的窝眼形状有圆柱形和圆锥形两种，而冲压的窝眼可制成不同规格的形状。

落入到筒内的种子，其长度小于窝眼口径的，就落入圆窝内，并随圈筒旋转上升到一定高度后落入分离槽中，随即被搅龙运走。长度大于窝眼口径的种子，不能进入窝眼，沿窝眼筒的轴向从另一端流出。窝眼筒可以将小于种子(小麦)长度的夹杂物(草籽等)分离出去，也可以将大于种子长度的夹杂物(大麦等)分离出去。前者窝眼口径小于种子长度，而后者大于种子长度。(图 4-4)

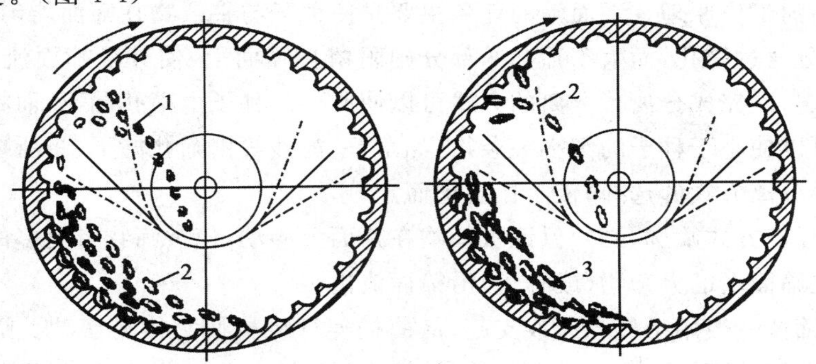

图 4-4 窝眼筒分选原理

1.短杂　2.长杂　3.种子

窝眼筒是用金属板制成的，内壁上有圆形窝眼的圆筒，可水平或稍倾斜放置。工作时，筒做旋转运动，在圆筒中安有铁板制成的 V 形分离槽，收集从窝眼落下的种子。分离槽内一般装有搅龙，用来排出槽内种子。

④筛孔尺寸的选择　筛孔尺寸选择的正确与否，对大杂、小杂的除净率和种子获选率有极大的影响。应根据种子、杂质的尺寸分布，成品净度要求及获选率要求进行选择，通常底筛让小杂质通过，用于除去小杂，而让好种子留在筛面上。底筛筛孔尺寸也和种子的获选率有很大关系。通常底筛杂质除去量多，有利于质量的提高，但小种子淘汰量也相应增加。中筛主要用于除去大杂，让好种子通过筛孔，而大杂留在筛面上到尾部排出。中筛孔越小，大

杂质除净率越高,有利于成品种子质量的提高,但获选率会相应下降。下筛主要用于除去特大杂质,便于种子流动和筛面分布均匀。

根据杂质的特性,同一层筛可采用一种孔形或几种孔形,如加工大豆用的下筛,若以半粒豆杂质为主,可改用长孔筛或长孔和圆孔筛组合使用更为理想。

以上是按种子的长、宽、厚进行分离时选择筛子的方法。值得提出的是,种子尺寸越接近筛孔尺寸,其通过的机会越少,二者尺寸相等时,实际上不能过。因此,确定筛孔尺寸时,应比被筛物分界尺寸稍大些才可以。

⑤筛孔的布置　筛孔的布置对种子通过性有很大关系,种子通过筛孔的可能性是随着筛面开孔率的增加而增加的,但是由于材料不同,筛孔的分布和密度受到一定的限制,在材料与制造允许的情况下,应尽量增加开孔率。

菱形排列的圆孔筛比正方形排列的有效面积利用系数提高 15%以上。生产实践证明,菱形排列的圆孔筛用长轴作为种子流动方向比用短轴作为种子流动方向可提高产量和质量。长孔筛和圆孔筛技术规格在国家标准 GB 12620—2008 中有明确规定,圆孔筛按菱形排列,但物料运动方向有不同。

长孔筛的排列及孔形有:长孔筛片筛孔沿纵向直线分布,横向交错排列;长孔筛片筛孔沿横向直线,纵向交错排列。因第二种加工工艺简单,筛片宽度方向刚性好,筛孔不易变形,广泛应用于种子加工机械行业中。

(4)平面筛的工作原理　平面筛的任务主要是使种子与夹杂物在筛面均匀地移动,其中小于筛孔的部分通过筛孔,而大于筛孔的部分则阻留在筛面上,使其沿筛面流出,或借风力将其中轻者吹起,以完成分离。分离的方式可以使所要的种子由筛孔漏下,而将大夹杂物留在筛面上;也可以使小于种子的细小夹杂物,如草籽、泥沙等由筛孔漏下,将所要的种子留在筛面上,这两种分离方式的选择,依工作要求而定。

不管采用任何方式筛选,必须保证被筛物在筛面上移动,使被筛物有更多的机会从筛孔通过,被阻留在筛面上的夹杂物(或种子)沿筛面流出。

平面筛的筛体一般用吊杆悬起或支起,借曲柄连杆机构使它往复摆动。筛体的摆动有纵向摆动和横向摆动两种形式。纵向摆动,被筛物沿筛面由纵向上下移动,下移较上移的距离大,逐渐移出筛外。这种形式被筛物在筛面上的停留时间相对较短,所以生产率较高,但分离效果较差。横向摆动,被筛物在筛面上做"之"字形移动,与纵向摆动相比,分离效果较好,但生产率低,目前多用纵向摆动。

在筛体做往复运动中,如不考虑空气的阻力,筛面上的被筛物将受到被筛物本身重力,由筛体加速度产生的惯性力,筛面对被筛物的反力和摩擦力等四个力的作用。通过调节曲柄转速不同,可使这四个作用不同,从而使被筛物在筛面运动的方向和方式也不同。具体可分为:被筛物沿筛面向上移动。当其惯性力和重力向上分量之和,大于筛面对被筛物的摩擦力时,被筛物就相对于筛面而向上移动;被筛物沿筛面向下移动。当其惯性力和重力向下分量之和时,被筛物相对于筛面向下移动。屏筛面对被筛物的摩擦力;被筛物抛离筛面。当曲柄转速过大,作用于被筛物的惯性力沿垂直于筛面方向的向上分力,大于被筛物的重力沿垂直于筛面方向的分力时(此时反力为 0),则被筛物抛离筛面。为使被筛物在筛面上得到充分的清选，应使被筛物在筛面上做上下交替的移动。这样可以提高筛子的分离效果，也可以缩短筛理时间。

筛子的分离完全度和被筛物流过筛面的速度有关。如速度太大，则被筛物跃过筛孔，使部分筛孔失去分离作用，同时被筛物在筛面上停留的时间缩短。因此，减少了通过筛孔的机会。如果被筛物移动速变太小，虽然在筛面上停留时间延长，但筛子生产率低，所以速度降低受到预定的生产率限制：被筛物在筛面上的速度大小与曲柄的转速、筛子的倾斜角以及被筛物与筛面间的摩擦有关。

(5)圆筒筛的工作原理　圆筒筛是制成一个封闭的圆筒形。圆筒壁上制有圆孔或长方形孔(图 4-5)。当需要清选的种子从进口端喂入时，一面在圆筒筛面上滑动，一面沿其轴向缓慢地向出口端移动，进行筛选。其中大于筛孔尺寸的种子，留在圆筒筛内，沿轴内逐渐从出口端排出，而小于筛孔尺寸的种子由筛孔漏出。圆筒筛可根据种子分级标准，沿轴向做成两段或三段，每段筛孔尺寸不同。这样当种子通过圆筒筛时，即可将种子分成二级或三级。

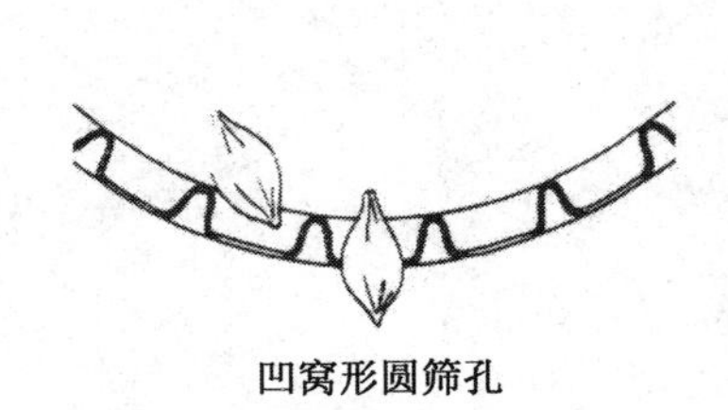

凹窝形圆筛孔　　　　波纹形长筛孔

图 4-5　圆筒筛分级机筛孔孔形

圆筒筛有长孔、圆孔两种，其中圆孔筛筛选长粒种子时，种子需直立，或者有 60°以上的倾角才能使其漏出。另一方面圆孔筛不宜筛选圆粒种子，因为半粒大豆很难用圆孔筛筛出去。为克服上述缺点，目前采用如图 4-7 所示的结构形式，它能使种子很快地直立起来，较顺利地通过圆孔筛。圆筒筛工作过程中，种子与筛孔接触的机会越多，分离效果越好。

种子在圆筒筛内的每个运动周期中，可能发生 4 种情况：一是相对静止，这时种子靠摩擦力随筛面上升；二是相对滑动，种子靠自重克服摩擦力的作用沿筛面向下滑动；三是自由运动，种子离开筛面自由下落；四是分离，小于筛孔的种子通过筛孔落下。

圆筒筛的转速过高，种子在离心力的作用下，将紧紧地压在圆筒筛的内壁上，总不下落，形成长久的相对静止，这就失去了圆筒筛的分离作用。因此当种子随圆筒筛转到顶上极限位置时，其重力必须要大于它的离心力。即：

$$mr\omega^2 < mg$$

式中：r 为圆筒筛半径(m)；

ω 为圆筒筛角速度(r/s)；

mg 为种子重力(N)。

将上式化简得：$r\omega^2 < g$

圆筒筛半径 r 一般为 200～1 000 mm，转速在 30～50 r/min。

由于圆筒筛的转速受到限制，生产率不高，在使用中受到影响。但它与平面筛相比，有以下几方面优点：一是种子一次通过圆筒筛可以分成几级；二是圆筒筛旋转，种子除受到本身的重力作用外，还受到离心力的作用，有利于种子通过筛孔，分离效果较好，尤其对小粒种子更为显著；三是圆筒筛做旋转运动，传动简单，易于平衡，筛子便于清理。

圆筒筛的轴线可以水平安装，有时为了增加种子沿轴向的运动速度，提高生产率，圆筒筛的轴线也可以与水平呈1°～5°角安装。

2.种子的空气动力学特性和分离方法

(1)种子的空气动力学特性　这种方法按种子和杂物对气流产生的阻力大小进行分离。任何一个处在气流中的种子或杂物，除受本身的重力外，还承受气流的作用力，重力大而迎风面小的，对气流产生的阻力就小，反之则大(表4-2)。而气流对种子和杂物压力的大小，又取决于种子和杂物与气流方向成垂直平面上的投影面积、气流速度、空气密度以及它们的大小、形状和表面状况。

气流对种子的压力 P(kg)的大小，可用下列公式表示：

$$P=r \cdot N \cdot F \cdot v^2$$

式中：r 为阻力系数(表4-1)；

N 为空气密度；

F 为物体的承风面积；

v 为气流速度(m/s)。

表4-1　种子流动时的阻力系数及空气临界速度

作物	阻力系数	临界速度/(m/s)
小麦	0.184～0.265	8.9～11.5
大麦	0.191～0.272	8.4～10.8
玉米	0.162～0.236	12.5～14.0
黍	0.045～0.078	9.8～11.8
豌豆	0.190～0.229	15.5～17.5

当物体(种子)重量 $g>P$ 时，则种子落下，$g<P$ 时，则种子被气流带走；当 $g=P$ 时，种子即在气流中悬浮。这时的气流速度称为临界速度。

(2)分离方法　目前利用空气动力分离种子的方式有如下几种：

①垂直气流　垂直气流分离，一般配合筛子进行，其工作原理如图4-6，图4-7所示。当种子沿筛面下滑时，受到气流作用，轻种子和轻杂物的临界速度小于气流速度，便随气流一起上升运动，到气道上端，断面扩大，气流速度变小，轻种子和轻杂物落入沉积室中，而重量较大的种子则沿筛面下滑，从而起到分离作用。

②平行气流　目前农村使用的木风车就属此类。它一般只能用作清理轻杂物和瘪谷，不能起到种子分级的作用。

③倾斜气流　根据种子本身的重力和所受气流压力的大小而将种子分离(图4-8)。在同一气流压力作用下，轻种子和轻杂物被吹得远些，重的种子就近落下。

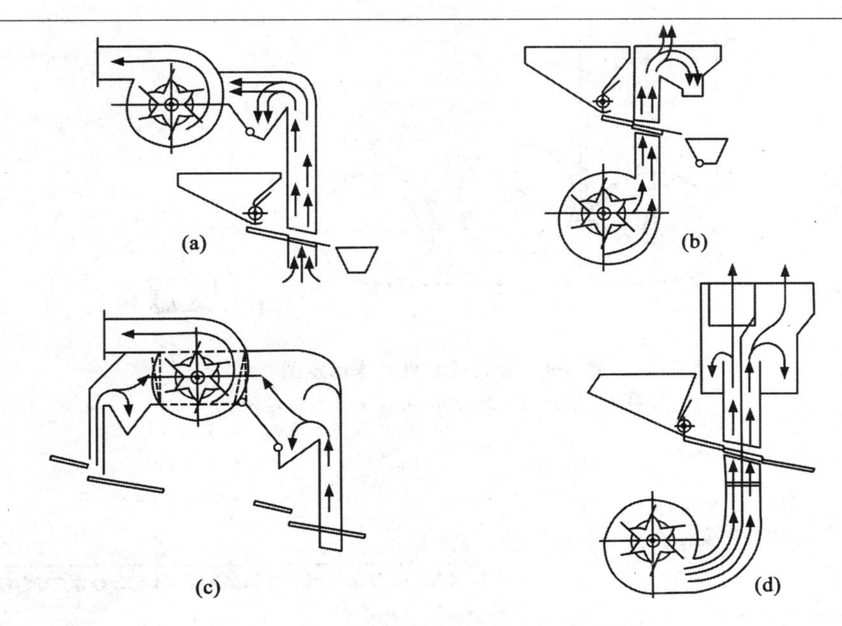

图 4-6 垂直气流清选装置

(a)吸气式气流清选装置 (b)压气式清选装置 (c)双吸气式清选装置 (d)双压气道式清选装置

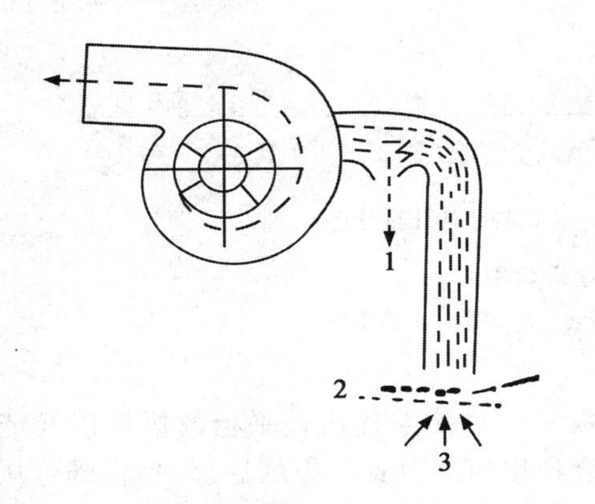

图 4-7 垂直气流清选

1.轻杂质 2.筛网 3.谷粒

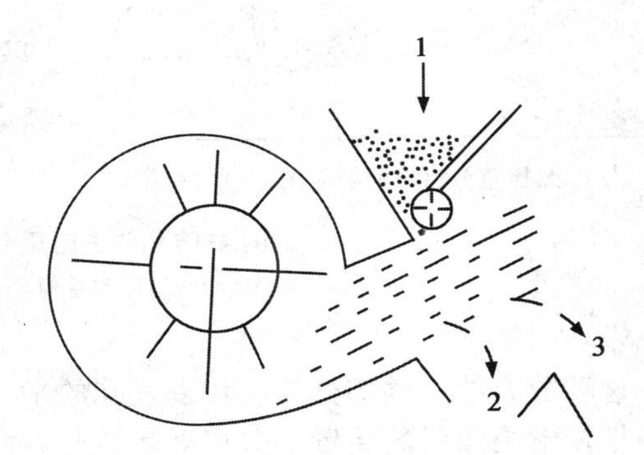

图 4-8 倾斜气流清选

1、2.谷粒 3.轻杂质

④将种子抛扔进行分离　目前使用的带式扬场机属于这类分离机械(图 4-9)。当种子从喂料斗中下落到传动带上,种子借助惯性向前抛出,轻质种子或迎风面大的杂物,所受气流阻力较大落在近处;重质和迎风面小的,则受气流阻力较小落在远处。这种分离也只能作初步分级,不能达到精选的目的。

(3)比重分离　比重分离主要是按种子密度或比重的差异进行分离的。其分离过程基本上通过两个步骤来实现(图 4-10A 和 B)。

如图 4-10A 所示,使种子混合物形成若干层密度不同的水平层,然后使这些层彼此滑移,互相分离。

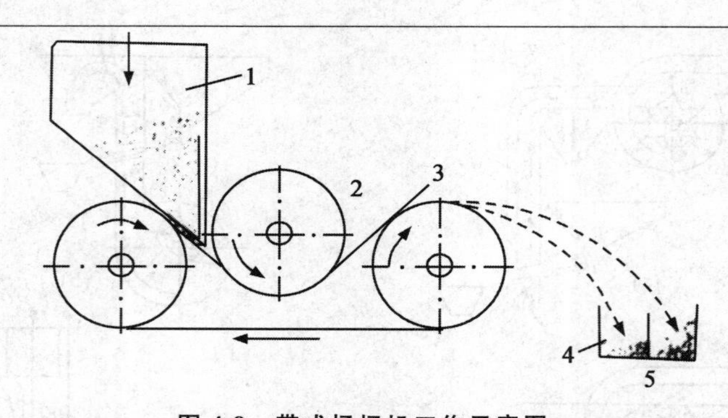

图 4-9　带式扬场机工作示意图

1.料斗　2.压辊　3.胶带　4.重种子　5.轻种子

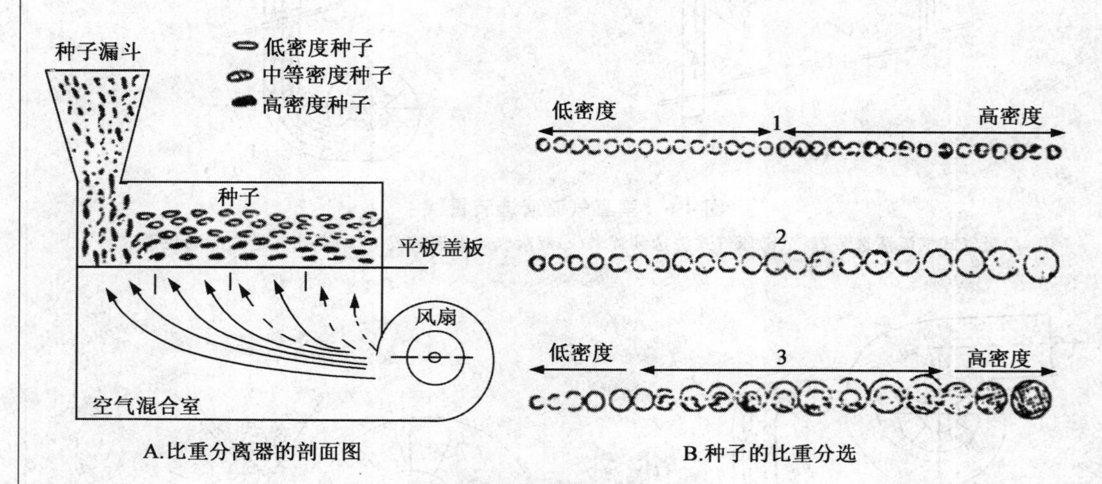

图 4-10　种子比重分离原理示意图

1.大小相同,比重不同　2.比重相同,大小不同　3.比重大小均不同

这种分离的关键部分是一块多气孔的平板(盖板)、一只使空气通过平板的风扇以及能使平板振动或倾斜的装置。分离器运转时,种子混合物均匀地引到平板的后部,平板既可从后向前下倾,也可从左向右上倾,低压空气通过平板后,渗入种子堆中去,使种子堆形成浅薄的流动层。低密度的颗粒浮起来形成顶层,而高密度的颗粒沉入与平板相接触的底层,中等密度的颗粒就处于中间层的位置。

平板的振动使高密度的颗粒顺着斜面向上作侧向移动,同时悬浮着的低密度的顺粒在自身重力影响下向下作侧向移动。当种子混合物由平板的喂入处传送到卸种处时,连续不断的分级便发生了。低密度的颗粒在平板的较低一侧分离;高密度的颗粒在平板的较高一侧分离。这种振动分级器就可根据要求分选出许多级不同比重的种子。

尽管种子的密度是影响分离的主要因素,然而种子的大小也是一个重要的有关的因素。为使密度不同的颗粒能恰当地分层,种子混合物必须预先筛选,以使所有的颗粒能达到大小一致,考虑到大小、密度因素,便可得出应用在比重分离器上的三条一般规则(图 4-14B)。大小相同,比重不同的种子可按密度分离;比重相同,大小不同的种子可按大小分离。比重、大小均不相同的种子,不容易获得分离。

平板覆盖物选用何种材料,视待清选种子的大小而定。密集编织物对小粒种子是最适用,而大粒种子应该用粗糙的编织物。几种常用的平板覆盖材料是:亚麻布、各种编织物、塑料、冲有小孔的金属板、金属丝网筛等。覆盖物承托在平板框架上,起空气室室顶的作用,帮助升起的气流均衡地通过种子堆。

操作调整包括喂入速度、气流速度、平板倾斜角、平板振动时的行程频率(以后称为平板行程)这几个方面。喂入速度应尽可能保持不变,因为即使微小的速度变化会影响效果。气流速度的增加会使种子向平板低侧转移。平板卸料端倾斜角的增加也使种子堆向低侧转移。增加平板由前向后的倾斜角,相应增加了种子堆离开平台的速度。因此,减少了种子层的厚度。平板行程频率的增加引起种子向平板高侧移动,所有这些调整是紧密联系的,必须恰当地配合。

(4)空气筛　空气筛是利用种子的空气动力学特性和种子尺寸特性,将空气流和筛子组合一起的筛子清选装置。这是目前使用最广泛的清选机。

空气筛选机有多种构造、尺寸和式样,如从小型的、一个风扇、单筛的机子,直到大型的,多个风扇、6个或8个筛子并有几个气室的机子。如图4-11所示为一种典型的空气筛选机。该机有四个筛子,种子从漏斗中喂入,这在许多种子清选厂中都可见到。种子靠重量从喂料斗自行流入喂送器,喂送器定时地把(喂入的)混合物送入气流中,气流先去除掉轻的颖糠类物质,剩下的种子散布在最上面的那层筛子上,通过此筛将大块状的物质除去。从最上层筛子落下的种子在第二筛上流动,在此筛上种子将按大小进行粗分级。接着第二筛的种子又转移到第三筛,第二筛又一次对种子进行精筛选,并使种子落到第四层,以供最后一次分级,种子流过第四筛后,便通过一股气流,重的、好的种子掉落下来,而轻的种子及颖糠被升举而除去。在上述四筛结构配置中,最上层筛和第三筛称之为上筛;第二、第四筛称之为底筛。其他可能的排列法是:三个上筛,一个底筛或者是一个上筛,二个底筛。

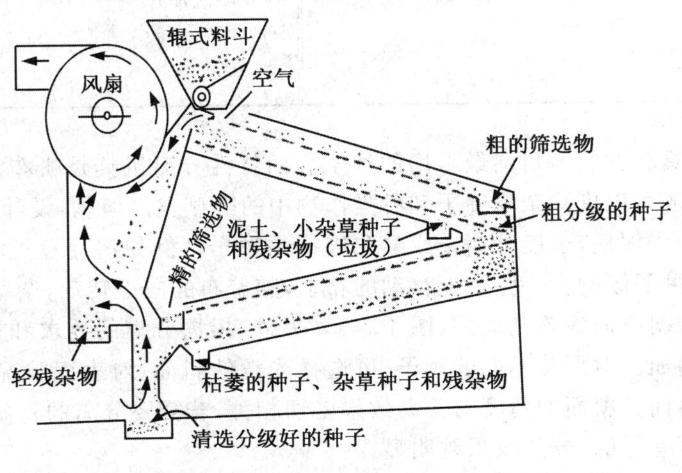

图4-11　空气筛种子清选机示意图

筛子或由冲孔的薄金属板,或由金属丝编织构成。冲孔筛的筛孔通常是圆形或长圆形,少数场合也有用到三角形的。金属丝编织筛(网筛)的筛孔是正方形的或长方形的。不同类型的筛子可达200余种，都是按筛孔的大小与外形进行分类的。圆孔筛通过代表冲孔直径的数字来识别。在美国，这些数字以时的分数形式来表明筛孔的直径。在欧洲，用常规的牌号数来表示以毫米为单位的孔径。

选择筛子取决于待清选的种子和待消除的杂质。圆孔形上筛及长方孔形底筛通常适用于像苜蓿或大豆这一类的圆粒种子。长方孔筛用作上筛和下筛对燕麦、黑麦这一类细长的种子通常都是适用的。当筛孔的外形与粒度选定后，实际发生的分离取决于种子的粒度。圆孔筛、长孔筛分别按其宽度与厚度来识别与分离种子。

3.种子的表面特性分离方法

(1)种子表面特性　根据种子表面形状及表面粗糙等不同情况和对摩擦系数的差异进行分离。一粒重量为 G 的种子，放置在倾角为 α 的斜面上，它与斜面的摩擦角为 b (图 4-12)，则摩擦力 F 为：

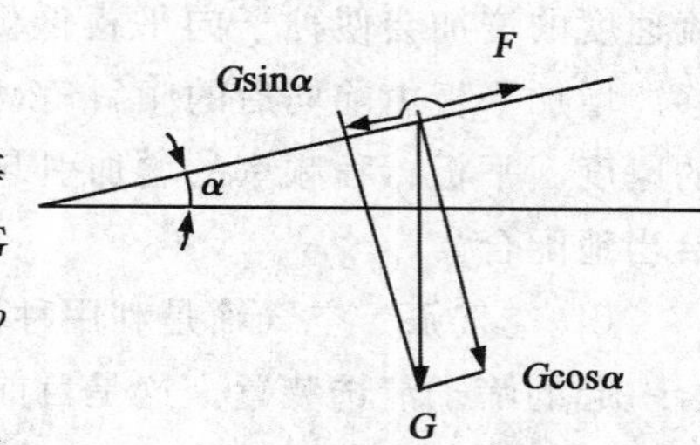

图 4-12　种子下滑条件

当种子重力在斜面方向上的分力大于种子与斜面间的摩擦力时，种子下滑。

反之，则种子向上移动，这就可将种子表面粗糙与光滑种子分离开。

种子表面的光滑程度不一样，摩擦角也不相同。表面粗糙的摩擦角大，表面光滑的摩擦角小。种子分离主要是根据种子表面特性的不同来进行的。表 4-2 列出几种作物种子与光滑的铁皮表面移动时的摩擦角。

表 4-2　种子与光滑铁皮间的摩擦角

种子类型	摩擦角	种子类型	摩擦角
大麦	17°	水稻	17°40′
黑麦	17°30′	棉花	22°50′
小麦	16°30′	亚麻	17°30′
燕麦	17°30′		

(2)分离机具和方法　目前最常用的种子表面特性分离机具是帆布滚筒(图 4-13)。采用这种方法，一般可以剔除杂草种子和谷类作物中的野燕麦。但是，设计这种机械主要用于豆类中剔除石块和泥块，也能分离未成熟和破损的种子。例如清除豆类种子中的菟丝子和老鹅草，可以把种子倾倒在一张向上移动的布上，随着布的向下转动，杂草种子被带向上，而光滑的种子向倾斜方向滚落到底部(图 4-14)。另外，根据分离的要求和被分离物质状况采用不同性质的斜面。对形状不同的种子，可选择光滑的斜面；对表面状况不同的种子，可采用粗糙不同的斜面。斜面的角度与分离效果密切相关，若需要分离的物质，其自流角与种子的自流角有显著差异的，分离效果越明显。

此外，也可利用磁力分离机进行分离。一般表面粗糙种子可吸附磁粉，当用磁性分离机清选时，磁粉和种子混合物一起经过磁性滚筒，光滑的种子不粘或少粘磁粉，可自由地落下，而杂质或粗糙种子粘有磁粉则被吸收在滚筒表面。随滚筒转到下方时被刷子刷落(图 4-14)。这种清选机一般都装有 2～3 个滚筒，以提高清选效果。

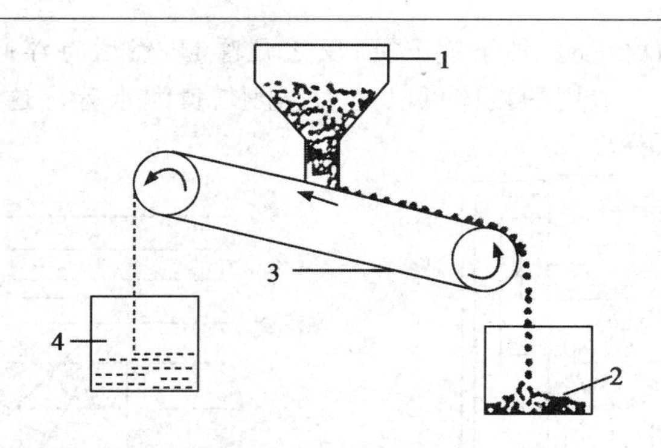

图 4-13 按种子表面光滑程度分离

1.喂料斗 2.圆的或光滑的种子 3.粗帆布或塑料布 4.扁平的或粗糙种子

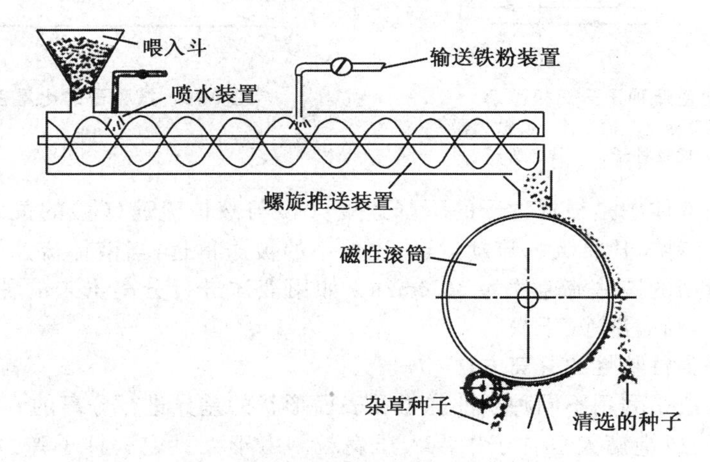

图 4-14 磁性分离机

4.利用种子色泽进行分离

用颜色分离是根据种子颜色明亮或灰暗的特征分离的。要分离的种子在通过一段照明的光亮区域，在那时每粒种子的反射光与事先在背景上选择好的标准光色进行比较。当种子的反射光不同于标准光色时，即产生信号，这种子就从混合群体中被排斥落入另一个管道而分离。

各种类型的颜色分离器在某些机械性能上有不同，但基本原理是相同的。有的分离机械在输送种子进入光照区域方式不同，可以由真空管带入或用引力流导入种子，由快速气流吹出种子。在引力流导入种了的类型中，种子从圆锥体的四周落下(图 4-15)。另一种是在管道中种子在平面槽中鱼贯地移动，经过光照区域，若有不同颜色种子即被快速气流吹出。在所有的情况下，种子都是被一个或多个光电管的光束单独鉴别的，不至于直接影响邻近的种子。目前这种光电色泽分离机已被广泛使用。

5.根据种子的比重进行分离

种子的比重因作物种类、饱满度、含水量以及受病虫害程度的不同而有差异，比重差异越大，其分离效果越显著。目前最常用的方法是利用种子在液体中的浮力不同进行分离，当种子的比重大于液体的比重时，种子就下沉；反之则浮起，然后将浮起部分捞去，即可将轻、重不同的种子分离开。一般用的液体可以是水、盐水、黄泥水等。这是静止液体的分离法。此外还可利用流动液体分离（图 4-16）。

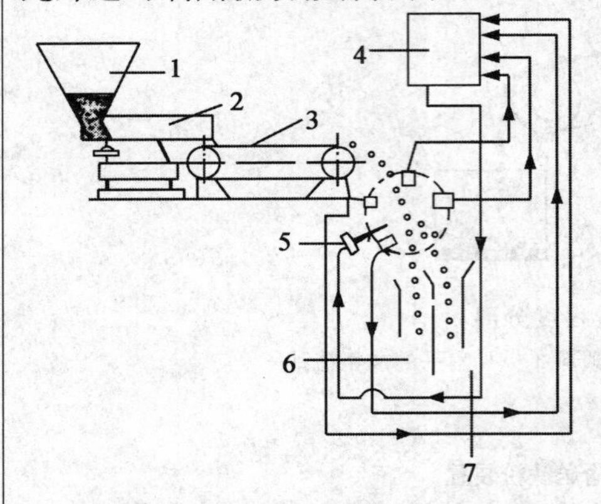

图 4-15　光电色泽种子分离机图解

1.种子漏斗　2.振动器　3.输送器　4.放大器　5.气流喷口　6.优良种子　7.异色种子

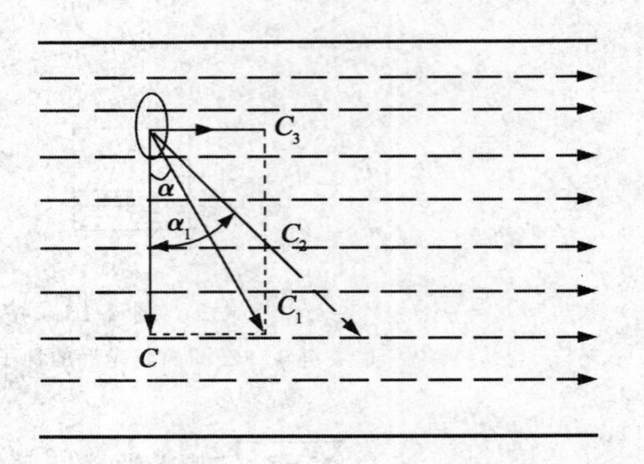

图 4-16　按种子的比重在液体进行分离

种子在流动液体中是根据种子的下降速度（C_1）与液体流速（C_2）的关系而决定种子流动的近还是远，即种子比重大的流动得近，比重小的被送得远，当液体流速快时种子也被流送得远。一般所用的液体流速约为 50 cm/s。如用液体进行分离出来的种子，如生产上不是立即用来播种，则应洗净、干燥。

6.利用种子弹性特性的分离方法

这种分离方法是利用不同种子的弹力和表面形状的差异进行分离的。如大豆种子混入水稻和麦类种子，或饱满大豆种子中混入压扁粒。由于大豆饱满种子弹力大，跳跃能力较大，弹跳得较远，而混入的水稻、麦类和压扁种粒弹力较小，跳跃距离也小，当大豆种子与混入水稻、麦类或压扁大豆种子混合物沿着弹力螺旋分离器滑道上流时，则饱满大豆种子跳跃到外面滑道，进入弹力大部分种子的盛接盘，而水稻、麦类或压扁种粒跳跃入内滑道，滑入弹力小部分盛接盘，得以分离（图 4-17）。

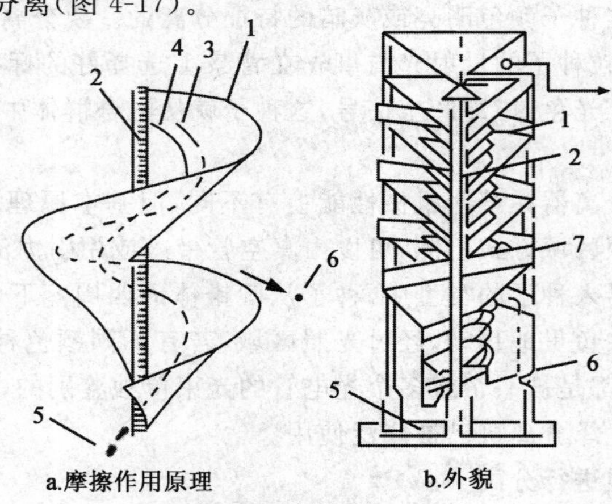

图 4-17　螺旋分离机

1.螺旋槽　2.轴　3、6.球形种子　5.非球形种子　7.档槽

7.利用种子负电性的分离方法

一般种子不带负电。当种子劣变后,种子负电性增加,因此带负电性高的种子活力低,而不带负电或带负电低的种子,则活力高。现已有设计成种子静电分离器。当种子混合样品通过电场时,凡是带负电的种子被正极吸引到一边而落下,得以剔除低活力种子,达到选出高活力种子的目的。

二、种子的清选机械和方法

(一)种子清选

一般作为新收获种子的初清和基本清选。主要清选目的是除去混入种子里的空壳,茎叶碎片、泥沙、石砾等掺杂物。因此,最常用的清选机械有空气筛、带式扬场机等机器。如5SX-4.0型精选机等。

(二)种子精选

种子精选,一般称为种子精选分级工作。其主要目的是从种子中分离去异作物、异品种或饱满度和密度低、活力低的种子。因此,通常利用的精选机械有窝眼筒、窝眼盘,比重精选、帆布滚筒分离、光电色泽分离机、静电分离器等机械。如5XZ-3.0型正压式重力分选机、5XP-3.0型平面筛种子分级机、5XW-3.0型窝眼筒精选机、5XY-2.0型圆筒筛清选机、5XZ-1.0型重力式精选机、5XF-1.3A复式精选机、5XP-3.0型组合式大豆螺旋分离机等。但在种子清选加工时,有些复式精选机,其种子清选和精选是同时进行的。

(三)种子清选和精选工作的要求

为了提高清选和精选的效果和生产率,在清选精选前、中、后必须了解其目的,被选种子组成成分和分离特性,正确选用分离机械,合理调整机器运转及时检查分离效果等情况。

1.明确分离目的

在种子分选前,首先应明确其目的,是清选还是精选,要求达到经分离种子达到的等级标准,以便正确选择分离机型。

2.了解欲选种子的组成

在选用分离机械前,必须分析欲选种子大小密度色泽等特性及混杂物的特性,并明确获选种子要求,以便正确选用清选、精选机械以及正确选择清选用筛规格大小,窝眼筒窝眼直径大小等技术参数。

3.熟悉机械性能合理调节运转数据

不同清选精选机械均按分离目的而设计制造的。只要完全掌握机械性能,选用正确分离机件,合理调节运转参数,才能获得最佳效果。

4.及时检查分离效果

在分离过程中,应及时了解清、精选的效果,以便及时改进和调节机器运转参数,以获得最佳分离效果。

三、种子处理

(一)种子处理和包衣的目的意义

1.目的意义

种子处理和包衣是指在种子收获后到播种前,采用各种有效的处理,包括杀菌消毒、温汤浸种,肥料浸拌种、微量元素,低温层积、生长调节剂处理和包衣等强化方法。其主要目的有:

(1)防止种子携带和土壤中的病虫害,保护种子正常发芽和出苗生长。

(2)提高种子对不利土壤和气候条件的抗逆能力。如提高种子的抗旱、抗寒和潮湿等特性,增加成苗率。

(3)提高种子的耐藏性,防止种子劣变。

(4)改变种子大小和形状,便于机械播种。

(5)增强种子活力,促进全苗、壮苗,提高作物产量和改善产品质量。

由此可见,种子处理和包衣是种子加工工作的重要环节。也是提高种子质量和商品性,增加种子经济效益,防止假冒的重要措施。

2.种子处理方法分类

一般种子处理是以单一目的而进行种子处理的方法。虽然种子包衣也类似种子处理,但它以单一目的或多种目的设计一种衣剂配方,并且其技术也较为复杂。为了便于介绍,这里将种子处理方法分为两类:普通种子处理和种子包衣。

(二)普通种子处理方法

种子处理的方法很多,包括用化学物质、生物因素及物理方法等。处理方法不同,其作用和效果也不尽相同。主要方法有以下几种:

1.晒种

播前晒种,能促进种子的后熟,增加种子酶的活性,同时能降低水分、提高种子发芽势和发芽率,还可以杀虫灭菌,减轻病虫害的发生。其方法是选择晴天晒种 2~3 d 即可。晒种时注意不要在柏油路上翻晒,以免温度过高烫伤种子,降低发芽率。在水泥场上晒种时,为防烫伤种子,要注意不要摊得过薄,一般 5~10 cm 为宜,并要每隔 2~3 h 翻动 1 次。

2.温汤浸种

温汤浸种是根据种子的耐热能力常比病菌耐热能力强的特点,用较高温度杀死种子表面和潜伏在种子内部的病菌,并兼有促进种子萌发的作用。进行温汤浸种,应根据各种作物种子的生理特点,严格掌握浸种温度和时间。具体方法如下:

(1)水稻先在冷水中浸种 24 h,然后在 40~45℃的温水中浸 5 min,再放入 54℃的温水中,保持水温 52℃左右,浸 10 min,捞出晾干播种,可有效地杀死稻瘟病、恶苗病、干尖线虫病等病菌。

(2)小麦、大麦先用冷水浸 5~6 h,然后放到 54~55℃ 的温水中不断搅动,经 10 min 后取出,用冷水淋洗晾干后即可播种,此法可杀死潜伏在种子内的散黑穗病菌。

另外,麦种也可用冷浸日晒的方法进行处理。方法是先将麦种在冷水中浸 5 h 左右,可在下午 6 时浸种到 11 时取出,将种子薄薄地摊在晒场上曝晒,每隔 30 min 翻动 1 次,下午 5

时收起来，若麦粒不充分干燥，可在第二天继续曝晒到充分干燥为止。这种方法能杀死种子内外的病菌，对防治散黑穗病等效果很好。

(3)棉花用3份开水，对1份冷水混合，水温约在70℃，然后倒入棉花种子，边浸边搅，保持55～60℃浸30 min后，在40℃以下继续浸2～3 h，然后取出晾干播种。一般50 kg水浸棉籽17.5 kg左右。该法其有杀菌催芽的作用，对防治棉花炭疽病等效果较好。

(4)玉米用两份开水1份冷水（相当55℃左右）的温水浸种5～6 h，可杀死种子表面的病菌。

(5)甘薯在水缸内用两份开水，1份冷水配成55～60℃的温水，先把洗净的薯块装入筐里再放缸内上下提动，使水温均匀，保持水温51～54℃浸10 min后取出即可播种。可有效地减轻黑斑病和茎线虫病的危害。

(6)油菜用50～54℃温水浸20 min，对油菜霜霉病、白锈病等有一定防治效果。但要严格掌握水温，低于46℃就失去杀菌作用，高于60℃又会降低种子发芽率。

(7)蚕豆、豌豆先将锅里的水烧开，将充分干燥的蚕豆、豌豆种子倒入竹筐内，再浸到开水里用木棒不断搅拌，蚕豆浸30 s，豌豆浸25 s，时间一到立即提出，放在冷水中凉一下，再摊开晒干备用。可杀死蚕豆象和豌豆象。

3.药剂处理

(1)药剂浸(拌)种　药剂浸种是指用药剂浸种或拌种防治病虫。不同作物的种子上所带病菌不同，因此处理时应合理选用药物，并严格掌握药剂浓度和处理时间。

(2)棉籽的硫酸脱绒　棉籽硫酸脱绒有防治棉花苗期病害和黄萎、枯萎病的作用，又便于播种，这是目前防止棉花种子带菌的有效方法。同时，处理时由于用清水冲洗，还可将小籽、稚籽、破籽、嫩籽及其他杂质漂浮在水面清除，达到选种的目的。方法是：将已初步清选的种子放在缸或盆里，硫酸（要用相对密度在1.8左右的浓硫酸，相对密度在1.6以下的稀硫酸不能用）盛入大砂锅加热至摄氏150～120℃。每次每10 kg的棉籽加硫酸1 000 mL（折合成重量约为1.75 kg）脱绒时，把热硫酸徐徐倒在棉籽上，边倒边搅，使硫酸均匀地沾在棉籽表面。待棉籽变黑发亮时，取出少量棉籽样品，用清水冲洗，检查脱绒是否达到要求。如棉籽黑亮无毛，应立即把种子移至缸盆中，用水冲洗两次，再移至铁筛中反复搓洗，直到清水不显黄色，然后捞出摊在晒场晾干备播。

因硫酸是一种强酸，具有强烈的腐蚀性，在操作时应特别注意不要溅到衣服和皮肤上，以防烧坏。装硫酸的容器及搅拌工具，不能用铁或其他金属制品。

目前硫酸脱绒已机械化，主要是控制脱绒条件和烘干温度，以防伤害种子活力。

4.生长调节剂处理种子

一般通过休眠期的作物种子，在一定的水分、温度和空气条件下，就可以萌发。但几种因素的干扰，往往影响种子的发芽，而植物生长调节剂正是通过激发种子内部的酶活性和某些内源激素来抵御这种干扰，促进种子发芽、生根，达到苗齐苗壮。

(1)赤霉素处理　许多种子经处理后可提早萌发出苗，并有不同程度的增产效果。

(2)人尿浸种　陈尿（经充分发酵后的人尿）浸种，在我国应用的历史悠久，增产效果显著，因人尿中含有较多的氮素和少量的磷钾肥，以及微量元素、生长激素等。但处理时应严格控制浸种时间，一般2～4 h为宜。

(3)肥料拌种　常用的肥料主要有硫酸铵、过磷酸钙、骨粉等。硫酸铵拌种可促进幼苗生长,增强抗寒能力。小麦在迟播地皮情况下效果尤为显著。

(4)粉剂拌种　如大豆,用根瘤菌粉剂拌种,能促进根瘤菌较快形成。其方法是:播前选用优良菌种,制成粉剂,倒在清洁的容器中,稀释成泥浆状,然后与种子均匀拌和,摊开晾干立即播种.避免阳光直射把根瘤菌杀死。同时也不要晾得太干燥,以免影响根瘤菌的生长繁殖。使用根瘤菌拌种的种子不能再用其他菌剂拌种。菌种用量一般为每 667 m^2 30 亿～40 亿单位。

5.微量元素处理

农作物正常生长发育需要多种微量元素。而在不同地区的不同土壤中,又常常是缺少这种或那种微量元素,利用微量元素浸种或拌种,不仅能补偿土壤养分的不平衡,而且使用方法简便,经济有效.因而,受到人们的重视。目前世界农业中广泛施用的微肥是硼、铜、锌、锰、钼。

据研究,玉米种用 0.01%～0.1%的硫酸铜、硫酸锌、硫酸锰或硼酸溶液浸 24 h 与蒸馏水浸种的对照相比,发芽率明显提高。特别是在微量元素缺乏的土壤里,采用微肥处理种子,增产效果非常显著。如在缺锌土壤每千克棉种拌硫酸锌 4 g,可每 667 m^2 增皮棉 8.75 kg。小麦用锌肥拌种,每 667 m^2 增产达 26.6 kg。豫北各县种子公司在玉米播种时用锌肥拌种,制种产量提高 8%以上。在土壤普查的基础上,对缺微量元素土壤,采用种子播前微肥处理必将获得显著的增产效益。但微肥元素浓度的高低直接影响处理效果。不同种子对浸种时间长短要求不一。因而微肥处理时应事先做好预备试验,确定好最佳浓度和时间,否则起不到应有的效果。

6.物理因素处理

物理因素处理,简单易行。包括温度处理、电场处理、磁场处理、射线处理等。

(1)射线处理　主要指用射线等低剂量照射种子,有促进种子萌芽,生长旺盛,增加产量等作用;可使种子提早发芽和提早成熟。低功率激光照射种子,也有提高发芽率,促进幼苗生长,早熟、增产的作用。

(2)低频电流处理　这是将浸种水作为通电介质,处理后种被透水性和酶活性均增强,发芽出苗迅速,根系发达。高频电场处理可达到杀虫灭菌,促进发芽的目的,在许多作用上有明显的增产效果。场强的大小和处理的时间长短因作物而有所差别。

(3)红外线处理　利用光波中波长 7 700 $\times 10^{-7}$ m 以上肉眼不能见的光波,照射已萌动的种子 10～20 h,红外线能使种皮、果皮的通透性改善,因而能促使提早出苗,苗期生长健壮。

(4)紫外线处理　肉眼不能见的光波,波长 390～400 nm 穿透力强,照射种子 2～10 min,能使酶活化,提高种子发芽率。

(5)磁场和磁化水处理　随着科学技术的发展,磁场与生物之间的关系越来越明显。用磁场来处理种子,已成为一项新的技术。在水稻、小麦、番茄、菜豆等种子上试验,处理后可大大提高发芽势和发芽率,并有刺激生根和提高根系活力作用。分析表明,这与种子呼吸强度的提高有关。用磁化水浸种比清水浸种表现出明显的优势。

(6)低温层积　低温层积的做法是将种子放在湿润而通气良好的基质(通常用沙)里,保持低温(通常 3~5℃)一段时间。不同植物种子层积时间差异很大。如杏种子需 150 d,而苹果种子只需 60 d。低温处理可有效地打破植物种子的胚休眠。研究表明:种子在低温层积期间,胚轴的细胞数、胚轴干重及总长度等均有增加,同时胚的吸氧量也增加。此外,脂肪酶、蛋白酶等的活性提高,种子中可溶性物质增多,这些都为种子萌发做好了物质及能量上的准备。

(三)种子包衣技术

1.种子包衣方法的分类

(1)种子包衣概念　种子包衣这是指利用黏着剂或成膜剂,将杀菌剂、杀虫剂、微肥、植物生长调节剂、着色剂或填充剂等非种子材料包裹在种子外面,以达到使种子成球形或基本保持原有形状,提高抗逆性、抗病性,加快发芽,促进成苗,增加产量,提高质量的一项种子新技术。

(2)种子包衣方法分类　目前种子包衣方法主要分为两类:

①种子丸化　种子丸化这是指利用黏着剂,将杀菌剂、杀虫剂、染料、填充剂等非种子物质黏着在种子外面。通常做成在大小和形状上没有明显差异的球形单粒种子单位。这种包衣方法主要适用小粒农作物、蔬菜等种子。如油菜、烟草、胡萝卜、葱类、白菜、甘蓝和甜菜等种子,以利精量播种。因为这种包衣方法在包衣时,加入了填充剂(如滑石粉)等惰性材料,所以种子的体积和重量都有增加,千粒重也随着增加。

②种子包膜　种子包膜这是指利用成膜剂,将杀菌剂、杀虫剂、微肥、染料等非种子物质包裹在种子外面,形成一层薄膜。经包膜后,基本上像原来种子形状的种子单位。但其大小和重量的变化范围,因种衣剂类型有所变化。一般这种包衣方法适用大粒和中粒种子。如玉米、棉花、大豆、小麦等作物种子。

2.种衣剂的类型及其性能

种衣剂是一种用于种子包衣的新制剂。主要由杀虫剂、杀菌剂、复合肥料、微量元素、植物生长调节剂、缓释剂和成膜剂或黏着剂等加工制成的药肥复合型的种子包衣新产品。种衣剂以种子为载体,借助于成膜剂或黏着剂黏附在种子上,很快固化为均匀的一层药膜,不易脱落。播种后种衣剂对种子形成一个保护屏障,吸水后膨胀,不会马上被溶解,随种子、发芽、出苗成长,有效成分逐渐被植株根系吸收,传导到幼苗植株各部位,使幼苗植株对种子带菌、土壤带菌及地上地下害虫起到防病治虫的作用,促进幼苗生长,增加作物产量。尤其在寒冷条件下播种,包衣能起到防止种子吸胀损伤。

目前种衣剂按其组成成分和性能的不同,可分为农药型、复合型、生物型和特异型等类型。

(1)农药型　这种类型种衣剂应用的主要目的是防治种子和土壤病害。种衣剂中主要成分是农药。美国玉米种衣剂和我国"北农牌"等种衣剂属于这种类型。大量应用这种种衣剂会污染土壤和造成人畜中毒,因此应尽可能选用高效低毒的农药加入种衣剂中。

(2)复合型　这种种衣剂是为防病、提高抗性和促进生长等多种目的而设计的复合配方类型。因此种衣剂中的化学成分包括有农药、微肥、植物生长调节剂或抗性物质等组成。目前许多种衣剂都属这种类型。

(3)生物型　这是世界上新开发的种衣剂。根据生物菌类之间拮抗原理,筛选有益的拮抗根苗,以抵抗有害病菌的繁殖、侵害而达到防病的目的。美国为防止农药污染土壤,开发了根菌类生物型包衣剂。如防治十字花科种子根腐病、芹菜种传病害、番茄及辣椒病害等生物型包衣剂。如浙江省种子公司也开发了根菌类生物型包衣剂。从环保角度看,开发天然、无毒、不污染土壤的生物型包衣剂也是一个发展趋向。

(4)特异型　特异型种衣剂是根据不同作物和目的而专门设计的种衣剂类型。如 Saddin 等用过氧化钙包衣小麦种子,使播种在冷湿土壤中的小麦出苗率 30%提高到 90%;江苏为水稻旱育秧而设计的高吸水种衣剂;中国科学院气象研究所研制的高吸水树脂抗旱种衣剂。此外还有沈阳产的直播稻专用的种衣剂“稻农乐”,安徽开发的水稻浸种催芽型种衣剂等。

3.种衣剂配合成分和理化特性

(1)种衣剂配方成分　目前使用的种衣剂成分主要有以下两类:

①有效活性成分　该成分是对种子和作物生长发育起作用的主要成分。如杀菌剂主要用于杀死种子上的病菌和土壤病菌,保护幼苗健康生长。目前我国应用于种衣剂的农药有呋喃丹、甲胺磷、辛硫磷、多菌灵、五氯硝基苯、粉锈宁等。如微肥主要用于促进种子发芽和幼苗植株发育。像油菜缺硼容易造成花而不实,则油菜种子包衣可加硼。其他作物种子可针对性地加入锌、镁等微肥。如植物生长调节剂上要用于促进幼苗发根和生长。像加赤霉酸促进生长,加萘乙酸促进发根等。如用于潮湿寒冷土地播种时,种衣剂中加入萘乙烯可防止冰冻伤害。如种衣剂中加入半透性纤维素类可防止种子过快吸胀损伤。如靠近种子的内层加入活性炭、滑石粉、肥土粉,可防止农药和除草剂的伤害。如种衣剂中加入过氧化钙,种子吸水后放出氧气,促进幼苗发根和生长等。

②非活性成分　种衣剂除有效活性成分外,还需要有其他配用助剂,以保持种衣剂的理化特性、这些助剂包括有包膜种子用的成膜剂、悬浮剂、抗冻剂、防腐剂、酸度调整剂、胶体保护剂、渗透剂、黏度稳定剂、扩散剂和警戒色染料等。丸化种子用黏着剂、填充剂和染料等化学药。种子丸化的黏着剂主要为高分子聚合物。如阿拉伯胶、淀粉、羧甲基纤维素、甲基纤维素、乙基纤维素、聚乙烯醋酸纤维(盐)、藻醇酸钠、聚偏二氯乙烯(PVDC)、聚乙烯氧化物(PEO)、聚乙烯醇(PVOH)等。填充剂的材料较多,有黏土、硅藻土、泥炭、云母、蛭石、珍珠岩、活性炭、磷矿粉等。在选用填充剂时应考虑取之方便,价格便宜,对种子无害。着色剂主要有胭脂红、柠檬黄、靛蓝,按不同比例配比,可得到多种颜色。一方面可作识别种子的标志,另一方面也可作为警戒色,防止鸟雀取食。

种子包膜用的成膜剂其种类也较多。如用于大豆种子的成膜剂为乙基纤维素(EC)、甜菜种子的包膜剂为聚吡咯烷酮等。种子包膜是将农药、微肥、激素等材料溶解和混入成膜剂而制成种衣剂,为乳糊状的塑剂。

(2)种衣剂理化特性　优良包膜型种衣剂的理化特性应达到如下的要求:

①合理的细度　细度是成膜性好坏的基础。种衣剂细度标准为 2～4 μm。要求≤2 μm 的粒子在 92%以上,≤4 μm 的粒子在 95%以上。

②适当的黏度　黏度是种衣剂黏着在种子上牢度的关键。不同种子的动力黏度不同,一般 150～400 mPa·s(黏度单位)。小麦、大豆要求在 180～270 mPa·s,玉米要求在 50～250 mPa·s,棉花种子要求在 250～400 mPa·s。

③适宜的酸度　酸度决定了是否影响种子发芽和贮藏期的稳定性，要求种衣剂为微酸性至中性，一般 pH 值 6.8～7.2 为宜。

④高纯度　纯度是指所用原料的纯度，要求有效成分含量要高。

⑤良好的成膜性　成膜性是种衣剂的又一关键物性，要求能迅速固化成膜，种子不粘连，不结块。

⑥种衣牢固度　种子包衣后，膜光滑，不易脱落。种衣剂中农药有效成分含量和包衣种子的药种比应符合产品标志规定。小麦≥99.81，玉米（杂交种）≥99.65，高粱（杂交种）≥99.50，谷子≥99.81，棉花≥99.65。

⑦良好的缓解性　种衣剂能透气、透水，有再湿性，播种后吸水很快膨胀，但不立即溶于水，缓慢释放药效，药效一般维持 45～60 d。

⑧良好的贮藏稳定性　冬季不结冰，夏季有效成分不分解，一般可贮藏 2 年。

⑨对种子的高度安全性和对防治对象较高的生物活性　种子经包衣后的发芽率和出苗率应与未包衣的种子相同，对病虫害的防治效果应较高。

4.种子包衣机械的性能和分类

(1)我国种子包衣机的发展　我国南京畜牧机械厂和农业部南京农业机械化研究所早1987 年就开始研制和仿制种子包衣机。先后研制成功 5WH-450 型种子丸化机、5BY-500 型种子包衣机和 SZY-1200B 型种子包衣机。至今我国还有石家庄市种子机械厂生产的"绿炬牌"种子包衣机和北京市丰田种子机械厂生产的种子包衣机等，已为我国种子包衣的应用提供了有关设备。

(2)美国种子包衣机性能　种子加工技术先进的国家，为了有效地进行种子包衣，设计有各种型号的种子包衣机械。其包衣机的主要性能，是能将经精选的种子进行均匀和有效的包衣，并进行烘干和降温，使种子水分降低到安全水平，以致包衣过程不影响种子活力。

(3)种子包衣机械分类　根据种子包衣方法的不同，可将种子包衣机械分为种子丸化包衣机、种子包膜包衣机和多用途包衣机等。这里分别介绍。

5.种子包衣技术和包衣机械

(1)种子包衣技术及其对包衣机械的要求　种子包衣是以种子为载体，种衣剂为原料，包衣机为手段，集生物、化工、机械等技术于一体的综合技术。经过包衣的种子，能有效地防治农作物苗期病虫害，促进幼苗生长、苗齐苗壮，达到增产增收的效果。

种子包衣作业是把种子放入包衣机内，通过机械的作用把种衣剂均匀地包裹在种子表面的过程。种子包衣属于批量连续式生产，种子被一斗一斗定量地计量，同时药液也被一勺一勺定时地计量。计量后的种子和药液同时下落，下落的药液在雾化装置中被雾化后喷洒在下落的种子上，使种子丸化或包膜，最后搅拌排出。

种子包衣时，对机器的要求有以下几点：

①保证密闭性　为了保证操作人员不受药害，包衣机械在作业时必须保证完全密闭，即拌粉剂药物时，药粉不能散扬到空气中，或抛洒在地面上；拌液剂药物时，药液不可随意滴落到容器外，以免污染作业环境。

②保证混拌包衣均匀　在机具性能上应能适用粉剂、液剂或粉剂、液剂同时使用，要保证种子和药剂能按比例进行混拌包衣，调整方法要简单易行。包衣时，要保证药液能均匀地称附在种子表面或丸化。

③有较高的经济性　机具生产要效率高、造价低，构造简单，与药物接触的零部件要采用防腐材料或采取防腐措施，以提高机具的使用寿命。

(2)包衣机的结构和工作原理　包衣机由药桶和供药系统、喂料斗和计量药箱、雾化装备、搅拌和传动部分、机架等组成。

①药桶和供药系统　药桶是用来储存供作业时需要的药液，药桶上开有出药口、溢流口、排药口，出药口与药泵相连接，回流口把药泵输出的多余药液返回药桶，排药口在工作结束后，排出桶内剩余的药液、溢流口把从计位药箱返回的药液输入药桶。有的药桶还有搅拌装置，用来搅拌桶内的药液使其不产生沉淀。

供药系统由药泵、输药管、给药阀门、回流阀门等部分组成。药液经药泵打出，给药阀门控制进入计量药箱的药量，多余的药液经回流阀门返回药桶。

因为种衣剂具有一定的腐蚀性，所以药桶、阀门、管道等凡与药液直接接触的部位均需采用耐腐蚀材料制造。

②喂料斗和计量药箱　喂料斗由喂入手柄、喂料门、计量料斗、配重杆和可调节配重锤组成。用喂入手柄可以调节喂料门的开度大小。计量料斗由两个完全一样的料斗组成，当种子流入一侧料斗时，另一侧的料斗是翻转的。在种子重量大于配重锤的重量时，料斗自动翻转倒出种子，另一侧料斗翻上来开始接料，每斗种子的重量是靠改变配重锤在配重杆上的高度来调节的。

计量药箱由箱体、接药盒、药勺支架、药勺等部分组成。箱体上开有进药口、排药口各1个、溢流口两个。进药口与药泵相连接，排药口位于接药盒下端与雾化装置相连接，两个溢流口与药箱的溢流口相连接。

药勺安装在支架上，靠支架的转动完成药勺的加药动作。支架的摆动是与计量料斗的翻转同步进行，这样可以保证稳定的药种比。

作业时要求计量药箱内的药液量维持动态平衡，液面高度始终保持稳定不变。在药勺加药后，箱内减少的药液量要在一次加药开始以前得到迅速的补充，这就要求从药泵来的药液量足够大。要实现药量的动态平衡，溢流量要大，所以溢流口的截面积不能太小，这样才能保证包衣机的正常作业。如果溢流口截面积很小或都只有一个溢流口，溢流量不可能太大，因此药泵的给药量也不能太大。加药后药箱内减少的药量还没有得到补充，下一次加药就又开始了。其结果是药箱内药液量的动态平衡被打破，药液面越来越低，最终使药勺无药可加，以至包衣机无法正常工作。

药勺的制造质量要求很高，每一付药勺中的两个药勺要求容积、形状、重量完全一致，两侧摆动的幅度要一致，按照我国包衣机的行业标准的规定，药种比的调节范围是(1∶25)～(1∶120)，大致需要配3付药勺就可以满足要求。不允许少配药勺而靠调节两个药勺之间的距离，或任意旋转角度的办法来改变加药量。

③雾化装置　气体雾化式包衣机由空气压缩机、调压阀、压力表、喷嘴等部分组成。空气压缩机、调压阀、压力表都是为了保证工作时有正常的空气流量和稳定的压力的。喷嘴的

中心是进药管,压缩空气在进药管四周并在进药管端部的排药处排出。气体是通过几个有一定角度的排气道排出,排出来的空气形成旋转的高压气流,来冲击排出的药液使其雾化。

甩盘雾化式包衣机结构简单,在雾化室内有一个高速旋转的甩盘,药液在甩盘上被撞击雾化。

④搅拌和传动装置　螺旋搅拌式包衣机的搅拌杆安装在搅拌壳体内,种子从带有螺旋的一端上部喂入,进行搅拌包衣。另一端传动装置,包好的种子从下部排料口排出,搅拌杆的转动速度是可调的,调节范围大约是 140～200 r/ min。

螺旋搅拌式包衣机的搅拌杆的传动装置,由电机和安装在电机轴上的无级变速器及安装在搅拌杆上的传动轮组成。调节电动机和传动轮之间的距离可以改变搅拌杆的转数。

滚筒式包衣机的工作部件是一个圆筒,内部装有促进种子翻动的导板。导板的作用是把筒内的种子提升到一定高度,然后种了靠重力的作用翻落下来,完成搅拌作用。

国外生产的滚筒式包衣机滚筒长度长,比同类的机型几乎要长 1 倍,内部的结构也不同。据了解主要有两种形式:一种的筒体是波纹状,另一种在筒内沿长度方向安有 3 条互成 120°的挡条,挡条的截面积形状与机翼的截面积形状类似。这种结构的运动过程,种子始终紧密地靠在一起不分离。

国产滚筒式包衣机的滚筒转数是不可调的,而国外产品则可以调节。

(3)包衣前准备　包衣作业开始前应做好机具的准备、药剂的准备和种子的准备。

①选择包衣机　根据种子种类和包衣方式,选择适用包衣机。

②机具的准备　首先要检查包衣机的技术状态是否良好,如安装的是否稳固、水平,各紧固螺栓是否有松动,转动部分是否有卡阻,以及机具中是否有遗留工具或异物;然后应进行试运转检查电机旋转,方向是否正确,各转动部分旋转是否平稳;搬动配料斗轴摆动,观察供粉装置和供液装置能否正常工作。试运转时还应注意听,是否有异常声音。当发现各种问题时,应逐一认真解决,妥善处理,确认机具技术状态良好后即可投入作业了。

③药剂的准备　首先应根据不同种子对种衣剂的不同要求,选择不同类型的种衣剂,还应根据加工种子的数量、配比,准备足够量的药物。

对于液剂药物的准备,主要是根据不同药物的不同要求配制好混合液。一般液剂药物的使用说明中都会详细指出药物和水的混合比例,并按说明书中的比例进行配制。混合时一定要搅动,使药液混合均匀。

对于药物的准备,如果只使用 1 种液剂药物,就只准备 1 种。如果同时需要两种就准备两种,但必须注意药剂的配比,不可用药过量。对于初次进行包衣的操作者来讲,最好能在有经验的农艺师、工程师指导下做好药物的准备工作。

④种子的准备　凡进行包衣的种子必须是经过精选加工后的种子,种子水分也在安全贮藏水分之内。对于种子加工线来讲,包衣作业是最后一项工序,包衣机械都置于加工线的最末端。根据我国当前的生产习惯,包衣作业是在播种前进行,即加工后的种子先贮藏过冬,到来年春天播种时再包衣。在包衣前对种子进行一次检查,确认种子的净度、发芽率、含水率都合乎要求时,方可进行包衣作业。但包衣棉花种子必须先经脱绒和粗选的光籽,其残绒酸不得大于 0.2%,表面残酸量不得大于 0.15%。

⑤发芽试验　任何作物种子在采用种衣剂机械包衣处理前，都必须做发芽试验，只有发芽率较高的种子才能进行种衣剂包衣处理。经过种衣剂包衣处理的每批种子，也都要做发芽试验，以检验包衣处理种子的发芽率。按 GB 4404—4409 规定，小麦发芽率≥83％，玉米(杂交种)≥85％，高粱≥79％，谷子≥79％，棉花≥72 ％。对包衣后的种子可以采取以下方法做发芽试验(种子检验)

(4)种子包衣机械　目前种子包衣机主要分为种子丸化包衣机、种子包膜包衣机和多用途种子包衣机等。将代表类型的包衣机简介如下图。

①适用范围　这种型号种子包衣机主要适用于蔬菜、油菜、甜菜和牧草等种子的丸化包衣。

②机械结构　其主要机械结构由料斗、拌搅桶、贮液桶、贮液池、回流管、输液管、输料管、喷头、陶瓷凉暖风扇、粉料输送装置、吸顶通风器等部分构成(图 4-18)。

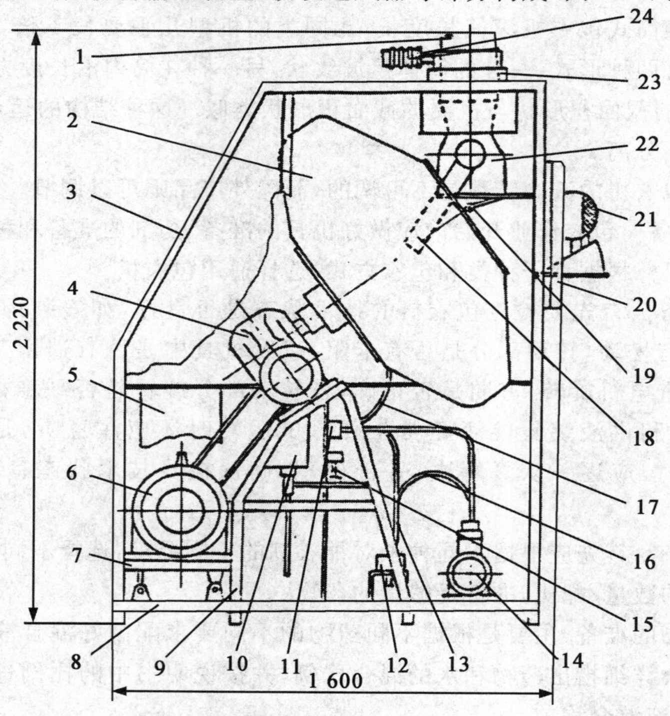

图 4-18　5ZY-AB 种子包衣机结构

1.料斗　2.丸衣罐　3.梁架　4.圆弧齿蜗杆减速机　5.搅拌桶　6.电磁调速动机　7.电机架　8.底架　9.减速机架　10.液桶　11.电磁换向阀　12.贮液池　13.回流管　14.电动药压无气喷液泵　15.电磁放水阀　16.输液管　17.进、出液高压管　18.输料管　19.喷头　20.观察罩　21.陶瓷凉暖风扇　22.粉料输送装置　23.吸顶通风器　24.排尘管

③主要结构及工作原理　本机主要由包衣机、液状物料输送系统、粉料输送装置、机架、陶瓷凉暖风扇、吸顶通风器和电器设备组成。

包衣机由三角胶带传动装置、丸衣罐、圆弧齿蜗杆减速机和电磁调速电动机等组成，用以制作丸粒化种子。

液状物料输送系统主要由隔膜式电动高压无气喷枪电磁换向阀、电磁放水阀、搅拌桶、贮液桶、高压管贮液池及球阀等组成。用以将粘着剂等三种液状物料剂在喷射过程中剧烈膨胀形成雾状。

粉料输送装置主要由料斗、料箱、输料管、搅龙、电机及吊框架等组成。用以输送粉状物机架主要由底架、梁架、减速机架和电机架等组成,用以安装各个部件和零件;陶瓷凉暖风扇,用以产生热气流,将包衣种子的水分加热而蒸发。吸顶通风器,用以将机器内的粉尘和液状物料悬浮微粒吹出机体外。

本机的工作原理:丸衣罐回转时种子被罐壁与种子之间及种子与种子之间的摩擦力带动随罐回转,到一定高度后,在重力的作用下脱离壁下落,到罐的下部时又被带动,这样周而复始的在丸衣罐内不停的翻转运动。粘着剂定时地经电动高压无气喷枪呈雾状均匀喷射到种子表面,当粉状物料从料斗中落下后,即被黏着剂黏附,如此不断反复,使种子逐渐被物料所包裹成包衣种子。种子包衣完毕后,接通陶瓷凉暖风扇的电源,向包衣种子吹热风,将包衣种子的水分带走,从而达到大体干燥的目的。

6.使用种衣剂包种子注意事项

(1)安全贮存保管种衣剂　种衣剂应装在容器内,贴上标签,存放在单一的库内或凉爽阴凉处。严禁和粮食、食品等存在一个地方;搬动时,严禁吸烟、吃东西、喝水;存放种衣剂的地方,必须加锁,有专人严加保管;存放种衣剂的地方严禁儿童或闲人进入玩耍、触摸;存放种衣剂的地方,要备有肥皂、碱性液体物质,以备发生意外时使用。

(2)安全处理种子　在使用种衣剂包衣处理种子时必须注意以下几点:

①种子部门严禁在无技术人员指导下,将种衣剂零售给农民自己使用。

②种子部门必须出售采用包衣机具包衣的种子。

③进行种子包衣的人员,严禁徒手接触种衣剂,或用手直接包衣,必须采用包衣机或其他器皿进行种子包衣。

④负责包衣处理种子人员在包衣种子时必须使用防护措施,如穿工作服、戴口罩及乳胶手套,严防种衣剂接触皮肤,操作结束时立即脱去防护用具。

⑤工作中不准吸烟、喝水、吃东西,工作结束时用肥皂彻底清洗裸露的脸、手后再进食、喝水。

⑥包衣处理种子的地方严禁闲人、儿童进入玩耍。

⑦包衣后的种子要保管好,严防畜禽进入场地吃食包衣的种子。

⑧包衣后必须晾干成膜后再播种,不能在地头边包衣边播种,以防药末固化成膜而脱落。

⑨使用种衣剂时,不能另外加水使用。

⑩播种时不需浸种。

(3)安全使用种衣剂

①种衣剂不能同敌稗等除草剂同时使用,如先使用种衣剂,需 30 d 后才能再使用敌稗;如若先使用敌稗,需 3 d 后才能播种包衣种子,否则容易发生药害或降低种衣剂的效果。

②种衣剂在水中会逐渐水解,水解速度随着温度升高而加快,所以不要和碱性农药、肥料同时使用,也不能在盐碱地较重的地方使用,否则容易分解失效。

③在搬运种子时，检查包装有无破损、漏洞，严防种衣剂处理的种子被儿童或禽畜误吃后中毒。

④使用包衣后的种子，播种人员要穿防护服、戴手套。

⑤播种时不能吃东西、喝水，徒手擦脸、眼，以防中毒，工作结束后用肥皂洗净手脸后再用食。

⑥装过包衣种子的口袋，严防误装粮食及其他食物、饲料。将袋深埋或烧掉以防中毒。

⑦盛过包衣种子的盆、篮子等，必须用清水洗净后，再做它用，严禁再盛食物。洗盆和篮子的水严禁倒在河流、水塘、井池边，可以将水倒在树根、田间，以防人或畜、禽、鱼中毒。

⑧出苗后，严禁用间下来的苗喂牲畜。

⑨凡含有呋喃丹成分的各型号种衣剂，严禁在瓜、果、蔬菜上使用，尤其叶菜类绝对禁用，因呋喃丹为内吸性毒药，残效期长，菜类生育期短，用后对人有害。

⑩用含有呋喃丹种衣剂包衣水稻种子时，注意防止污染水系。

⑪严禁用喷雾器将含有呋喃丹的种衣剂用水稀释后向作物喷施，因呋喃丹的分子较轻，喷施污染空气，对人类造成危害。

⑫使用种衣剂后的死虫、死鸟严防家禽家畜吃后发生二次中毒。

(4)中毒后的急救

①呋喃丹中毒症状　出现头痛、精神衰弱、呕吐、瞳孔收缩、视觉模糊、肌肉震颤或发抖、四肢痉挛、流涎、出汗、拉肚等现象。

②急救　误吃后不能催吐，应立即就医；触及眼睛时，须用清水冲洗 15 min 或滴入一滴阿托品；呋喃丹含胆碱酯酶的可逆抑制剂，不能用磷中毒一类的解毒药进行急救，先在皮下注射 2 mg 阿托品，直至出现阿托品反应症状(口干、瞳孔扩张)为止；弄到皮肤上，要立即用碱水冲洗。

四、种子包装材料和包装技术

(一)种子包装的意义和要求

1.种子包装的意义

经清选干燥和精选等加工的种子，加以合理包装，可防止种子混杂、病虫害感染、吸湿回潮、种子劣变，以提高种子商品特性，保持种子旺盛活力，保证安全贮藏运输以及便于销售等作用。

2.做好种子包装工作的要求

(1)防湿包装的种子必须达到包装所要求的种子含水量和净度等标准，确保种子在包装容器内，在贮藏和运输过程中不变质，保持原有质量和活力。

(2)包装容器必须防湿、清洁、无毒、不易破裂、重量轻等。种子是一个活的生物有机体，如不防湿包装，在高温条件下种子会吸湿回潮；有毒气体会伤害种子，而导致种子丧失生活力。

(3)按不同要求确定包装数量。应按不同种类、苗床或大田播种量，不同生产面积等因素，确定适合包装数量，以利使用或销售方便。

(4)保存期限。保存时间长，则要求包装种子水分更低，包装材料好。

(5)包装种子贮藏条件。在低湿干燥气候地区，则要求包装条件较低；而在潮湿温暖地区，则要求严格。

(6)包装容器外面应加印或粘贴标签纸。写明作物和品种名称、采种年月、种子质量指标和高产栽培技术要点等，并最好绘上醒目的作物或种子图案，引起农民的兴趣，以利于良种能得到推广。

(二)包装材料的种类和特性及选择

1.包装材料的种类和性质

目前应用比较普遍的包装材料主要有麻袋、多层纸袋、铁皮罐、聚乙烯铝箔复合袋及聚乙烯袋等。麻袋强度好，透湿容易，防湿、防虫和防鼠性能差；金属罐强度高，透湿率0，防湿、防光、防淹水、防有害烟气、防虫、防鼠性能好，并适于高速自动包装和封口，是最适合的种子包装容器。

聚乙烯铝箔复合袋强度适当，透湿率极低，也是最适的防湿袋材料(表4-3)。该复合袋由数层组成。因为铝箔有微小孔隙，最内及最外层为聚乙烯薄膜则有充分的防湿效果。一般认为，用这种袋装种子，1年内种子含水量不会发生变化。

表4-3 铝箔厚度和透湿率

种类	铝箔厚度/mm	透湿率/[g/(m^2·24 h)]
1	0.007～0.008	<7
2	0.008～0.010	<5
3	0.010～0.015	<2.5
4	0.015～0.020	<1.5
5	0.020或以上	0

聚乙烯和聚氯乙烯等为多孔型塑料，不能完全防湿。用这种材料所制成的袋和容器，密封在里面的干燥种子会慢慢地吸湿，因此其厚度在0.1 mm以上是必要的。但这种防湿包装只有1年左右的有效期。

聚乙烯薄膜是用途最广的热塑性薄膜。通常可分为低密度型(0.914～0.92 g/cm^2)、中密度型(0.93～0.94 g/cm^2)、高密度型(0.95～0.96 g/cm^2)。这三种聚乙烯薄膜均为微孔材料，对水汽和其他气体的通透性因密度不同而差异。经试验，在37.8℃和100%相对湿度下，645.16×10^{-4} m^2的薄膜，在24 h内可透过水汽量：低密度薄膜为1.4 g，中密度薄膜为0.7 g，高密度薄膜为0.3 g。

铝箔虽有许多微孔，但水汽透过率仍很低。如果铝箔同聚乙烯薄膜复合制品，则其防湿和防破强度更好，可满意地适用于种子包装。如铝箔/玻璃纸/铝箔/热封漆；铝箔/砂纸/聚乙烯薄膜；牛皮纸/聚乙烯薄膜/铝箔/聚乙烯薄膜。

纸袋多用漂白亚硫酸盐纸或牛皮纸制皮，其表面覆上一层洁白陶土以便印刷。许多纸质种子袋系多层结构，由几层光滑纸或皱纹纸制成。多层纸袋因用途不同而有不同结构。普通多层纸袋的抗破力差，防湿、防虫、防鼠性能差，在非常干燥时会干化，易破损，不能保护种子生活力。纸板盒和纸板罐(筒)也广泛用于种子包装。多层牛皮纸能保护种子的大多数物理品质，并对自动包装和封口设备很适合。不同包装材料对种子的影响如表4-4所示。

表 4-4　各种包装袋所保存种子的含水量和发芽率　%

袋的种类	调查年月	洋葱		胡萝卜		莴苣		甘蓝		黄瓜		番茄	
		含水量	发芽率	含水量	发芽率	含水量	发芽率	含水量	发芽率	含水量	发芽率	含水量	发芽率
开始	1960.12	5.9	97	5.4	78	4.4	96	4.3	92	4.4	86	5.3	97
纸袋	1961.9	11.3	83	10.4	45	9.7	58	9.8	76	9.4	84	12	91
	1962.10	—	0	—	0	—	1	—	2	—	58	—	71
聚乙烯袋(低密度，0.01 mm)	1961.9	10.1	93	9.5	74	7.8	85	8.4	89	7.5	89	9.7	93
	1962.10	11.8	51	10.4	24	8.4	52	10.1	77	8.3	75	9.7	83
聚乙烯袋(高密度，0.09 mm)	1961.9	8.9	94	8.7	78	7.1	90	7.6	89	6.8	93	9.0	96
	1962.10	10.4	93	10.0	50	8.0	72	9.8	80	7.7	88	9.6	8.4
优质纸＋铝箔(0.07 mm)＋聚乙烯 0.02 mm 复合袋	1961.9	5.7	96	5.3	78	4.2	94	4.3	92	—	—	5.5	95
	1962.10	5.7	98	5.5	76	4.3	90	4.3	91	—	—	—	—

2.包装材料和容器的选择

包装容器要按种子种类、种子特性、种子水分、保存期限、贮藏条件、种子用途和运输即离及地区等因素来选择。

多孔纸袋或针织袋一般要求通气性好的种子种类(如豆类)，或数量大，贮存在干燥低温场所，保存期限短的批发种子的包装。

小纸袋、聚乙烯袋、铝箔复合袋、铁皮罐等通常用于零售种子的包装。

钢皮罐、铝盒、塑料瓶、玻璃瓶和聚乙烯铝箔复合袋等容器可用于价高或少且种子长期保存或品种资源保存的包装。

在高温高湿的热带和亚热带地区的种子包装应尽量选择严密防湿的包装容器，并且将种子干燥到安全包装保存的水分，封入防湿容器以防种子生活力的丧失。

(三)防湿容器包装的种子安全含水量

根据安全包装和贮藏原理，当种子含水量降低与 25％相对湿度平衡的含水量时，种子寿命可延长，有利于保持种子旺盛的活力。但这种含水量因种子种类不同而有差异(表 4-5、表 4-6)。

表 4-5　在不同温度下饱和水蒸气密度

温度/℃	密度/(g/L)	温度/℃	密度/(g/L)
0	0.00 488	80	0.2 933
10	0.00 944	90	0.4 235
20	0.01 734	100	0.598
30	0.03 041	110	0.827
40	0.05 118	120	1.123
50	0.0 830	150	2.550
60	0.1 301	200	7.870
70	0.1 980		

如果不能达到干燥程度，则会加速种子的劣变死亡。因为高水分种子在这种密闭容器里，由于呼吸作用很快耗尽氧气而累积二氧化碳气，最终导致无氧呼吸而中毒死亡。所以防湿密封包装的种子必须干燥到安全包装的含水量，才能得到保持种子原有活力的效果。

表 4-6 封入密闭容器的种子上限含水量 %

作物	含水量	作物	含水量	作物	含水量	作物	含水量
大豆	8.0	四季豆	7.0	羽衣甘蓝	5.0	黑麦	8.0
甜玉米	8.0	菜豆	7.0	球茎甘蓝	5.0	胡萝卜	7.0
大麦	10.0	甜菜	7.5	韭葱	6.5	荠菜	5.0
玉米	10.0	硬叶甘蓝	5.0	莴苣	5.5	风铃草	6.3
燕麦	8.0	孢子甘蓝	5.0	甜瓜	6.0		

(四)包装标签

国外种子法要求在种子包装容器上必须附有标签。标签上的内容主要包括种子公司名称、种子名称、种子净度、发芽率、异作物和杂草种子含量、种子处理方法和种子净重或粒数等项目。我国种子工程和种子产业化要求挂牌包装，以加强种子质量管理。

种子标签可挂在麻袋上，或贴在金属容器、纸板箱的外面，也可直接印制在塑料袋、铝箱复合袋及金属容器上，图文醒目，以吸引顾客选购。

(五)包装机械和包装方法

目前种子包装主要有按种子重量包装和种子粒数包装两种。一般农作物和牧草种子采用重量包装。其每个包装重量，按农业生产规模、播种面积和用种量进行包装，我国根据农户生产规模较小，全国地区差异大，作物种类的差异，杂交水稻有每袋 3～5 kg，玉米每袋 5～10 kg，蔬菜有每袋 4 g、8 g、2 g、100 g、200 g 等不同的包装。目前随着种子质量提高和精量播种需要，对比较昂贵的蔬菜和花卉种子有采用粒数包装。每袋 100 粒、200 粒等包装。因此为适应种子定量和定数包装，种子包装机械也有相应两种类型。

计 划 单

学习领域	种子加工贮藏技术		
学习情境 4	种子加工原理及技术	学时	1
计划方式	小组讨论、成员之间团结合作共同制订计划		

序号	实施步骤	使用资源

制订计划说明	

计划评价				
	班级		第　组	组长签字	
	教师签字		日期	
	评语：			

决 策 单

<table>
<tr><td>学习领域</td><td colspan="8">种子加工贮藏技术</td></tr>
<tr><td>学习情境 4</td><td colspan="5">种子加工原理及技术</td><td>学时</td><td colspan="2">1</td></tr>
<tr><td colspan="9">方案讨论</td></tr>
<tr><td rowspan="7">方案对比</td><td>组号</td><td>任务耗时</td><td>任务耗材</td><td>实现功能</td><td>实施难度</td><td>安全可靠性</td><td>环保性</td><td>综合评价</td></tr>
<tr><td>1</td><td></td><td></td><td></td><td></td><td></td><td></td><td></td></tr>
<tr><td>2</td><td></td><td></td><td></td><td></td><td></td><td></td><td></td></tr>
<tr><td>3</td><td></td><td></td><td></td><td></td><td></td><td></td><td></td></tr>
<tr><td>4</td><td></td><td></td><td></td><td></td><td></td><td></td><td></td></tr>
<tr><td>5</td><td></td><td></td><td></td><td></td><td></td><td></td><td></td></tr>
<tr><td>6</td><td></td><td></td><td></td><td></td><td></td><td></td><td></td></tr>
<tr><td>方案评价</td><td colspan="8">评语：</td></tr>
<tr><td>班级</td><td></td><td>组长签字</td><td></td><td>教师签字</td><td></td><td>日期</td><td colspan="2"></td></tr>
</table>

材料工具清单

学习领域	种子加工贮藏技术						
学习情境 4	种子加工原理及技术						
项目	序号	名称	作用	数量	型号	使用前	使用后
所用仪器仪表	1	风筛机					
	2	比重精选机					
	3	种子包衣机					
	4	包装计量称					
	5						
	6						
	7						
所用材料	1	玉米种子			400 kg		
	2	包装材料					
	3	种衣剂					
	4						
	5						
	6						
	7						
	8						
所用工具	1	天平					
	2						
	3						
	4						
	5						
	6						
	7						
	8						
班级		第　组	组长签字			教师签字	

实　施　单

学习领域	种子加工贮藏技术		
学习情境 4	种子加工原理及技术	学时	2
实施方式	小组合作;动手实践		

序号	实施步骤	使用资源

实施说明：

班级		第　组	组长签字	
教师签字			日期	

作 业 单

<table>
<tr><td>学习领域</td><td colspan="5">种子加工贮藏技术</td></tr>
<tr><td>学习情境4</td><td colspan="5">种子加工原理及技术</td></tr>
<tr><td>作业方式</td><td colspan="5">资料查询、现场操作</td></tr>
<tr><td>1</td><td colspan="5"></td></tr>
<tr><td colspan="6">作业解答：</td></tr>
<tr><td>2</td><td colspan="5"></td></tr>
<tr><td colspan="6">作业解答：</td></tr>
<tr><td>3</td><td colspan="5"></td></tr>
<tr><td colspan="6">作业解答：</td></tr>
<tr><td>4</td><td colspan="5"></td></tr>
<tr><td colspan="6">作业解答：</td></tr>
<tr><td>5</td><td colspan="5"></td></tr>
<tr><td colspan="6">作业解答：</td></tr>
<tr><td rowspan="4">作业评价</td><td>班级</td><td></td><td>第　组</td><td colspan="2"></td></tr>
<tr><td>学号</td><td></td><td>姓名</td><td colspan="2"></td></tr>
<tr><td>教师签字</td><td></td><td>教师评分</td><td>日期</td><td></td></tr>
<tr><td colspan="5">评语：</td></tr>
</table>

检 查 单

<table>
<tr><td colspan="2">学习领域</td><td colspan="4">种子加工贮藏技术</td></tr>
<tr><td colspan="2">学习情境 4</td><td colspan="2">种子加工原理及技术</td><td>学时</td><td>0.5</td></tr>
<tr><td>序号</td><td colspan="2">检查项目</td><td>检查标准</td><td>学生自检</td><td>教师检查</td></tr>
<tr><td>1</td><td colspan="2"></td><td></td><td></td><td></td></tr>
<tr><td>2</td><td colspan="2"></td><td></td><td></td><td></td></tr>
<tr><td></td><td colspan="2"></td><td></td><td></td><td></td></tr>
<tr><td></td><td colspan="2"></td><td></td><td></td><td></td></tr>
<tr><td></td><td colspan="2"></td><td></td><td></td><td></td></tr>
<tr><td></td><td colspan="2"></td><td></td><td></td><td></td></tr>
<tr><td></td><td colspan="2"></td><td></td><td></td><td></td></tr>
<tr><td></td><td colspan="2"></td><td></td><td></td><td></td></tr>
<tr><td></td><td colspan="2"></td><td></td><td></td><td></td></tr>
<tr><td></td><td colspan="2"></td><td></td><td></td><td></td></tr>
<tr><td></td><td colspan="2"></td><td></td><td></td><td></td></tr>
<tr><td></td><td colspan="2"></td><td></td><td></td><td></td></tr>
<tr><td></td><td colspan="2"></td><td></td><td></td><td></td></tr>
<tr><td rowspan="3">检查评价</td><td colspan="2">班级</td><td>第 组</td><td>组长签字</td><td></td></tr>
<tr><td colspan="2">教师签字</td><td></td><td>日期</td><td></td></tr>
<tr><td colspan="5">评语：</td></tr>
</table>

评　价　单

学习领域	种子加工贮藏技术				
学习情境4	种子加工原理及技术			学时	0.5
评价类别	项目	子项目	个人评价	组内互评	教师评价
专业能力(60%)	资讯(10%)	搜集信息(5%)			
		引导问题回答(5%)			
	计划(10%)	计划可执行度(3%)			
		讨论的安排(4%)			
		检验方法的选择(3%)			
	实施(15%)	仪器操作规程(5%)			
		仪器工具工艺规范(6%)			
		检查数据质量管理(2%)			
		所用时间(2%)			
	检查(10%)	全面性、准确性(5%)			
		异常的排除(5%)			
	过程(10%)	使用工具规范性(2%)			
		检验过程规范性(2%)			
		工具和仪器管理(1%)			
	结果(10%)	排除异常(10%)			
社会能力(20%)	团结协作(10%)	小组成员合作良好(5%)			
		对小组的贡献(5%)			
	敬业精神(10%)	学习纪律性(5%)			
		爱岗敬业、吃苦耐劳精神(5%)			
方法能力(20%)	计划能力(10%)	考虑全面、细致有序(10%)			
	决策能力(10%)	决策果断、选择合理(10%)			
评价评语	班级		姓名	学号	总评
	教师签字		第　组	组长签字	日期
	评语：				

教学反馈单

学习领域	种子加工贮藏技术
学习情境 4	种子加工原理及技术

序号	调查内容	是	否	理由陈述
1				
2				
3				
4				
7				
8				
9				
10				
11				
12				
13				
14				
15				

你的意见对改进教学非常重要，请写出你的建议和意见：

调查信息	被调查人签字		调查时间	

学习情境5　种子仓库有害生物及其防治

种子贮藏期间仓库害虫、微生物和鼠等是影响种子活力和生活力的重要因素，严重时会使贮藏的种子完全失去利用价值。仓库害虫还以种子为食料，直接造成种子数量的损失，因此要充分掌握种子仓库害虫、微生物和鼠的危害特性，以便及时进行防治。

任务单

<table>
<tr><td>学习领域</td><td colspan="6">种子加工贮藏技术</td></tr>
<tr><td>学习情境5</td><td colspan="4">种子仓库有害生物及其防治</td><td>学时</td><td>6</td></tr>
<tr><td colspan="7">任务布置</td></tr>
<tr><td>能力目标</td><td colspan="6">1.能理解仓库害虫的危害和传播途径以及影响仓库害虫的生态因子。
2.能根据种子微生物区系的变化,掌握根据微生物的类群判断种子新鲜程度的方法。
3.能分析微生物对种子的危害和种子霉变的原因。
4.能掌握影响微生物的生态因子及防霉措施。
5.能根据鼠类活动特性制定防治措施。</td></tr>
<tr><td>任务描述</td><td colspan="6">1.能根据种子仓库有害生物与种子安全贮藏的关系,制定必要的种子贮藏条件。
2.能根据仓库有害生物变化,制定必要的合理的防治措施。</td></tr>
<tr><td>学时安排</td><td>资讯1学时</td><td>计划1学时</td><td>决策1学时</td><td>实施2学时</td><td>检查0.5学时</td><td>评价0.5学时</td></tr>
<tr><td>参考资料</td><td colspan="6">[1]颜启传.种子学.北京:中国农业出版社,2001.
[2]束剑华.园艺作物种子生产与管理.苏州:苏州大学出版社,2004.
[3]吴金良,张国平.农作物种子生产和质量控制技术.杭州:浙江大学出版社,2001.
[4]胡晋.种子贮藏加工.北京:中国农业出版社,2003.
[5]农作物种子质量标准(2008).北京:中国标准出版社,2009.
[6]金文林.种子产业化教程.北京:中国农业出版社,2003.</td></tr>
<tr><td>对学生的要求</td><td colspan="6">1.解释名词:仓库害虫　综合防治　种子微生物区系
2.仓库害虫对种子有哪些危害?
3.简述仓库害虫的传播途径和相应防治措施。
4.简述磷化氢熏蒸的方法步骤和注意事项。
5.种子微生物主要有哪些?如何变化?
6.种子微生物对种子生活力有哪些影响?
7.种子霉变有哪三种类型?其霉变过程分几个阶段?
8.简述影响种子微生物活动的主要因子及其防控技术。</td></tr>
</table>

资 讯 单

学习领域	种子加工贮藏技术		
学习情境 5	种子仓库有害生物及其防治	学时	1
咨询方式	在资料角、实验室、图书馆、专业杂志、互联网及信息单上查询;咨询任课教师		
咨询问题	1. 解释名词:仓库害虫　综合防治　种子微生物区系 2. 仓库害虫对种子有哪些危害? 3. 简述仓库害虫的传播途径和相应防治措施。 4. 简述磷化氢熏蒸的方法步骤和注意事项。 5. 种子微生物主要有哪些?如何变化? 6. 种子微生物对种子生活力有哪些影响? 7. 种子霉变有哪三种类型?其霉变过程分几个阶段? 8. 简述影响种子微生物活动的主要因子及其防控技术。		
资讯引导	1. 问题 1～8 可以在胡晋的《种子贮藏加工》的查询。 2. 问题 1～8 可以在颜启传的《种子学》的中查询。 3. 问题 1～8 可以在刘松涛的《种子加工技术》的中查询。		

信 息 单

学习领域	种子加工贮藏技术
学习情境 5	种子仓库有害生物及其防治

一、仓库害虫及其防治

(一)仓库害虫

仓库害虫简称“仓虫”。广义地讲是指一切为害贮藏物品的害虫。仓库害虫的种类繁多,根据报道国内现已知仓库害虫约 254 种,分属 7 目 42 科。全世界已知仓库害虫约 492 种,分布于 10 目 59 科。本节主要介绍为害贮藏种子的害虫,这类仓虫主要有玉米象、米象、谷象、谷蠹、赤拟谷盗、锯谷盗、大谷盗、蚕豆象、豌豆象、麦蛾等十余种。

1.主要仓虫种类及生活习性

(1)玉米象　成虫个体大小因食料条件不同而差异较大,一般体长 2.3～4 mm,体呈圆筒形,暗赤褐色至黑褐色。头部向前伸,呈象鼻状。触角 8 节,膝形。有前后翅,后翅发达,膜状,能飞。左右鞘翅上共有 4 个椭圆形淡赤色或淡黄色斑纹。幼虫体长 2.5～3.0 mm,乳白色背面隆起,腹部底面平坦,全体肥大粗短,略呈半球形。无足,头小,头部和口器褐色。第一至第二腹节的背板被横皱分为明显的三部分(图 5-1)。玉米象与米象的形态特征相似,过去在国内外都把玉米象误作为米象。最后 Kuschel (1961) 研究了有关米象异名的模式标本后指出:米象和玉米象是两个不同的种,一种体形较大的是玉米象,另一种小的是米象,小米象不过是米象的同种异名。雄虫外生殖器的特征是区别这两个种的最重要和最可靠依据。以后又经 Shlarrifi 和 Mills (1971)、Baker 和 Msbie (1973)、Mscel jski 和 Korcumic (1973)等的确认。

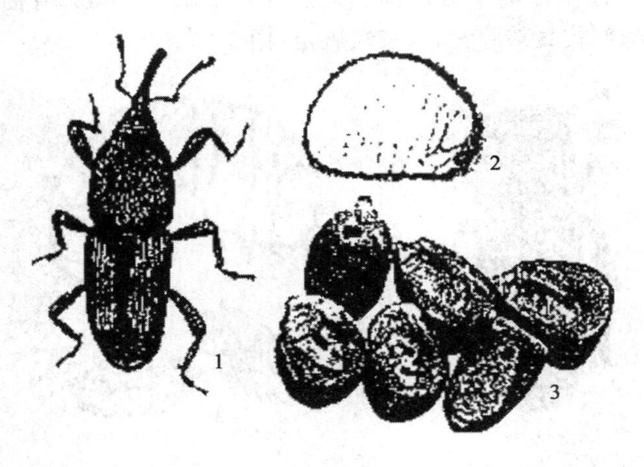

图 5-1　玉米象

1.成生　2.幼虫　3.被害状

玉米象和米象成虫主要区别为:米象雄虫阳茎背面从两侧缘到中央均匀地隆起，无隆脊及沟槽.其端部直形而不变曲。玉米象雄虫阳茎背面中央形成一个明显的隆脊，脊两侧各有一条沟梢，其端部弯曲成镰刀状。

玉米象食性很杂。主要食害禾谷类种子，其中以小麦、玉米、糙米及高粱危害重点。幼虫只在禾谷类种子内蛀食。此虫是一种最主要的初期性害虫，种子因玉米象咬食而增加许多碎粒及碎屑，易引起后期性仓虫的发生，且因排出大量虫粪而增加种子湿度，引起螨类和霉菌的发生，造成重大损失。

玉米象主要以成虫在仓内黑暗潮湿的缝隙、垫席下，仓外砖石、垃圾、杂草及松土中越冬。少数幼虫在籽粒内越冬。当气温下降到15℃左右时成虫开始进入越冬期，明春天气转暖又回到种堆内为害，玉米象产卵在籽粒内，卵孵化为幼虫后即在籽粒内蛀食，经4龄后，化蛹，羽化为成虫，又继续危害其他籽粒。成虫善于爬行，有假死、趋温、趋湿、畏光习性。玉米象每年发生1～7代，北方寒冷地区每年发生1～2代，南方温暖地区每年发生3～4代，亚热带每年发生6～7代。玉米象生长繁殖的适宜温度为24～30℃及15%～20%的谷物含水量。在9.5%的含水量时停止产卵，在含水量只有8.2%时即不能生活。成虫如暴露在－5℃下经过4 d即死亡，暴露在50℃下经过1 h即死亡。

(2)米象　国内主要分布于南方地区。食性和形态特征与玉米象相近。米象的生活习性一般同玉米象。一年可发生4～12代。米象的耐寒力、繁殖力及野外发生等方面不如玉米象。在5℃条件下，可以经21 d就开始死亡。米象具群集、喜潮湿、畏光性，繁殖力较强。南方各省米象、玉米象常混合发生。

(3)谷象　外部形态似米象，不同的是谷象成虫膜质后翅退化或缺少。幼虫第一至第四腹节被横皱分为明显的三部分，腹部各节下侧区中叶有1根刚毛。谷象生活习性与米象相似，但成虫的耐寒能力较强，在－5℃需经24 d才能致死。因后翅退化不能飞到田间为害繁殖。

(4)谷蠹　成虫体长2.3～3 mm，近似长圆筒形，赤褐色，头部前胸背板掩盖，前胸背面有许多小瘤状突起，鞘翅末端向下方斜削。幼虫体长2.5～3 mm，弯曲呈弓形，头部黄褐色，胸、腹部乳白色，胸部较腹部肥大，有三对胸足(图5-2)。

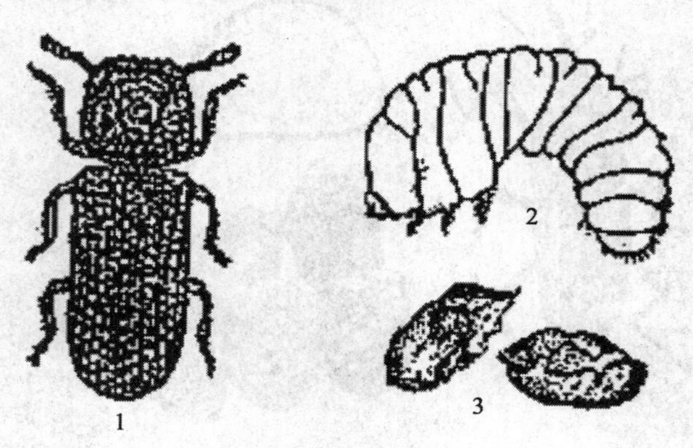

图5-2　谷蠹

1.成虫　2.幼虫　3.危害物

谷蠹食性复杂，主要为害谷类、豆类等种子，甚至能蛀蚀仓房木板、竹器。成虫在籽粒、木板、竹器或枯木树皮内越冬，产卵在蛀空的籽粒或籽粒裂缝中，有时亦产在包装物或墙壁缝隙内。成虫、幼虫均能破坏完整籽粒，幼虫尤喜食种胚，或终生生活在粉屑中。

谷蠹抗干性和抗热性较强。生长最适温度为27～34℃，但即使种子水分为8%～10%，相对湿度为50%～60%，温度达35～40℃时，亦能生长繁殖，其耐寒能力较差，温度在0.6℃，仅能生存7 d，0.6～2.2℃时生存不超过11 d。

(5)赤拟谷盗　成虫体长2.5～4.4 mm，扁平长椭圆形，赤褐色，有光泽，触角末端3节膨大呈小锤状。幼虫体长7～8 mm，长圆筒形，每体节骨化部分为淡黄色，其余部分为乳白色，腹末有一黄褐色的尾突(图5-3)。

赤拟谷盗能为害谷类、豆类和油料种子等，尤喜食种子的胚、破碎粒和碎屑粉末。由于赤拟谷盗成虫体内有分腺能分泌臭液，使粮食带有腥臭味，降低食用价值。

赤拟谷盗成虫喜黑暗，有群集性，常群集在包装袋的接缝处或围席的夹缝部位及籽粒碎屑中，这些地方也往往是它们越冬场所。因此使用过的装具、器材及时进行杀虫处理，对于防治赤拟谷盗有一定效果。

赤拟谷盗一年发生4～5代，生长繁殖最适温度为27～30℃。蛹和卵较成虫和幼虫能耐高温，如在45℃时，成虫经7 h，幼虫经10 h死亡，而卵须经14 h，蛹须经20 h才死亡，各虫态在−6.7～3.9℃中经5 d死亡。

(6)锯谷盗　成虫体长2.5～3.5 mm，扁长形，暗赤褐色至黑褐色，无光泽，前胸两侧各有6个锯齿状突起，背板上有3条纵隆脊。幼虫体长3～4 mm，扁平、后半部较粗大，但最末三节又较小，触角末节较长，胸部背面各节有两个近似方形浅灰斑，腹部各节背面横列一个半圆形的浅灰色斑，腹末圆形(图5-4)。

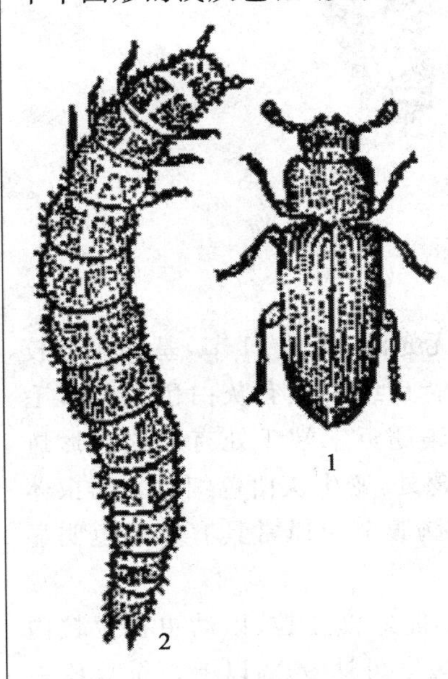

图5-3　赤拟谷盗

1.成虫　2.幼虫

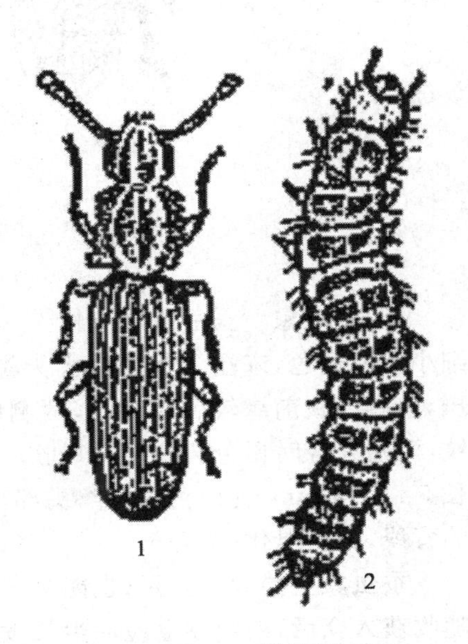

图5-4　锯谷盗

1.成虫　2.幼虫

锯谷盗食性很杂，主要为害稻谷，其次也为害小麦、玉米、油料种子等。它喜食破碎粒，也能咬食完整籽粒外皮及胚。它是仓虫中分布最广、虫口数最大的一种。

锯谷盗一年发生2～5代，以成虫在仓内缝隙中或仓外附近枯树皮、杂物下越冬，它的生育最适温度在30～35℃。抗寒力强，成虫在－15℃条件下可活1 d，－10℃可活3 d，－5℃可活13 d，0℃可活22 d。抗热力较弱，52℃下1 h即死亡。锯谷盗对许多药剂、熏蒸剂的抵抗力很强，所以一般药剂与熏蒸剂对它防治效果不大。近年来用敌百虫防治取得很好杀虫效果，即用0.002 5%的稀释液封闭经48 h可达100%致死效力。

(7)大谷盗　成虫体长6.5～10 mm，为较大的仓虫之一，体形扁平长椭圆形，黑褐色，有光泽，口器与头部连接近似三角形，前胸与鞘翅联合处呈颈状。幼虫体长15～20 mm，扁平，后半部较肥大，体呈灰白色，头部、前胸、背板、铃板、尾突深褐色，腹末有一个较硬的叉状物称为拼叉，头至拼叉各节两侧均长有无色刚毛(图5-5)。

大谷盗食性复杂，除为害稻、麦、玉米、豆类、油料等种子外，还能破坏包装用品和木质器材。成虫、幼虫啮食力均强，甚至会自相残杀。大谷盗一年发生1～2代，若条件不适合时，需经2～3年完成1代。成虫的耐饥、耐寒力均强，都可在籽粒碎屑或包装品及木板缝隙中越冬，温度在4.4～10℃时，能耐饥184 d，在－9 .4～6.7℃时能生存数周，但卵及蛹的抗寒能力较弱。

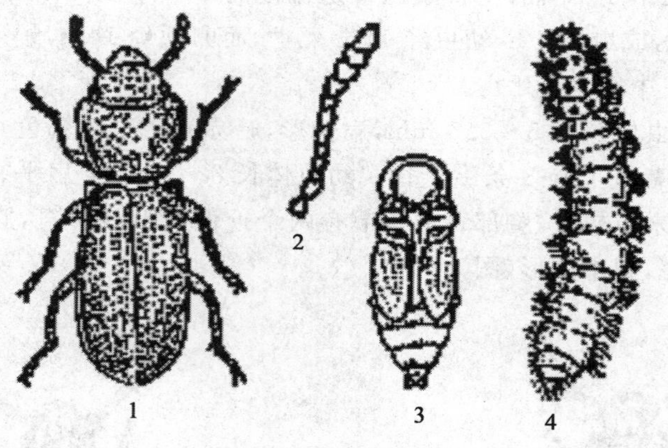

图5-5　大谷盗

1.成虫　2.成虫触角　3.蛹　4.幼虫

(8)蚕豆象　蚕豆象成虫长4～5 mm，近椭圆形，黑色，无光泽，触角11节，基部4节较细小为赤褐色，末端7节较粗大为黑色。头小而隆起，前胸背后缘中央有灰白色三角形毛斑，前胸背板前缘较后缘略狭，两侧中间各有一齿状突起。鞘翅近末端1处有白色弯形斑纹，两翅并合时白色斑纹呈“M”形。腹部末节背面露出在鞘翅处，密生灰白色细毛。幼虫体长5 .5～6 mm，乳白色、肥胖，头部很小和尾部向腹面弯曲，胸腹节上通常具有赤褐色明显的背线，胸足退化(图5-6)。

蚕虫象主要为害蚕豆，也能为害其他豆类，成虫在仓内不能蛀食豆粒，以幼虫在豆粒内随收获入仓后，继续在豆粒内生长发育蛀食豆粒，严重时被害率可达90%以上。蚕豆象一年发生1代，以成虫在豆内或仓内缝隙、包装物越冬为主，少量在田间杂草或砖石下越冬。成虫善飞，有假死性，耐饥力强，能4～5个月不食。

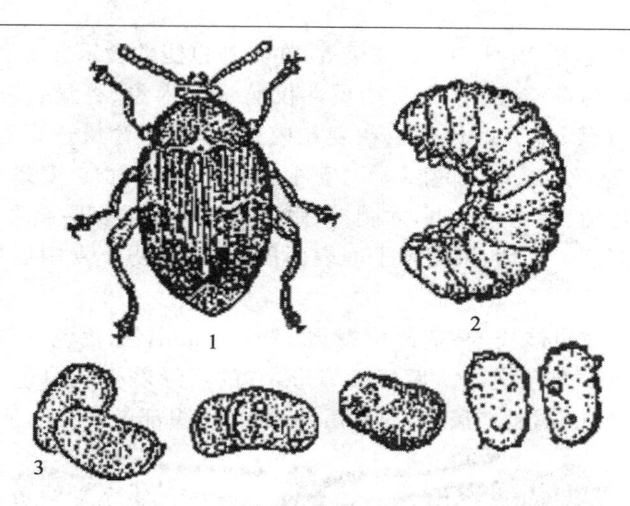

图 5-6 蚕豆象

1.成虫 2.幼虫 3.被害状

(9)豌豆象 成虫极似蚕豆象,主要不同点是:灰褐色、前胸背板后缘中间的白色毛斑近似圆形;鞘翅近末端处的白色毛斑宽阔;腹部露出翅外,外露部分背面有明显的"丫",形白毛斑。幼虫外形似蚕豆象幼虫,但无赤褐色背线(图 5-7)。豌豆象主要为害豌豆,使被害豌豆失去发芽力,重量损失可达 60%。豌豆象的生活习性和越冬场所与蚕豆象相似。

(10)麦蛾 成虫体长 4～6 mm,展翅宽 12～15 mm,生于玉米内的体长可达 8 mm,展翅宽可达 20 mm。头、胸部及足呈银白色略带淡黄褐色,前翅竹叶形,后翅菜刀形,翅的外缘及内缘均生有长的缘毛。腹部灰褐色。幼虫体长 5～8 mm,头部小,淡黄色,其余均为乳白色。有短小胸足三对,腹足退化,仅剩一小突起,末端有微小的褐色趾钩 1～3 个(图 5-8)。

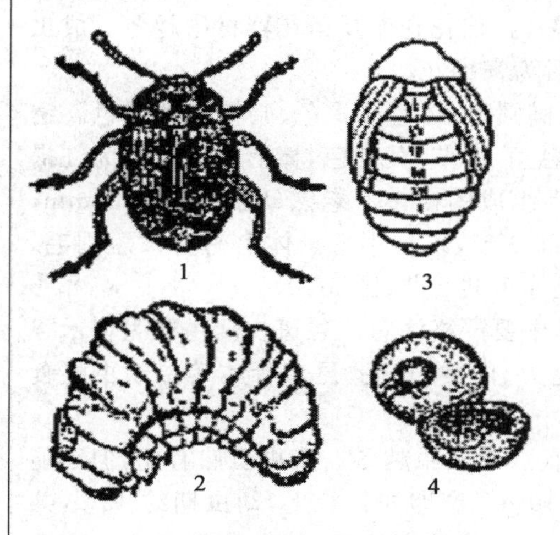

图 5-7 豌豆象

1.成虫 2.幼虫 3.蛹 4.被害状

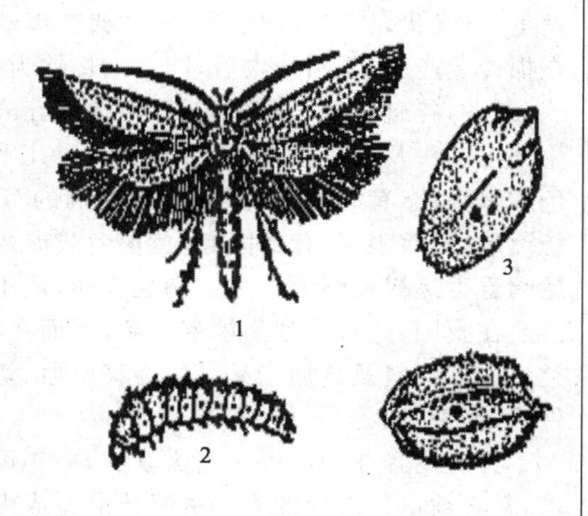

图 5-8 麦蛾

1.成虫 2.幼虫 3.被害状

麦蛾以幼虫为害麦类、稻谷、玉米、高粱等，在野外也能蛀食禾谷类杂草种子。籽粒被害后，常被蛀成空洞，仅剩一空壳，其为害严重性仅次于玉米象、谷蠹。麦蛾一年可发生 4～6 代，河南省可发生 4 代；以第四代幼虫在麦粒内越冬，其生育最适宜温度为 21～35℃，在 10℃ 以下即停止发育，幼虫、蛹、卵在 44℃ 条件下经 6 h 即死亡。麦蛾自卵中孵出后，即钻入籽粒内为害直至化蛹、羽化为成虫，才爬出籽粒内，在种子堆表层或飞到仓房空间交配，再产卵于籽粒上。根据这一特性，采用种子堆表面压盖法，可防止麦蛾成虫交配和产卵，是防治麦蛾有效措施之一。

(11)棉红铃虫　成虫体长 5～7 mm，翅展 12～16 mm，棕褐色。前翅竹叶形，灰白色，翅面上有 4 条不规则的黑色横纹。后翅菜刀形，它的后缘着生灰白色长毛；足末端近黑灰色。幼虫体长 11～13 mm，头棕黑色，前胸盾片黑褐色，腹部各节有红色斑一块(图 5-9)。

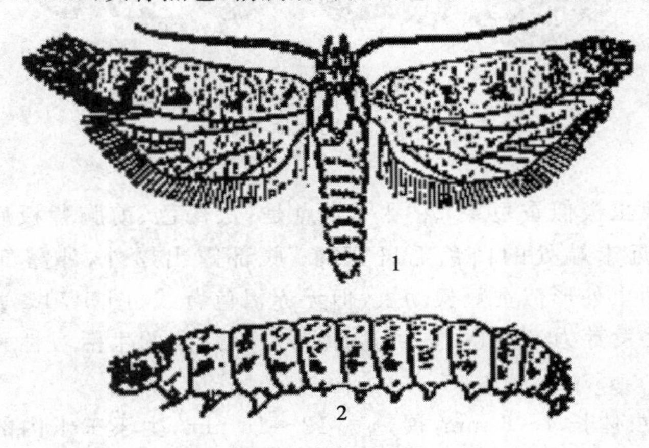

图 5-9　棉红铃虫

1. 成虫　2. 幼虫

棉红铃虫为害棉铃和棉籽。棉红铃虫每年发生代数，因各地气候而异。黄河流域每年发生 2～3 代，长江流域发生 3～4 代。以幼虫在棉籽内、棉花仓库及运花器材中越冬。成虫在棉铃上产卵，孵出幼虫后，即钻入棉铃为害，3 龄后为害棉花。

(12)谷斑皮蠹　成虫体长 2～2.8 mm，体呈长椭圆形，体色红褐色、暗褐或黑褐色。密生细毛。头及胸背板常为暗褐色，有时几乎黑色。触角 11 节，黄褐色，棒形。鞘翅常为红褐色或黑褐色，有时翅上有 2～3 条模糊的黄白色疏毛组成的横带。老熟幼虫体长约 5 mm，纺锤形，向后稍细，背部隆起，黄褐色或赤褐色。腹部 9 节，末节小形。体上密生长短刚毛，尾端着生黑褐色刚毛一丛。胸足 3 对，短小形，每足连爪共 5 节(图 5-10)。

在我国，此虫被列为检疫对象，因而在检疫工作中要严格注意。谷斑皮蠹主要为害禾谷类、豆类、油料及其加工品。也为害干血、奶酪、巧克力、肉类、皮毛、昆虫标本等。幼虫蛀食种子，损失极大。

谷斑皮蠹在印度以小麦为食料，一年可发生 4 代。以幼虫越冬。成虫虽然有翅，但不能飞，它必须依靠人为的力量进行传播。成虫寿命约 10 d。产卵在籽粒上，幼虫期约 42 d，共脱皮 7～8 次。4 龄前的幼虫在谷粒外蛀食，4 龄以后在谷粒内蛀食，幼虫非常贪食。在适宜的条件下，种子堆上层内幼虫数常多于籽粒的数目，幼虫除吃去一部分籽粒外，更多的是将

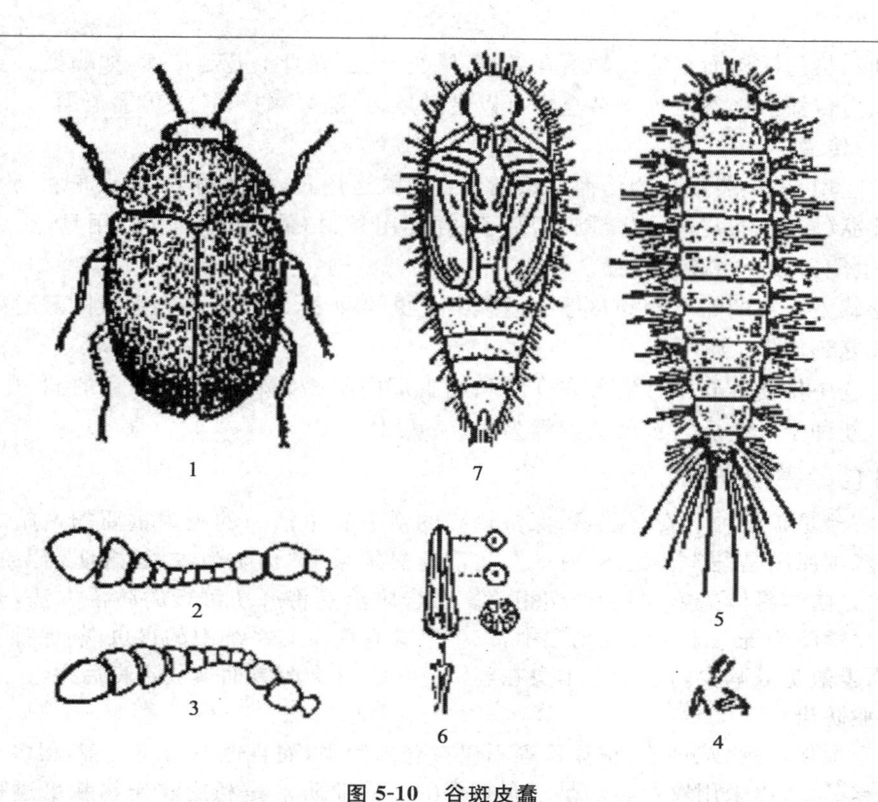

图 5-10 谷斑皮蠹

1.成虫 2.雌成虫触角 3.雄成虫触角 4.卵 5.幼虫 6.幼虫体上箭状毛 7.蛹的腹面

其咬成碎屑。此虫是为害严重和难于防治的一大害虫。

谷斑皮蠹的耐热性及耐寒性都很强。它的最适发育温度为32～36℃。最高发育温度为40～45℃,最低发育温度为10℃。在51℃及相对湿度75%条件下,经过136 min,仅能杀死95%的4龄幼虫,在50℃中经5 h才能杀死其各虫态。在-10℃下,经25 h才杀死50%的1～4龄幼虫。此虫的耐干性也极强,它在含水量只有2%的条件下发育与在12%～13%含水量条件下发育无显著差别,甚至在低于2%时仍能繁殖。此虫的耐饥性也极强,非休眠的幼虫如因食物缺乏而钻入缝隙内以后,可活3年;进入休眠的幼虫可活8年。它的抗药性也很强。

(二)仓库害虫的传播途径

仓库害虫的传播方法与途径是多种多样的。随着人类生产、贸易、交通运输事业的不断发展,仓虫的传播速度更快,途径也更复杂化。为了更好地预防和消灭仓虫,阻止它们的发生和蔓延,有必要了解它们的活动规律和传播途径。仓库害虫的传播途径大致可以分为:

1.自然传播

(1)随种子传播 麦蛾、蚕豆象、豌豆象等害虫当作物成熟时在上面产卵,孵化的幼虫在籽粒中为害,随籽粒的收获而带入仓内,继续在仓中为害。

(2)害虫本身活动的传播 成虫在仓外砖石、杂草、标本、旧包装材料及杂物里隐藏越冬,翌年春天又返回仓里继续为害。

(3)随动物的活动而传播　黏附在鸟类、鼠类、昆虫等身上蔓延传播，如螨类。

(4)风力传播　锯谷盗等小型仓虫可以借助风力，随风飘扬，扩大传播范围。

2.人为传播

(1)贮运用具，包装用具的传播　感染仓虫的贮运用具，如运输工具(火车厢、轮船、汽车等)和包装品(麻袋、布袋等)以及围席、筛子、扦样用具、扫帚、簸箕等仓贮用具，在用来运输及使用时也能造成仓虫蔓延传播。

(2)已感染仓虫的贮藏物的传播　已感染仓虫的种子，农产品在调运及贮藏时感染无虫种子，造成蔓延传播。

(3)空仓中传播　仓虫常潜藏在仓库和加工厂内阴暗、潮湿、通风不良的洞、孔、缝内越冬和栖息，新种子入仓后害虫就会继续为害。

(三)仓库害虫防治

仓虫防治是确保种子安全贮藏，保持较高的活力和生活力的极为重要的措施之一。防治仓虫的基本原则是“安全、经济、有效”，防治上必须采取“预防为主，综合防治”的方针，防是基础，治是防的具体措施，两者密切相关。综合防治是将一切可行的防治方法，尤其是生物防治和化学防治统一于防治计划之中，以便消灭仓库生态系统中的害虫，确保种子的安全贮藏，并力求避免或减少防治措施本身在经济、生态、社会等方面造成不良后果。

1.农业防治

许多仓虫如麦蛾、豌豆象、蚕豆象等不仅在仓内为害，而且也在田间为害，很多仓虫还可以在田间越冬，所以采用农业防治是很有必要的。农业防治是利用农作物栽培过程中一系列的栽培管理技术措施，有目的改变某些环境因子，以避免或减少害虫发生为害，达到保护作物和防治害虫的目的。应用抗虫品种防治仓虫就是一种有效的方法。

2.检疫防治

动植物检疫制度，是防止国内外传入新的危险性仓虫种类和限制国内危险性仓虫外延传播的最有效方法。随着对外贸易的不断发展，种子的进出口也日益增加，随着新品种的不断育成，杂交种的推广，国内各地区间种子的调运也日益频繁，检疫防治也就更具有重大的意义。

3.清洁卫生防治

清洁卫生防治能造成不利于仓虫的环境条件，而利于种子的安全贮藏，可以阻挠、隔离仓虫的活动和抑制其生命力，使仓虫无法生存、繁殖而死亡。清洁卫生防治不仅有防虫与治虫的作用，而且对限制微生物的发展也有积极作用。

清洁卫生防治必须建立一套完整的清洁卫生制度。做到“仓(厂)内六面光，仓(厂)外三不留(垃圾、杂草、污水)”，还应注意与种子接触的工具、机器等物品的清洁卫生。仓(厂)房及临时存放种子的场所内外经清洁、改造、消毒工作后，还要防止仓虫的再度感染，也就是要做好隔离工作。这样也可以把已经发生的仓虫，限制在一定范围内，便于集中消灭。

应做到有虫的和无虫的、干燥的和潮湿的种子分开贮藏。未感染虫害的种子不贮入未消毒的仓库。包装器材及仓贮用具，应保管在专门的器材房里。已被虫害感染的工具包装等不应与未被感染的放在一起，更不能在未感染害虫的仓内和种子上使用。工作人员在离开被仓虫感染的仓库和种子时，应将衣服、鞋帽等加以整理清洁检查后，才可进入其他仓房，以免人为地传播仓虫。

4.机械和物理防治

(1)机械防治　机械防治是利用人力或动力机械设备，将害虫从种子中分离出来，而且还可以使害虫经机械作用撞击致死。经过机械处理后的种子，不仅消除掉仓虫和螨类，而且把杂质除去，水分降低，提高了种子的质量，有利于保管。机械防治目前应用最广的还是过风和筛理两种。

(2)物理防治　物理防治是指利用自然的或人工的高温、低温及声、光、射线等物理因素，破坏仓虫的生殖、生理机能及虫体结构，使之失去生殖能力或直接消灭仓虫。此法简单易行，还能杀灭种子上的微生物，通过热力降低种子的含水量，通过冷冻降低种堆的温度，利于种子的贮藏；高温杀虫法温度对一切生物都有促进、抑制和致死的作用，对仓虫也不例外。通常情况，仓虫在40～45℃达到生命活动的最高界限，超过这个界限升高到45～48℃时，绝大多数的仓虫处于热昏迷状态，如果较长时间地处在这个温度范围内也能使仓虫致死，而当温度升至48～52℃时，对所有仓虫在较短时间内都会致死。具体可采用日光暴晒法和人工干燥法。日光暴晒法也称自然干燥法，利用日光热能干燥种子，此法简易，安全而成本低，为我国广大农村所采用。夏季日照长，温度高，一般可50℃以上，不仅能大大地降低种子水分，而且能达到直接杀虫的目的。

人工干燥法也称机械干燥法。是利用火力机械加温使种子提高温度，达到降低水分，杀死仓虫的目的。进行人工干燥法时必须严格控制种温和加温时间，否则会影响发芽率。据实践经验种子水分在17%以下，出机种温不宜超出42～43℃，受热时间应在30 min以内。如果种子水分超过17%时，必须采用两次干燥法。

低温杀虫法利用冬季冷空气杀虫即为低温杀虫法。一般仓虫处在温度8～15℃以下就停止活动，如果温度降至8～4℃时，仓虫发生冷麻痹，而长期处在冷麻痹状态下就会发生脱水死亡。此法简易，一般适用于北方，而南方冬季气温高所以不常采用。采用低温杀虫法应注意种子水分，种子水分过高，会使种子发生冻害而影响发芽率。一般水分在20%不宜在－2℃下冷冻，18%不宜在－5℃下冷冻，17%不宜在－8℃下冷冻。冷冻以后，趁冷密闭贮藏，对提高杀虫效果有显著作用。在种温与气温差距悬殊的情况下进行冷冻，杀虫效果特别显著，这是因为害虫不能适应突变的环境条件，生理机能遭到严重破坏而加速死亡。具体可采用仓外薄摊冷冻和仓内冷冻杀虫方法。仓外薄摊冷冻做法是在寒冷晴朗的天气，气温必须在－5℃以下，在下午5时以后，将种子出仓冷冻，摊晾厚度以6.5～10 cm为宜；如果在－5～10℃，只要冷冻12～24 h即可达到杀虫效果。进仓时最好结合过筛，除虫效果更好。有霜天气应加覆盖物，以防冻害。仓内冷冻杀虫做法是在气温达－5℃以下时，将仓库门窗打开，使干燥空气在仓内对流，同时翻动种子堆表层，使冷空气充分引入种子堆内，提高冷冻杀虫效果。

物理防治的方法还有电离辐射、光能灭虫、声音治虫、臭氧杀虫等。这些方法在种子上的应用还有待于进一步的探讨。

5.化学药剂防治

利用有毒的化学药剂破坏害虫正常的生理机能或造成不利于害虫和微生物生长繁殖的条件，从而使害虫和微生物停止活动或致死的方法称化学药剂防治法。此法有高效、快速、经济等优点。由于药剂的残毒作用，还能起到预防害虫感染的作用。化学药剂防治法虽有较大的优越性，但使用不当，往往会影响种子播种品质和工作人员的安全(如作粮食用时受到污染而影响人体健康)；因此，此法只能作为综合防治中的一项技术措施。

化学药剂防治所用的药剂种类较多，现将常用的几种药剂使用方法介绍于下：

(1)磷化铝

①理化性　磷化铝化学分子式为 AlP，是一种灰白色片剂或粉剂，能从空气中吸收水汽而逐渐分解产生磷化氢。化学反应式如下：

$$\underset{\text{磷化铝}}{AlP}+\underset{\text{氨基甲酸铵}}{NH_2COONH_4}+\underset{\text{水}}{3H_2O}\longrightarrow\underset{\text{氢氧化铝}}{Al(OH)_3}+\underset{\text{磷化氢}}{PH_3\uparrow}+\underset{\text{二氧化碳}}{CO_2\uparrow}+\underset{\text{氨}}{2NH_3\uparrow}$$

磷化氢分子(PH_3)是一种无色剧毒气体，有乙炔气味。气体密度为 1.183，略重于空气，但比其他熏蒸气体较轻。它的渗透性和扩散性比较强，在种子堆内的渗透深度可达 3.3 m 以上，而在空间扩散距离可达 15 m 远，所以使用操作较为方便。磷化氢气体易自燃，当每升体积中磷化氢浓度超过 26 mg 便会燃烧，有时还会有轻微鸣爆声。发生自燃的原因，主要是药物投放过于密集，磷化氢产生量大，或者空气湿度大有水滴，使反应加速，产生磷化氢多。其中形成少量不稳定的双磷(P_2H_4)，遇到空气中的氧气发生火花。磷化氢燃烧后产生无毒的物质五氧化二磷(P_2O_5)，药效降低。如果周围有易燃物品，容易酿成火灾，所以投药时应予注意。为了预防磷化氢燃烧，在制作磷化铝片剂时，通常掺放一定比例的氨基甲酸铵和其他辅助物。氨基甲酸铵潮解后产生氨和二氧化碳气体，能起辅助杀虫作用，同时还可起到防止磷化氢自燃的目的。

②用药量及使用方法　磷化铝片剂每片约重 3 g，能产生磷化氢气体 1 g。磷化铝片剂用药量种堆为 6 g/m^3，空间为 3～6 g/m^3，加工厂或器材为 4～7 g/m^3。磷化铝粉剂用药量种堆为 4 g/m^3，空间为 2～4 g/m^3，加工厂或器材为 3～5 g/m^3。投药时应分别计算出实仓用药量和空间用药量，二者相加之和即为该仓总用药量。投药后，一般密闭 3～5 d，即可达到杀虫效果，然后通风 5～7 d 排除毒气。

投药方法分包装和散装两种。包装种子在包与包之间的地面上，先垫好宽 15 cm 的塑料布或铁皮板再投药，以便收集药物残渣。散装种子投在种子堆上面，与上述同样要求垫好塑料布或铁皮板，将药物散放在上面即可。

磷化氢的杀虫效果决定于仓库密闭性能和种温。仓库密闭性好，杀虫效果显著，反之效果差，毒气外逃还会引起中毒事故。所以投药后不仅要关紧门窗，还要糊 3～5 层纸张将门窗封死。温度对气体扩散力影响较大，温度越高，气体扩散越快，杀虫效果越好。如果温度较低，则应适当延长密闭时间。通常是当种温在 20℃ 以上时，密闭 3 d。种温在 16～20℃ 时，密闭 4 d。种温在 12～15℃ 时，则要密闭 10 d。

③注意事项

第一，磷化氢为剧毒气体，很容易引起人体中毒，使用时要特别注意安全。磷化铝一经暴露在空气中就会分解产生磷化氢，因此，开罐取药前必须戴好防毒面具，切勿大意。

第二，为防止发生自燃，须做到分散投药，每个投药点的药剂不能过于集中，每次投药片剂不超过 300 g，粉剂不超过 200 g。粉剂应薄摊均匀，厚度不宜超过 0.5 cm 以上。

第三，药物不能遇水，也不能投放在潮湿的种子或器材上，否则也会自燃。

第四，为提高药效和节省药物，可在种子堆外套塑料帐幕以减少空气。但是帐幕不能有漏气的孔洞。

第五，种子含水量过高时进行熏蒸易产生药害，会影响种子的发芽率。磷化氢熏蒸对种子水分的要求可见表5-1。

表5-1 磷化氮熏蒸时种子水分的上限 %

作物	水分
芝麻	7.5
油菜	8
花生果	9
棉籽	11
高粱、蚕豆、绿豆、小麦、籼稻、荞麦	12.5
大豆	13
大麦、玉米	13.5
粳稻	14

(2)防虫磷　原名马拉硫磷，化学分子式为 $C_{10}H_{19}O_6PS_2$。这里指的是一种原药纯度在95%以上含量为70%的马拉硫磷乳剂，为区别于低纯度的农用马拉硫磷而改名为防虫磷。使用剂量为20～30 mg/kg，0.5 kg防虫磷约可处理种子17 500 kg。处理的种子经过半年以后，其浓度可降到卫生标准8 mg/kg以下，对人体十分安全，是目前防治害虫中属于高效低毒的药剂。

使用方法分载体法和喷雾法两种。载体法是将防虫磷乳剂原液拌和在其他物体上，简称载体(通常用谷壳或麦壳作载体)。用载有防虫磷的谷壳拌入种子内就能起到防治害虫的作用。谷壳与药剂配比是：每50 kg干谷壳加入1.5 kg含量为70%的防虫磷，或每15 kg谷壳加入同浓度的防虫磷0.5 kg均可。每0.5 kg载体谷壳可处理种子1 kg，如果种子重量超过500 kg，可按此比例增加载体谷壳。处理时可将载体与全部种子拌和，或将载体与上层厚度为30 cm的种子拌和，其用量都需根据种子实际重最计算。喷雾法是将防虫磷乳剂原液用超低量喷雾器以20～30 mg/kg剂量直接喷在种子上，边喷边拌，要拌和均匀。与载体法一样，可以处理全部种子或处理上层部位30 cm厚的种子层。

以上方法处理种子，一般在6个月内不会生虫，防虫效果以全部处理较下层处理为好，载体法又比喷雾法为好。如果与磷化铝配合使用效果更好，在磷化铝熏蒸之后，再以载体法处理上层种子，则可延长防虫期3～6个月。

必须注意，防虫磷是一种防护剂，主要用于防虫，虫口密度在每千克1头以下，处理效果显著，害虫大量发生时处理效果不很显著。所以，使用防虫磷应该在种子入库的同时随即处理为好；防虫磷以原液随用随配为好，不宜加水稀释。载体不宜放在高温下暴晒，以免降低药效；种子水分多少是影响药效的重要因素之一，所以处理的种子必须保持干燥。

(3)敌敌畏　敌敌畏是敌百虫经强碱处理制成，属有机磷制剂、分子式为 $C_4H_7O_4Cl_2P$。具有胃毒、触杀和熏蒸作用。目前常用的有效成分为50%和80%两种，原液为无色油状液体，略有芳香气味，挥发性较强，遇水后逐步分解，在碱性溶剂中分解较快，因此在使用时必须随配随用，切忌与碱性物质混用，以免降低药效。

敌敌畏用于空仓消毒可用熏蒸和喷雾两种方法。据广东省粮科所试验报告：用布条悬挂法以80%敌敌畏200 mg/m³(0.2 mg/L)的剂量，在20℃温度条件下，熏蒸12 h，可熏死米象、谷象、拟谷盗、大补盗、黑菌虫、长角谷盗、锯谷盗、麦蛾、地中海螟蛾等多种害虫，效果达100%。而采用喷雾法可减少用药量，只需用24 mg/m³(0.24 mg/L)的剂量，经90 min，可全部杀死相当密度的地中海螟蛾、赤拟谷盗等害虫。空仓可用悬挂和高峰诱杀两种方法。据浙江省余杭粮管所仓内试验。采用上述两法防治麦蛾、米象等害虫，效果可达95%以上，其体方法是：悬挂法一般用80%敌敌畏，喷洒在麻袋片上(在仓外操作)，以喷湿为度，然后将麻袋片悬挂在仓内绳索上，密闭72 h，即可达到杀虫效果。高峰诱杀法是先将米糠炒香，将80%敌敌畏拌入，以手捏成形为度(约250 g敌敌畏拌1 000 g米糠)。用此诱饵一小撮放在仓内以种子叠起来的峰尖上，然后把门窗密闭起来，害虫食后大部分死在峰尖附近，经3～5 d后即可清除。

使用时应注意，敌敌畏对人体有毒害作用，使用时必须注意安全；绝对防止药剂与种子接触，避免污染而影响种子生活力；清理时应将诱饵和接触到诱饵的部分种子去除销毁，以免家禽吸食中毒。

粮食杀虫药剂除上述几种外，还有氯化苦、磷化锌、溴甲烷、二氯乙烷、氢氰酸、二硫化碳等，有的因对种子发芽率影响较大，不宜采用，有的应用麻烦已较少使用。

二、种子微生物及其控制

种子微生物是寄附在种子上的微生物的通称，其种类繁多，它包括微生物中的一些主要类群：细菌、放线菌、真菌类中的霉菌、酵母菌和病原真菌等，其中和贮藏种子关系最密切的主要是真菌中的霉菌，其次是细菌和放线菌。

(一)种子微生物区系

种子微生物区系是指在一定生态条件下，存在于种子上的微生物种类和成分。种子上的微生物区系因作物种类、品种、产区、气候情况和贮藏条件等的不同而有差异。据分析每克种子常带有数以千计的微生物，而每克发热霉变的种子上寄附着的霉菌数目可达几千万以上。

各种微生物和种子的关系是不同的，大体可以分附生、腐生和寄生三种。但大部分是以寄附在种子外部为主，且多属于异养型，由于它们不能利用无机型碳源，无法利用光能或化能自已制造营养物质，必须依靠有机物质才能生存。所以粮食和种了就成了种子微生物赖以生存的主要生活物质。

种子微生物区系，从其来源而言可以相对地概括为田间(原生)和贮藏(次生)两类。前者，主要指种子收获前在田间所感染和寄附的微生物类群，其中包括附生、寄生、半寄生和一些腐生微生物；后者主要是种子收获后，以各种不同的方式，在脱粒、运输、贮藏及加工期间，传播到种子上来的一些广布于自然界的霉腐微生物群。因此，与贮藏种子关系最为密切的真菌，也相应地分为两个生态群，即田间真菌和贮藏真菌。

田间真菌一般都是湿生性菌类，生长最低湿度约在90%以上，谷类种子水分在20%以上，其中小麦水分则为23%以上。它们主要是半寄生菌，其典型代表是交链孢霉，广泛地寄生在禾谷类种子，以及豆科、十字花科等许多种子中，寄生于种子皮下，形成皮下菌丝。当种子收获入仓后，其他贮藏真菌侵害种子时，交链孢霉等便相应地减少和消亡。这种情况往往表明种子生活力的下降或丧失，所以交链孢霉等田间真菌的存在及其变化同附生细菌的变化一样，可以作为判断种子新鲜程度的参考。显然，田间真菌是相对区域性概念，包括一切能在田间感染种子的真菌。但是一些霉菌，虽然是典型的贮藏真菌，却可以在田间危害种子。如黄曲霉可在田间感染玉米和花生，并产生黄曲霉毒素进行污染。

贮藏真菌大都是在种子收获后感染和侵害种子的腐生真菌，其中主要的是霉菌。凡能引起种子霉腐变质的真菌，通常称为霉菌。这类霉菌很多，近30个称菌属，但危害最严重而且普遍的是曲霉和青霉，它们所要求的最低生长湿度都在90%以下，一些干生性的曲霉可在65%～70%时生长，例如灰绿曲霉、局限曲霉可以在低水分种子上缓慢生长，可损坏胚部使种子变色，并为破坏性更强的霉菌提供后继危害的条件，白曲霉和黄白霉的为害，是导致种子发热的重要原因。棕曲霉在我国稻、麦、玉米等种子上的检出率都不高。在微生物学检验中，如棕曲霉的检出率超过5%，则表明种子已经或正在变质。青霉可以杀死种子，使粮食变色，产生霉臭，导致种子早期发热，“点翠”生霉和霉烂。

种子微生物区系的变化，主要取决于种子含水量，种堆的温湿度和通气状况等生态环境以及在这些环境中，微生物的活动能力。新鲜的种子，通常以附生细菌为最多，其次是田间真菌，而霉腐菌类的比重很小，在正常情况下，随着种子贮藏时间的延长，其细菌逐渐降低，其菌相将会被以曲霉、青霉、细球菌为代表的霉腐微生物取而代之。芽孢杆菌和放线菌在陈种子上，有时也较为突出。贮藏真菌增加愈多，而田间真菌则减少或消失愈快，种子的品质也就愈差。在失去贮藏稳定性的粮食和种子中，微生物区系的变化迅速而剧烈，以曲霉、青霉为代表的霉腐菌类，迅速取代正常种子上的微生物类群，旺盛地生长起来，大量地繁殖，同时伴有种子发热、生霉等一系列种子劣变症状的出现。

(二)种子主要的微生物种类

1.霉菌

种子上发现的霉菌种类较多，大部分寄附在种子的外部，部分能寄生在种子内部的皮层和胚部。许多霉菌属于对种子破坏性很强的腐生菌，但对贮藏种子的损害作用不相同，其中以青霉属和曲霉属占首要地位，其次是根霉属、毛霉属、交链孢属、镰刀菌属等。

(1)青霉属　青霉在自然界中分布较广，是导致种子贮藏期间发热的一种最普遍的霉菌。青霉分41个系，137个种和4个变种，有些菌系能产生霉素，使贮藏的种子带毒。根据在小麦、稻谷、玉米、花生、黄豆、大米上的调查结果，在贮藏种子上危害的主要种类有橘青霉、产黄青霉、草酸青霉和圆弧青霉。

该属菌丝具隔膜，无色、淡色或鲜明颜色。气生菌丝密生，部分结成菌丝束。分生孢子梗直立，顶端里带状分枝，分枝顶部小梗瓶状，瓶状小梗顶端的分生孢子链状。分生孢子因种类不同，有圆形、椭圆形或卵圆形。

此类霉菌在种子上生长时，先从胚部侵入，或在种子破损部位开始生长，最初长出白色斑点，逐渐丛生白毛(菌丝体)，数日后产生青绿色孢子，因种类不同而渐转变成青绿、灰绿或黄绿色，并伴有特殊的霉味。

青霉分解种子中有机物质的能力很强,能引起种子“发热”、“点翠”。有些青霉能引起大米黄变,故称为大米黄变菌,多数青霉为中生性,孢子萌发的最低相对湿度在80%以上,但有些能在低温下生长,适宜于在含水量15.6%～20.8%的种子上生长,生长适宜温度一般为20～25℃;纯绿青霉可在−3℃左右引起高水分玉米胚部点翠而霉坏。因此,青霉是在低温下,对种子危害较大的重要菌类:青霉均属于好氧性菌类。

(2)曲霉属　曲霉广泛存在于各种种子和粮食上,是导致种子发热霉变的主要霉菌,腐生性强,除能引起种子发病变质外,有的种类还能产生毒素,如黄曲霉毒素对人畜有致病作用。曲霉属分18个群,包括132个种和18个变种。

据报道,在主要作物种子上分布较多的是灰绿曲霉、阿斯特丹曲霉、烟曲霉、黑曲霉、白曲霉、黄曲霉和杂色曲霉。

曲霉菌丝有隔。有的基部细胞特化成厚壁的“足细胞”,其上长出与菌丝略呈垂直的分生孢子梗,孢子梗顶端膨大成顶囊。顶囊上生着1～2个小梗,小梗顶端产生念珠状的分生孢子链。分生孢子呈球形、椭圆形、卵圆形等,因种类而异。由顶囊、小梗及分生孢子链所构成的锥体称为分生孢子头或曲霉穗,是曲霉属的基本特征。有些种的有性生殖,产生壁薄的闭囊壳。在种子上菌落呈绒状,初为白色或灰白色,后来因菌种不同,在上面生成乳白、黄绿、烟灰、灰绿、黑色等粉状物。不同种类的曲霉,生活习性差异很大,大多数曲霉属于中温性,少数属高温性。白曲霉、黄白霉等的生长适温度为25～30℃,黑曲霉的生长适宜温度为37℃,而烟曲霉嗜高温,其生长适温为37～45℃,45℃以下仍能生长,常在发热霉变中后期大量出现,促进种温的升高和种子败坏。

对水分的要求,大部分曲霉是中生性的。还有一些是干生性的,孢子萌发最低相对湿度,灰绿曲霉群仅为62%～71%,白曲霉为72%～76%,局限曲霉为75%左右,杂色曲霉为76%～80%。黄曲霉等属于中湿性菌,孢子萌发的最低相对湿度为80%～86%。黑曲霉等属于近湿性菌,孢子萌发的最低相对湿度为88%～89%。

灰绿曲霉能在低温下,危害低水分种子。白曲霉易在水分14%左右的稻谷上生长。黑曲霉易在水分18%以上的种子上为害,它具有很强的分解种子有机质的能力,产生多种有机酸,使籽粒脆软,发灰,带有浓厚的霉酸气味。黄曲霉对水分较高的麦类、玉米和花生易于危害,当花生仁水分9%以上,温度适宜便可在其上发展。它有很强的糖化淀粉的能力,使籽粒变软发灰,常具有褐色斑点和较重的霉酸气味。曲霉是好氧菌,但少数能耐低氧。

(3)根霉属　根霉菌是分布很广的腐生性霉菌,大都有不同程度的弱寄生性,常存在于腐败食物、谷物、薯类、果蔬及贮藏种子上,其代表菌类有葡枝根霉、米根霉和中华根霉。葡枝根霉异名黑根霉是主要的隶属于真菌的接合菌亚门。

根霉菌丝无隔膜,营养菌丝产生匍匐菌丝,匍匐菌丝与基物接触处产生假根,假根相对处向上直立生成孢囊梗,孢囊梗顶端膨大成孢子囊,基部有近球形的囊轴。孢子囊内形成孢囊孢子。孢囊孢子球形或椭圆形。有性生殖经异宗配合形成厚壁的接合孢子。

在种子上菌落菌丝茂盛呈絮状,生长迅速,初为白色,渐变为灰黑色,表面生有肉眼可见的黑色小点。根霉菌喜高温,孢子萌发的最低相对湿度为84%～92%。生长温度为中温性,匍枝根霉的生长适温为26～29℃,米根霉和中华根霉的生长适温为36～38℃。

根霉菌都是好氧菌，但有的能耐低氧。然而在缺氧条件下不能生长或生长不良，如在缺氧储藏中，当水分过高或出现粮堆内部结露时则可能出现所谓“白霉”，即只生长白色菌丝而不产生孢子的米根霉等耐低氧的霉菌。

根霉具有很强的分解果胶和糖化淀粉的能力。有的类群，如米根霉、中华根霉具有酒精发酵的能力。根霉在适宜条件下，生长迅速，能很快地导致高水分种子霉烂变质，其作用与毛霉相似。黑根霉又是甘薯软腐病的病原菌，能使病薯软腐，是鲜甘薯的一大贮藏病害。

(4)毛雷属　毛霉菌广泛分布在土壤中及各种腐败的有机质上，在高水分种子上普遍存在。该菌隶属于真菌的接合菌亚门。为害贮藏种子的主要代表菌为总状毛霉。

毛霉菌丝无隔膜，菌丝上直接分化成孢囊梗，孢囊梗以单轴式产生不规则分枝。孢子囊生于每个分枝的顶端，球形浅黄色至黄褐色，内生卵形至球形孢囊孢子。囊轴球形或近卵形。有性生殖经异宗配合产生接合孢子。

该菌明显特征是在菌丝体上形成大量的厚垣孢子。种子上菌落疏松絮状，初为白色，渐变成灰色或灰褐色。该菌为中温、高湿性，生长最适宜的温度为20～25℃，生长最低相对湿度为92%。好氧菌，有些类群具耐低氧性，在缺氧条件下可进行酒精发酵。具有较强的分解种子中的蛋白质、脂肪、糖类的能力。潮湿种子极易受害，而使种子带有霉味或酒酸气，并有发热、结块等现象。

(5)交链孢霉属　也称链格孢霉，是种子田间微生物区系中的重要类群之一，是新鲜贮种中常见的霉菌。隶属于真菌的半知菌亚门，其主要代表菌为细交链孢霉。

菌丝有隔，无色至暗褐色。分生孢子梗自菌丝生出，单生或成束，多数不分枝。分生孢子倒棍棒形，有纵横隔膜，呈链状着生在分生孢子梗顶端。种子上菌落绒状，灰绿色或褐绿色至黑色。交链孢霉菌嗜高湿、中温性、好氧。孢子萌发最低相对湿度为94%左右，在相对湿度100%时可大量发展。其菌丝常潜伏在种皮下，尤以谷类籽粒中较多。通常对贮藏种子无明显危害。当其他霉腐微生物浸入种粒内部时，它的菌丝则因拮抗作用而衰退或死亡，故它的大量存在，往往与种子生活力强和发芽率高相联系。

(6)镰刀菌属　镰刀菌分布广泛，种类很多，是种子田间微生物区系中的重要霉菌之一。许多种镰刀菌可引起植物病害和种子病害，在水分较高的条件下，能使种子霉变变质，破坏种子发芽力以及产生毒素，使种子带毒。此外，一些镰刀菌也是人畜的致病苗。隶属于真菌的半知菌亚门，其主要代表菌为禾谷镰刀菌。镰刀菌菌丝无色至鲜明红色，具分隔。大部分生孢子镰刀形或纺锤形，稍弯曲，端部尖，具多个分隔。小型分生孢子卵形、椭圆形，有1～2个发隔膜，无色，聚集时呈浅粉红色。菌落絮状、绒状或粉状。初为白色，后变为粉红色，橙红或砖红色。

镰刀菌多数是中温性，少数是低温性。孢子萌发的温度范围为4～32℃，大多数生长适宜为23～28℃。孢子萌发的最低相对湿度为80%～100%。它是在低温下，导致高水分种子霉变的重要霉菌之一。

2.细菌

细菌是种子微生物区系中的主要类群之一。种子上的细菌主要是球菌和杆菌。其主要代表菌类有芽孢杆菌属、假单孢杆菌属和微球菌属等类群中的一些种，种子上的细菌，多数为附生细菌，在新鲜种子上的数量约占种子微生物总量的80%～90%，一般对贮藏种子无明显为害。但随贮藏时间的延长，霉菌数量的增加，其数量逐渐减少。有人认为分析这些菌的多少可作为判断种子新鲜程度的标志。陈粮或发过热的粮食上,腐生细菌为主。它们主要是芽孢杆菌属和微球菌属。种子上细菌的数量超过霉菌,但在通常情况下对引起贮藏种子的发热霉变不如霉菌严重,原因是细菌一般只能从籽粒的自然孔道或伤口侵入,限制了它的破坏作用。同时细菌是湿生性的,需要高水分的环境。

3. 放线菌和酵母菌

放线菌属于原核微生物。大多数菌体是由分枝菌丝所组成的丝状体,以无性繁殖为主,在气生菌丝顶端形成孢子丝。孢子丝有直、弯曲、螺旋等形状,放线菌主要存在于土壤中,绝大多数是腐生菌,在新收获的清洁种子上数量很少,但在混杂有土粒的种子以及贮藏后期或发过热的种子上数量较多。

种子上酵母菌数量很少,偶然也有大量出现的情况,通常对种子品质并无重大影响,只有在种子水分很高和霉菌活动之后,才对种子具有进一步的腐解作用。

(三)微生物对种子生活力的影响

农作物种子在良好的保管条件下,一般在几年内能保持较高的生活力,而在特殊的条件下(即低温、干燥、密闭)却能在几十年内仍保持其较高的生活力。然而在保管不善时,就会使种子很快地失去生活力。种子丧失生活力的原因有很多,但是其中重要因素之一是受微生物的侵害。微生物浸入种子往往从胚部开始,因为种子胚部的化学成分中含有大量的亲水基,如 OH、—CHO、COH 、—NH、—SH 等,所以胚部水分远比胚乳部分为高,而且营养物质丰富,保护组织也较薄弱。胚部是种子生命的中枢,一旦受到微生物危害,其生活力随之降低。

不同的微生物对种子生活力的影响也不一样。许多霉菌,如黄曲霉、白曲露、灰绿曲霉、局限曲霉和一些青霉等对种胚的伤害力较强。在种子霉变过程中,种子发芽率总是随着霉菌的增长和种子霉变程度的加深而迅速下降,以致完全丧失。

微生物引起种子发芽力降低和丧失的原因主要是,一些微生物可分泌毒素,毒害种子;微生物直接侵害和破坏种胚组织;微生物分解种子形成各种有害产物,造成种子正常生理活动的障碍等。此外,在田间感病的种子,由于病原菌为害,大多数发芽率很低,即使发芽,在苗期或成株期也会再次发生病害。

(四)微生物与种子霉变

微生物在种子上活动时,不能直接吸收种子中各种复杂的营养物质,必须将这些物质分解为可溶性的低分子物质,才能吸收利用而同化。所以,种子霉变的过程,就是微生物分解和利用种子有机物质的生物化学过程。一般种子都带有微生物,但不一定就会发生霉变,因为除了健全的种子对微生物的为害具有一定的抗御能力外,贮藏环境条件对微生物的影响是决定种子是否质变的关键。环境条件有利于微生物活动时,霉变才可能发生。种子霉变是一个连续的统一过程,也有着一定的发展阶段。其发展阶段的快慢,主要由环境条件,特别是温度和水分对微生物的适宜程度而定。快者一般数天,慢者数周,甚至更长时间方能造成种子霉烂。

由于微生物的作用程度不同,在种子霉变过程中,可以出现各种症状,如变色、变味、发热、生霉以及腐烂等。其中某些症状出现与否,决定于种子霉变程度和当时贮藏条件。如种子(特别是含水量高时)霉变时,常常出现发热现象,但如种子堆通风良好,热量能及时散发,而不大量积累,种子虽已严重霉变,也可不出现发热现象。种子霉变,一般分为三个阶段:初期变质阶段,中期生霉阶段,后期霉烂阶段。

1.初期变质阶段

初期变质阶段是微生物与种子建立腐生关系的过程。种子上的微生物在环境适宜时便活动起来,利用其自身分泌的酶类开始分解种子,破坏籽粒表面组织,而浸入内部,导致种子的"初期变质"。此阶段可能出现的症状有:种子逐渐失去原有的色泽,接着变灰发暗;发出轻微的异味;种子表面潮退,有"出汗"、"返潮"现象,散落性降低,用手插入种堆有湿涩感;籽粒软化,硬度下降;并可能有发热趋势。

2.中期生霉阶段

中期生霉阶段是微生物在种子上大量繁殖的过程。继初期变质之后,如种堆中的湿热逐步积累,在籽粒胚部和破损部分开始形成菌落,而后可能扩大到籽粒的一部或全部。由于一般霉菌菌落多为毛状或绒状,所以通常所说种子的"生毛"、"点翠"就是生霉现象。生霉的种子已严重变质,有很重的霉味,具有霉斑,变色明显,营养品质劣变,还可能污染霉菌毒素。生霉的种子因生活力低,不能作为种用外,也不宜食用。

3.后期霉烂阶段

霉烂阶段是微生物使种子严重腐解的过程。种子生霉后,其生活力已大大减弱或完全丧失,种子也就失去了对微生物为害的抗御能力,为微生物进一步为害创造了极为有利的条件,若环境条件继续适宜,种子中的有机物质遭到严重的微生物分解,种子霉烂、腐败,产生霉、酸、腐臭等难闻气息,籽粒变形,成团结块,以至完全失去利用价值。

(五)种子微生物的控制

1.影响微生物活动的主要因子

要控制种子微生物,就须了解影响微生物活动的各种因素。微生物在贮藏种子上的活动主要受贮藏时水分、温度、空气及种子本身的健全程度和理化性质等因素的影响和制约。此外,种子中的杂质含量,害虫以及仓用器具和环境卫生等对微生物的传播也起到相当重要的作用。现将环境条件中几个主要影响因子与微生物的关系分述如下。

(1)种子水分和空气湿度　种子水分和空气湿度是微生物生长发育的重要条件。不同种类的微生物对水分的要求和适应性是不同的。据此可将微生物分为干生性、中生性和湿生性三种类型(表5-2)。几乎所有的细菌都是湿生性微生物,一般要求相对湿度均在95%以上。放线菌生长所要求的最低相对湿度,通常为90%～93%。酵母菌也多为湿生性微生物,它们生长所要求的最低相对湿度范围为88%～96%,但也有部分酵母菌是中生性微生物。植物病原真菌大都是湿生性微生物,只有少数属于中生性类型。霉菌有3种类型,贮藏种子中,为害最大的霉腐微生物都是中生性的,如青霉和大部分曲霉等。干生性微生物几乎都是一些曲霉菌,主要有灰绿曲霉、白曲霉、局限曲霉、棕曲霉、杂色曲霉等。接合菌中的根霉、毛霉等,以及许多半知菌类,则多为湿生性微生物。

不同类型微生物的生长最低相对湿度界限是比较严格的,而生长最适相对湿度则很相近,都以高湿度为宜。在干燥环境中,可以引起微生物细胞失水,使细胞内盐类浓度增高或蛋白质变性,导致代谢活动降低或死亡,大多数菌类的营养细胞在干燥的大气中干化而死亡,造成微生物群体的大量减少。这就是种子贮藏中应用干燥防霉的微生物学原理。

表 5-2 微生物对水分的适应范围 %

微生物类型	生长最低相对湿度	生长最适相对湿度
干生(低湿)性微生物	65～80	95～98
中生(中湿)性微生物	80～90	98～100
湿生(高湿)性微生物	90 以上	接近 100

根据以上所述,采用各种办法降低种子水分,同时控制仓库种子堆的相对湿度使种子保持干燥,可以控制微生物的生长繁殖以达到安全贮藏的目的。一般来说,只要把种子水分降低并保持在不超过相对湿度 65%的平衡水分条件下,便能抑制种子上几乎是全部微生物的活动(以干生性微生物在种子上能够生长的最低相对湿度为依据)。虽然在这个水分条件下还有极少几种灰绿曲霉能够活动,但发育非常缓慢。因此,一般情况下,相对湿度 65%的种子平衡水分可以作为长期安全贮藏界限,种子水分越接近或低于这个界限,则贮藏稳定性越高,安全贮藏的时间也越长。反之,贮藏稳定性越差。

(2)温度　温度是影响微生物生长繁殖和存亡的重要环境因子之一。种子微生物按其生长所需温度可分为低温性、中温性和高温性三种类型(表 5-3)。

表 5-3 微生物对温度的适应范围 ℃

微生物类型	生长最低温度	生长最适温度	生长最高温度
低温性微生物	0 以下	10～20	25～30
中温性微生物	5～15	20～40	45～50
高温性微生物	25～40	50～60	70～80

三种类型的微生物的划分是相对的,也有一些中间类型。微生物生长的最高最低温度界限也随人类对自然的深入探索而有变化。

在种子微生物区系中,以中温性微生物最多,其中包括绝大多数的细菌、霉菌、酵母菌以及植物病原真菌。大部分浸染贮藏种子引起变质的微生物在 28～30℃生长最好。高温性和低温性微生物种类较少,只有少数霉菌和细菌。通常情况下,中温性微生物是导致种子霉变的主角,高温性微生物则是种子发热霉变的后续破坏者,而低温性微生物则是种子低温贮藏时的主要危害者,如在我国北方寒冷地区贮藏的高水分玉米上,往往能看到这类霉菌活动的情况。一般微生物时高温的作用非常敏感,在超过其生长最高温度的环境中,在一定时间内便会死亡。温度越高,死亡速度越快。高温灭菌的机理主要是高温能使细胞蛋白质凝固,破坏了酶的活性,因而杀死微生物。种子微生物在生长最适温度范围以上,其生命活动随环境温度的降低而逐渐减弱,以致受到抑制,停止生长而处于休眠状态。一般微生物对低温的忍耐能力(耐寒力)很强。因此,低温只有抑制微生物的作用,杀菌效果很小。一般情况下,把种温控制在 20℃以下时,大部分侵染种子的微生物的生长速度就显著降低;温度降到 10℃左右时,发育更迟缓,有的甚至停止发育;温度降到 0℃左右时,虽然还有少数微生物能够发育,但大多数则是非常缓慢的。因此,种子贮藏中,采用低温技术具有显著的抑制微生物生长的作用。

在贮藏环境因素中，温度和水分二者的联合作用对微生物发展的影响极大。当温度适宜时，对水分的适应范围较宽，反之则较严；在不同水分条件下微生物对生长最低温度的要求也不同，种子水分越低，微生物繁殖的温度就相应增高，而且随着贮藏时间的延长，微生物能在种子上增殖的水分和湿度的范围也相应扩大。

(3)仓房密闭和通风　种子上带有的微生物绝大多数是好氧性微生物(需氧菌)。引起贮藏种子变质霉变的霉菌大都是强好氧性微生物(如青霉和曲霉等)。缺氧的环境对其生长不利，密闭贮藏能限制这类微生物的活动，减少微生物传播感染以及隔绝外界温湿度不良变化影响的作用，所以低水分种子采用密闭保管的方法，可以提高贮藏的稳定性和延长安全贮藏期。种子微生物一般能耐低浓度的氧气和高浓度的二氧化碳的环境，所以一般性的密闭贮藏对霉菌的生长只能起一定的抑制作用，而不能完全制止霉菌的活动。试验证明，在氧气含量与一般空气相同(20%)条件下，二氧化碳浓度增加到20%～30%时，对霉菌生长没有明显的影响；当浓度达到40%～80%时，才有较显著的抑制作用。霉菌中以灰绿曲霉对高浓度的二氧化碳的抵抗能力最强，在浓度达到79%仍能大量存在。此外，还应该注意到种子上的嫌气性微生物的存在，如某些细菌、酵母菌和毛霉等。在生产实际上，高水分种子保管不当(如密闭贮藏)，往往产生酒精味和败坏，其原因是由于这类湿生性微生物在缺氧条件下活动的结果，所以高水分种子不宜采用密闭贮藏。但种子堆内进行通风也只有在能够降低种子水分和种子堆温湿度的情况下才有利，否则将更加促进需氧微生物的发展。因此，种子贮藏期间做到干燥、低温和密闭，对长期安全贮藏是最有利的。

(4)种子状况　种子的种类、形态结构、化学品质、健康状况和生活力的强弱，以及纯净度和完整度，都直接影响着微生物的生长状况和发育速度。

新种子和生活力强的种子，在贮藏期间对微生物有着较强的抵抗力，成熟度差或胚部受损的种子容易生霉。籽粒外有稃壳和果种皮保护的比无保护的种子不易受微生物浸入，保护组织厚而紧密的种子易于贮藏，所以在相同贮藏条件下，水稻和小麦比玉米易于保管，红皮小麦比白皮小麦的贮藏稳定性高。

贮种的纯度和净度对微生物的影响很大。组织结构、化学成分和生理特性不同的种子混杂一起，即使含杂的量不多也会降低贮藏的稳定性，被微生物浸染后会相互传染。种子如清洁度差，尘杂多，则容易感染微生物，常会在含尘杂多的部位产生窝状发热。这是因为尘杂常带有大量的霉腐微生物，且容易吸湿，使微生物容易发展。此外，同样水分种子，不完整粒多的，容易发热霉变。这是因为完整的种子能抵御微生物的侵害；而破损的种子易被微生物感染。由于营养物质裸露，有利于微生物获得养料，加之不完整籽粒易于吸湿，更利于微生物的生长。

除了以上所述影响微生物活动的因子外，种子微生物之间还存在着互生、共生、寄生和拮抗的关系。

2.种子微生物的控制

(1)提高种子的质量　高质量的种子对微生物的抵御能力较强。为了提高种子的生活力。应在种子成熟时适时收获，及时脱粒和干燥，并认真做好清选工作，去除杂物、破碎粒、不饱满的籽粒。入库时注意，新、陈种子，干、湿种子，有虫、无虫种子及不同种类和不同纯净度的种子分开贮藏，提高贮藏的稳定性。

(2)干燥防霉　种子含水量和仓内相对湿度低于微生物生长所要求的最低水分时，就能抑制微生物的活动。为此，首先种子仓库要能防湿防潮，具有良好的通风密闭性；其次种子入库前要充分干燥，使含水量保持在与相对湿度65%相平衡的安全水分界限以下；在种子贮藏过程中，可以采用干燥密闭的贮藏方法，防止种子吸湿回潮。在气温变化的季节还要控制温差，防止结露，高水分种子入库后则要抓紧时机，通风降湿。

(3)低温防霉　控制贮藏种子的温度在霉菌生长适宜的温度以下，可以抑制微生物的活动。保持种子温度在15℃以下，仓库相对湿度在65%～70%以下，可以达到防虫防霉，安全贮藏的目的。这也是一般所谓"低温贮藏"的温湿度界限。

控制低温的方法可以是利用自然低温，具体做法可以采用仓外薄摊冷冻，趁冷密闭贮藏和仓内通冷风降温(做法可参见低温杀虫法)。如我国北方地区，在干冷季节，利用自然低温，将种子进行冷冻处理，不仅有较好的抑菌作用和一定的杀菌效果，而且可以降水杀虫。此外，目前各地还采用机械制冷，进行低温贮藏。进行低温贮藏时，还应把种子水分降至安全水分以下，防止在高水分条件下，一些低温性微生物的活动。

(4)化学药剂防霉　常用的化学药剂是磷化铝。磷化铝水解生成的磷化氢具很好的抑菌防霉效果。磷化铝的理化性可参见本节"仓虫的化学药剂防治"。根据经验，为了保证防霉效果，种堆内磷化氢的浓度应保持不低于0.2 g/m^3。控制微生物活动的措施与防治仓虫的方法有些是相同的，在实际工作中可以综合考虑应用。如磷化铝是有效的杀虫熏蒸剂，杀虫的剂量足以防霉，所以可以考虑一次熏蒸，达到防霉杀虫的目的。

三、仓库鼠类及其防治

鼠，哺乳动物，有500余种，分布在世界各地，有田鼠、冠鼠、仓鼠、竹鼠等。家鼠与人类关系密切，属于害虫。鼠类是世界上活动能力、繁殖能力最强的哺乳动物之一，对于种子贮藏来讲，鼠类不仅会偷食大量的种子，形成大量破碎种子，而且咬坏种子贮藏设备和包装袋，给种子企业造成巨大的经济损失。

鼠类食量很大，一只体重约30 g的成年褐家鼠每天的采食量约为它体重的1/10，即30 g，全年可吃10 kg种子，100只褐家鼠一年仅偷食种子的量就超过1 t。此外，除直接偷食外，因鼠类、鼠尿等造成种子污染数量可达其偷食量的数倍，并诱发种子微生物大量生长，其危害不可忽视。

(一)种子仓库害鼠主要种类和习性特点

常见的老鼠种类主要有褐家鼠、小家鼠、黄胸鼠等，野外生活的有黑线姬鼠、田鼠等，偶尔也会进入人类活动区域。

1.主要鼠类的识别

(1)褐家鼠　别名大家鼠、沟鼠，俗称大耗子，凡是有人居住的地方，都有该鼠的存在。是广大农村和城镇的最主要害鼠，数量多，为害大。褐家鼠是家栖鼠中较大的一种，体长150～250 mm，体重220～280 g，尾明显短于体长，被毛稀疏，环状鳞片清晰可见。耳短而厚，向前翻够不到眼睛。多数体背毛色呈棕褐色或灰褐色，毛基深灰色，毛尖深棕色。头部和背中央毛色较深，并杂有部分全黑色长毛。体侧毛颜色略浅，腹毛灰白色，与体侧毛色有明显的分界。

外形为中型鼠类，体粗壮，大者可重达250 g。耳壳较短圆，向前拉不能遮住眼部，尾较粗短，成体尾长短于体长，后足较粗长，成体后足长大于28 mm。乳头6对，胸部2对，腹部1对，鼠蹊部3对。背毛棕褐色或灰褐色，年龄愈老的个体，背毛棕色色调愈深。背部白头顶至尾端中央有一些黑色长毛，故中央颜色较暗。股毛灰褐色，略带污白。老年个体毛尖略带棕黄色调。尾二色，上面灰褐色，下面灰白色。尾部鳞环明显，尾背部生有一些褐色细长毛，故尾背部色调较深。前后足背面毛白色。

褐家鼠栖息场所广泛，为家、野两栖鼠种。以室内为主，占80.3%，室外和近村农田分别为14.3%和5.4%。室内主要在屋角、墙根、厨房、仓库、地下道、垃圾堆等杂乱无章的隐蔽处营穴。室外则在柴草垛、乱石堆、墙根、阴沟边、田埂、坟头等处打洞穴居。其洞穴分布为：墙根占67.7%，阴沟占8%，柴草垛占7.1%，田埂占5.4%，其他占11.7%。褐家鼠具有迁移习性，在室内食物缺乏或密度过大时，迁移到农田建造临时洞穴活动为害，但数量不大。同时，迁移与气候、季节、作物生长情况的变化有密切关系，并以此在室内与农田之间进行往返迁移。褐家鼠属昼夜活动型，以夜间活动为主。在不同季节，褐家鼠一天内的活动高峰相近，即16～20时与黎明前。褐家鼠行动敏捷，嗅觉与触觉都很灵敏，但视力差。记忆力强，警惕性高，多沿墙根、壁角行走，行动小心谨慎，对环境改变十分敏感，遇见异物即起疑心，遇到干扰立即隐蔽。褐家鼠在一年中活动受气候和食物的影响，一般在春秋季出洞较频繁，盛夏和严冬相对偏少，但无冬眠现象。在苹果贮藏库，褐家鼠以傍晚和黎明活动较多，机警狡猾，多走熟路，沿墙根、小塑料袋缝隙乱跑，对小包装塑料袋和塑料大棚破坏很大。

褐家鼠繁殖力强，一年可产6～8胎。孕期3周左右，每胎产仔7～10只，多达15只。其繁殖期从1月下旬开始，到12月上旬结束，历时320 d，12月中旬到1月中旬为滞育期。幼鼠产下后3个月左右即达到性成熟，寿命2年左右。褐家鼠食性广而杂，凡是人类所用食物，它都可以取食。嗜食肉类物品及含水分较多的苹果等果品，粮食类食品中喜食小麦、大米等。

(2)小家鼠　小家鼠为鼠科中的小型鼠，体长60～90 mm，体重7～20 g，尾与体长相当或略短于体长。头较小，吻短，耳圆形，明显地露出毛被外。上门齿后缘有一极显著的月形缺刻，为其主要特征。毛色随季节与栖息环境而异。体背呈现棕灰色、灰褐色或暗褐色，毛基部黑色。腹面毛白色、灰白色或灰黄色。尾两色，背面为黑褐色，腹面为沙黄色。四足的背面呈暗色或污白色。

分布很广，遍及全国各地，是家栖鼠中发生量仅次于褐家鼠的一种优势鼠种。种群数量大，破坏性较强。小家鼠是人类伴生种，栖息环境非常广泛，凡是有人居住的地方，都有小家鼠的踪迹。住房、厨房、仓库等各种建筑物、衣箱、橱柜、打谷场、荒地、草原等都是小家鼠的栖息处。小家鼠具有迁移习性，每年3—4月份天气变暖，开始春播时，从住房、库房等处迁往农田，秋季集中于作物成熟的农田中。作物收获后，它们随之也转移到打谷场、粮草垛下，后又随粮食入库而进入住房和仓库。最喜食各种粮食和油料种子，初春也啃食麦苗、树皮、蔬菜等，在苹果贮藏库，昼伏夜出，到处乱窜，对塑料袋小包装、纸箱等破坏性较大。

(3)黄胸鼠　体形中等，比褐家鼠纤细，体长135～210 mm；尾和脚也较纤细，后足长小于35 mm；耳大而薄，向前压可遮住眼部。背毛棕褐色或黄褐色，背中部颜色较体侧深。头部棕黑色，比体毛稍深。腹面呈灰黄色，胸部毛色更黄。重要的识别特征是前足背面中央有一棕褐色斑，周围灰白色。尾的上部呈棕褐色，鳞片发达构成环状。幼鼠毛色较成年鼠深。

2.鼠类的主要习性

(1)繁殖能力超强　鼠类繁殖速度很快，每只雌鼠每年平均繁育44.5只幼鼠加入种群，一对成年鼠一年后会有1.5万只后代。春、秋季是老鼠繁殖生育的旺季，如果食物和藏身条件合适，四季都可繁殖种群。

(2)栖息隐蔽，视觉敏捷　家鼠多在仓库、厨房、鸡舍、猪圈、下水道、地板下掘洞栖息，野生鼠在野外隐蔽处打洞居住。老鼠大多数在夜间活动、觅食，夜间活动的老鼠在很暗光线下能察觉出移动的物体，老鼠认为安全，白天也有活动。老鼠是色盲，分不清颜色，但可在很暗的环境里察觉移动的物体，分辨大小、形状不同的东西。最远距离可达15 m，但视物为灰色，所以用亮黄或亮绿色、红色做毒饵，来减少人类、家禽鸟类取食。

(3)听嗅觉灵敏，记忆性强　老鼠的听觉很敏锐，不但对突然出现的小声音很敏感，还能听到振动(每秒)1.5万次以下的超声波，并发出超声波互相联系，而人和猫却一无所闻。老鼠的嗅觉和味觉也都比较发达，用以确定食物的位置和识别气味作用。它们的触觉相当机敏，胡子和周身硬毛使它们能在黑暗中自由沿墙和洞边活动。老鼠在熟悉的环境中有改变，立即会引起它们的警觉，不敢向前，经反复熟悉后方敢向前。此处受过袭击，它会长时间回避此地。

(4)活动生存能力强　老鼠善于攀登，可从15 m高处跳下而毫发无损。老鼠善于游泳，可潜水30～80 s和在水中漂浮70 h。老鼠善于掘洞，凡可作为隐蔽处的墙角、草丛、杂物堆均可作窝，一般有2～4个洞口，在洞内贮藏大量食物，老鼠可以在−24℃的食品冷库内生存繁殖，也可以在40℃条件下生活。

(5)食性杂，善啃咬　老鼠的食性很杂，爱吃的东西很多，几乎人们吃的东西它都吃，酸、甜、苦、辣全不怕，但最爱吃的是粮食、瓜子、花生和油炸食品。老鼠一生中牙齿可长至13 cm，所以需要不停地啃咬硬物，尤其在不饥饿状态更要啃咬比较硬的家具和门窗、墙壁，一是为了开辟通道，二是为了磨牙。其咬肌发达，咬嚼力强，频率每分钟90次，破坏力相当大。

(二)种子仓库鼠害的主要防治方法

1.加强仓库周边环境治理

一是打扫库房室内外卫生，严格按库房堆码要求堆放，清除垃圾杂物，特别清理鼠咬的种子和墙角、门缝隐蔽场所的鼠粪；二是铲除外围杂草，平整路面，在松软地带种植树木及草皮，消除鼠类隐蔽场所，对外围鼠洞用水泥堵塞；三是重点加强对治本设施的投入，对不符合要求的垃圾站改建成封闭式，垃圾实行袋装化或加盖桶装，定时清理；四是在外环境房屋周围，每隔5～10 m修建一个水泥做的毒饵盒。

2.修补防鼠设施

对库房各场所，在所有通向室内的门窗、下水道、排水沟、通风孔或排气孔、落水管、洞、井盖等处，修建并完善各种防鼠设施，杜绝老鼠进入冷藏库房室内。具体要求是：门、窗要合缝，缝隙要小于6 mm，如是木门结构，要在门下边镶白铁皮30 cm；在下水道、排水沟的末端、通风孔的外侧及落水管两端安装6 mm×6 mm至13 mm×13 mm的防鼠网；用水泥堵塞各种鼠洞及所有通向墙体的管道和电缆线周围的洞隙，更换破损的窖井盖。平时加强对库房防鼠设施的监管，发现破损及时更换。

3.化学药物毒鼠

目前国内常用杀鼠化学药剂有第一代抗凝灭鼠剂杀鼠灵、杀鼠醚、敌鼠钠盐等，第二代抗凝灭鼠剂溴敌隆、大隆等。

(1)毒水诱杀　根据老鼠喜喝水习性，尤其是褐家鼠盗食后迫切需要喝水。利用这一习性，采用0.025%敌鼠钠盐的水溶液，加5%食糖，另加0.1%的伊红、亚甲蓝或苯胺黑作警戒色，置于毒水瓶中，每间仓库投放2～4瓶供其饮用，以毒杀老鼠。

(2)毒饵诱杀　可采用0.005%～0.025%杀鼠灵、0.03%～0.05%杀鼠醚、0.025%敌鼠钠盐、0.005%溴敌隆或0.001%～0.005%大隆与新鲜大米、小麦、玉米粉配成含药有效成分0.1%的毒饵，毒饵配置时可加入少量的糖或食油为引诱剂，同时加入警戒色。诱饵应在库房整个区域(包括办公区和生活区)统一布放。在每个毒饵盒中放20～30 g毒饵，在每间库房边放置毒饵盒5～10个。其他房屋每间2个毒饵盒，屋外墙边5～10 m设置一个毒饵点。

(3)仓库熏蒸　选用专用糊仓纸或薄膜将仓库门窗、天花板、地坪等有孔洞缝隙处进行封闭，然后按60～100 g/万kg种子和2.5～4.0 g/m^{3}空间用磷化铝原粉熏蒸7 d左右，不但可消灭害鼠，而且能较好地防治害虫。磷化铝对人畜有剧毒，使用时要注意安全。

4.物理方法捕鼠

由于种子库房内有足够的食物，有时药物灭鼠效果较差，同时为了保证种子安全，可采用物理灭鼠方法。一是采用捕鼠笼捕鼠。根据房间面积大小，按规定施足鼠笼数量，布放在有鼠道、鼠洞口和鼠粪处，经常活动觅食饮水的地方，捕鼠笼的间距不能太大，对褐家鼠、黄胸鼠以5～6 cm为宜，对小家鼠以1～2 cm为宜，选用诱饵诱惑力要强，常用花生米、新鲜粮食等，引诱老鼠接近捕鼠笼。二是采用粘鼠板捕鼠。在冷藏库房内投放粘鼠板，在鼠道、洞口及鼠活动多的地方放粘鼠板，每5 m一张。

5.生物方法杀鼠

据报道，一只猫一个夏天可灭鼠300只左右。有条件的种子仓库可以通过养猫的方法来抑制老鼠为害。

计 划 单

<table>
<tr><td>学习领域</td><td colspan="5">种子加工贮藏技术</td></tr>
<tr><td>学习情境 5</td><td colspan="3">种子仓库有害生物及其防治</td><td>学时</td><td>1</td></tr>
<tr><td>计划方式</td><td colspan="5">小组讨论、成员之间团结合作共同制订计划</td></tr>
<tr><td>序号</td><td colspan="3">实施步骤</td><td colspan="2">使用资源</td></tr>
<tr><td></td><td colspan="3"></td><td colspan="2"></td></tr>
<tr><td></td><td colspan="3"></td><td colspan="2"></td></tr>
<tr><td></td><td colspan="3"></td><td colspan="2"></td></tr>
<tr><td></td><td colspan="3"></td><td colspan="2"></td></tr>
<tr><td></td><td colspan="3"></td><td colspan="2"></td></tr>
<tr><td></td><td colspan="3"></td><td colspan="2"></td></tr>
<tr><td></td><td colspan="3"></td><td colspan="2"></td></tr>
<tr><td></td><td colspan="3"></td><td colspan="2"></td></tr>
<tr><td></td><td colspan="3"></td><td colspan="2"></td></tr>
<tr><td></td><td colspan="3"></td><td colspan="2"></td></tr>
<tr><td></td><td colspan="3"></td><td colspan="2"></td></tr>
<tr><td>制订计划说明</td><td colspan="5"></td></tr>
<tr><td rowspan="3">计划评价</td><td>班级</td><td></td><td>第　组</td><td>组长签字</td><td></td></tr>
<tr><td>教师签字</td><td colspan="2"></td><td>日期</td><td></td></tr>
<tr><td colspan="5">评语：</td></tr>
</table>

决 策 单

<table>
<tr><td>学习领域</td><td colspan="8">种子加工贮藏技术</td></tr>
<tr><td>学习情境 5</td><td colspan="5">种子仓库有害生物及其防治</td><td>学时</td><td colspan="2">1</td></tr>
<tr><td colspan="9">方案讨论</td></tr>
<tr><td rowspan="7">方案对比</td><td>组号</td><td>任务耗时</td><td>任务耗材</td><td>实现功能</td><td>实施难度</td><td>安全可靠性</td><td>环保性</td><td>综合评价</td></tr>
<tr><td>1</td><td></td><td></td><td></td><td></td><td></td><td></td><td></td></tr>
<tr><td>2</td><td></td><td></td><td></td><td></td><td></td><td></td><td></td></tr>
<tr><td>3</td><td></td><td></td><td></td><td></td><td></td><td></td><td></td></tr>
<tr><td>4</td><td></td><td></td><td></td><td></td><td></td><td></td><td></td></tr>
<tr><td>5</td><td></td><td></td><td></td><td></td><td></td><td></td><td></td></tr>
<tr><td>6</td><td></td><td></td><td></td><td></td><td></td><td></td><td></td></tr>
<tr><td>方案评价</td><td colspan="8">评语：</td></tr>
<tr><td>班级</td><td></td><td>组长签字</td><td></td><td>教师签字</td><td></td><td>日期</td><td colspan="2"></td></tr>
</table>

材料工具清单

<table>
<tr><td>学习领域</td><td colspan="7">种子加工贮藏技术</td></tr>
<tr><td>学习情境 5</td><td colspan="7">种子仓库有害生物及其防治</td></tr>
<tr><td>项目</td><td>序号</td><td>名称</td><td>作用</td><td>数量</td><td>型号</td><td>使用前</td><td>使用后</td></tr>
<tr><td rowspan="7">所用仪器仪表</td><td>1</td><td>投药机</td><td></td><td></td><td></td><td></td><td></td></tr>
<tr><td>2</td><td>捉鼠器</td><td></td><td></td><td></td><td></td><td></td></tr>
<tr><td>3</td><td></td><td></td><td></td><td></td><td></td><td></td></tr>
<tr><td>4</td><td></td><td></td><td></td><td></td><td></td><td></td></tr>
<tr><td>5</td><td></td><td></td><td></td><td></td><td></td><td></td></tr>
<tr><td>6</td><td></td><td></td><td></td><td></td><td></td><td></td></tr>
<tr><td>7</td><td></td><td></td><td></td><td></td><td></td><td></td></tr>
<tr><td rowspan="8">所用材料</td><td>1</td><td>磷化铝</td><td></td><td></td><td>400 kg</td><td></td><td></td></tr>
<tr><td>2</td><td></td><td></td><td></td><td></td><td></td><td></td></tr>
<tr><td>3</td><td></td><td></td><td></td><td></td><td></td><td></td></tr>
<tr><td>4</td><td></td><td></td><td></td><td></td><td></td><td></td></tr>
<tr><td>5</td><td></td><td></td><td></td><td></td><td></td><td></td></tr>
<tr><td>6</td><td></td><td></td><td></td><td></td><td></td><td></td></tr>
<tr><td>7</td><td></td><td></td><td></td><td></td><td></td><td></td></tr>
<tr><td>8</td><td></td><td></td><td></td><td></td><td></td><td></td></tr>
<tr><td rowspan="8">所用工具</td><td>1</td><td>仓虫标本</td><td></td><td></td><td></td><td></td><td></td></tr>
<tr><td>2</td><td>鼠类标本</td><td></td><td></td><td></td><td></td><td></td></tr>
<tr><td>3</td><td></td><td></td><td></td><td></td><td></td><td></td></tr>
<tr><td>4</td><td></td><td></td><td></td><td></td><td></td><td></td></tr>
<tr><td>5</td><td></td><td></td><td></td><td></td><td></td><td></td></tr>
<tr><td>6</td><td></td><td></td><td></td><td></td><td></td><td></td></tr>
<tr><td>7</td><td></td><td></td><td></td><td></td><td></td><td></td></tr>
<tr><td>8</td><td></td><td></td><td></td><td></td><td></td><td></td></tr>
</table>

班级		第　组	组长签字		教师签字	

实　施　单

学习领域	种子加工贮藏技术		
学习情境5	种子仓库有害生物及其防治	学时	2
实施方式	小组合作;动手实践		

序号	实施步骤	使用资源

实施说明:

班级		第　组	组长签字	
教师签字			日期	

作 业 单

<table>
<tr><td>学习领域</td><td colspan="6">种子加工贮藏技术</td></tr>
<tr><td>学习情境 5</td><td colspan="6">种子仓库有害生物及其防治</td></tr>
<tr><td>作业方式</td><td colspan="6">资料查询、现场操作</td></tr>
<tr><td>1</td><td colspan="6"></td></tr>
<tr><td colspan="7">作业解答：</td></tr>
<tr><td>2</td><td colspan="6"></td></tr>
<tr><td colspan="7">作业解答：</td></tr>
<tr><td>3</td><td colspan="6"></td></tr>
<tr><td colspan="7">作业解答：</td></tr>
<tr><td>4</td><td colspan="6"></td></tr>
<tr><td colspan="7">作业解答：</td></tr>
<tr><td>5</td><td colspan="6"></td></tr>
<tr><td colspan="7">作业解答：</td></tr>
<tr><td rowspan="4">作业评价</td><td>班级</td><td></td><td>第　组</td><td></td><td colspan="2"></td></tr>
<tr><td>学号</td><td></td><td>姓名</td><td></td><td colspan="2"></td></tr>
<tr><td>教师签字</td><td></td><td>教师评分</td><td></td><td>日期</td><td></td></tr>
<tr><td colspan="6">评语：</td></tr>
</table>

检 查 单

<table>
<tr><td>学习领域</td><td colspan="4">种子加工贮藏技术</td></tr>
<tr><td>学习情境5</td><td colspan="2">种子仓库有害生物及其防治</td><td>学时</td><td>0.5</td></tr>
<tr><td>序号</td><td>检查项目</td><td>检查标准</td><td>学生自检</td><td>教师检查</td></tr>
<tr><td>1</td><td></td><td></td><td></td><td></td></tr>
<tr><td>2</td><td></td><td></td><td></td><td></td></tr>
<tr><td></td><td></td><td></td><td></td><td></td></tr>
<tr><td></td><td></td><td></td><td></td><td></td></tr>
<tr><td></td><td></td><td></td><td></td><td></td></tr>
<tr><td></td><td></td><td></td><td></td><td></td></tr>
<tr><td></td><td></td><td></td><td></td><td></td></tr>
<tr><td></td><td></td><td></td><td></td><td></td></tr>
<tr><td></td><td></td><td></td><td></td><td></td></tr>
<tr><td></td><td></td><td></td><td></td><td></td></tr>
<tr><td></td><td></td><td></td><td></td><td></td></tr>
<tr><td></td><td></td><td></td><td></td><td></td></tr>
<tr><td></td><td></td><td></td><td></td><td></td></tr>
<tr><td rowspan="3">检查评价</td><td>班级</td><td></td><td>第　组</td><td>组长签字</td></tr>
<tr><td>教师签字</td><td></td><td>日期</td><td></td></tr>
<tr><td colspan="4">评语：</td></tr>
</table>

评 价 单

<table>
<tr><td>学习领域</td><td colspan="6">种子加工贮藏技术</td></tr>
<tr><td>学习情境5</td><td colspan="4">种子仓库有害生物及其防治</td><td>学时</td><td>0.5</td></tr>
<tr><td>评价类别</td><td>项目</td><td colspan="2">子项目</td><td>个人评价</td><td>组内互评</td><td>教师评价</td></tr>
<tr><td rowspan="16">专业能力
(60%)</td><td rowspan="2">资讯
(10%)</td><td colspan="2">搜集信息(5%)</td><td></td><td></td><td></td></tr>
<tr><td colspan="2">引导问题回答(5%)</td><td></td><td></td><td></td></tr>
<tr><td rowspan="3">计划
(10%)</td><td colspan="2">计划可执行度(3%)</td><td></td><td></td><td></td></tr>
<tr><td colspan="2">讨论的安排(4%)</td><td></td><td></td><td></td></tr>
<tr><td colspan="2">检验方法的选择(3%)</td><td></td><td></td><td></td></tr>
<tr><td rowspan="4">实施
(15%)</td><td colspan="2">仪器操作规程(5%)</td><td></td><td></td><td></td></tr>
<tr><td colspan="2">仪器工具工艺规范(6%)</td><td></td><td></td><td></td></tr>
<tr><td colspan="2">检查数据质量管理(2%)</td><td></td><td></td><td></td></tr>
<tr><td colspan="2">所用时间(2%)</td><td></td><td></td><td></td></tr>
<tr><td rowspan="2">检查
(10%)</td><td colspan="2">全面性、准确性(5%)</td><td></td><td></td><td></td></tr>
<tr><td colspan="2">异常的排除(5%)</td><td></td><td></td><td></td></tr>
<tr><td rowspan="3">过程
(10%)</td><td colspan="2">使用工具规范性(2%)</td><td></td><td></td><td></td></tr>
<tr><td colspan="2">检验过程规范性(2%)</td><td></td><td></td><td></td></tr>
<tr><td colspan="2">工具和仪器管理(1%)</td><td></td><td></td><td></td></tr>
<tr><td>结果
(10%)</td><td colspan="2">排除异常(10%)</td><td></td><td></td><td></td></tr>
<tr><td></td><td colspan="2"></td><td></td><td></td><td></td></tr>
<tr><td rowspan="4">社会能力
(20%)</td><td rowspan="2">团结协作
(10%)</td><td colspan="2">小组成员合作良好(5%)</td><td></td><td></td><td></td></tr>
<tr><td colspan="2">对小组的贡献(5%)</td><td></td><td></td><td></td></tr>
<tr><td rowspan="2">敬业精神
(10%)</td><td colspan="2">学习纪律性(5%)</td><td></td><td></td><td></td></tr>
<tr><td colspan="2">爱岗敬业、吃苦耐劳精神(5%)</td><td></td><td></td><td></td></tr>
<tr><td rowspan="2">方法能力
(20%)</td><td>计划能力
(10%)</td><td colspan="2">考虑全面、细致有序(10%)</td><td></td><td></td><td></td></tr>
<tr><td>决策能力
(10%)</td><td colspan="2">决策果断、选择合理(10%)</td><td></td><td></td><td></td></tr>
<tr><td rowspan="3">评价评语</td><td>班级</td><td></td><td>姓名</td><td></td><td>学号</td><td>总评</td></tr>
<tr><td>教师签字</td><td></td><td>第　组</td><td>组长签字</td><td></td><td>日期</td></tr>
<tr><td colspan="6">评语：</td></tr>
</table>

教学反馈单

学习领域	种子加工贮藏技术			
学习情境5	种子仓库有害生物及其防治			
序号	调查内容	是	否	理由陈述
1				
2				
3				
4				
7				
8				
9				
10				
11				
12				
13				
14				
15				
你的意见对改进教学非常重要,请写出你的建议和意见:				
调查信息	被调查人签字		调查时间	

学习情境 6　种子仓库及其设备和种子入库

种子仓库是保藏种子的场所，也是种子保存的环境。环境条件的好坏，对于保持种子生活力具有十分重要的意义。因此，建造良好的仓库是非常必要的。入库严格把关是种子安全贮藏的基础。

任 务 单

<table>
<tr><td>学习领域</td><td colspan="6">种子加工贮藏技术</td></tr>
<tr><td>学习情境 6</td><td colspan="3">种子仓库及其设备和种子入库</td><td>学时</td><td colspan="2">4</td></tr>
<tr><td colspan="7">任务布置</td></tr>
<tr><td>能力目标</td><td colspan="6">1.了解种子仓库选址原则和建仓基本要求。
2.了解仓库的主要类型和改建简易仓的方法步骤。
3.了解种子入库标准、分批原则和入库种子要求。
4.掌握种子入库的一般方法。</td></tr>
<tr><td>任务描述</td><td colspan="6">1.了解仓库的主要类型和改建简易仓的方法步骤。
2.能根据种子情况,制定种子入库的程序。</td></tr>
<tr><td>学时安排</td><td>资讯 0.5 学时</td><td>计划 0.5 学时</td><td>决策 1 学时</td><td>实施 1 学时</td><td>检查 0.5 学时</td><td>评价 0.5 学时</td></tr>
<tr><td>参考资料</td><td colspan="6">[1] 颜启传.种子学.北京:中国农业出版社,2001.
[2] 束剑华.园艺作物种子生产与管理.苏州:苏州大学出版社,2009.
[3] 吴金良,张国平.农作物种子生产和质量控制技术.浙江:浙江大学出版社,2001.
[4] 胡晋.种子贮藏加工.北京:中国农业出版社,2003.
[5] 2008 年农作物种子质量标准.北京:中国标准出版社,2009.
[6] 金文林.种子产业化教程.北京:中国农业出版社,2003.</td></tr>
<tr><td>对学生的要求</td><td colspan="6">1.建造种子仓库的基本要求是什么?
2.低温仓库的基本要求是什么?
3.种子入库分批原则如何?
4.种子入库堆放形式有哪些?</td></tr>
</table>

资 讯 单

学习领域	种子加工贮藏技术		
学习情境6	种子仓库及其设备和种子入库	学时	0.5
咨询方式	在资料角、实验室、图书馆、专业杂志、互联网及信息单上查询；咨询任课教师		
咨询问题	1.建造种子仓库的基本要求是什么？ 2.低温仓库的基本要求是什么？ 3.种子入库分批原则如何？ 4.种子入库堆放形式有哪些？		
资讯引导	1.问题1～4可以在胡晋的《种子贮藏加工》中查询。 2.问题1～4可以在颜启传的《种子学》中查询。 3.问题1～4可以在刘松涛的《种子贮藏加工技术》中查询。		

信 息 单

学习领域	种子加工贮藏技术
学习情境 6	种子仓库及其设备和种子入库

一、建仓标准及仓库保养

(一)仓地选择及建仓标准

1.仓地选择原则

首先应在经济调查的基础上确定建仓地点,然后计划建仓库的类型和大小。不但要考虑该地区当前的生产特点,还要考虑该地区的生产发展情况及今后远景规划,使仓库布局最为合理。

建仓地段应符合以下几点要求:

(1)仓基必须选择坐北朝南 选地势高燥的地段,以防止仓库地面渗水,特别是长江以南地区,除山区、丘陵地外,地下水位普遍较高,而且雨水较多,因此必须根据当地的水文资料及群众经验,选择高于洪水水位的地点或加高建仓地基。

(2)建仓地段的土质必须坚实稳固 如有可能坍陷的地段,不宜建造仓库。一般种子仓库要求的土壤坚实度,每平方米面积上能承受10 t以上的压力,如果不能达到这个要求,则应加大仓库四角的基础和砖墩的基础,否则会发生房基下沉或地面断裂而造成不必要的损失。

(3)建仓地点尽可能靠近铁路、公路或水路运输线,以便利种子的运输。

(4)建仓地点应尽量接近种子繁育和生产基地,以减少种子运输过程中的费用。

(5)建仓以不占用耕地或尽可能地少用耕地为原则。

2.建仓标准

(1)仓房应牢固 能承受种子对地面和仓壁的压力,以及风力和不良气候的影响。建筑材料从仓顶、房身到墙基和地坪,都应采用隔热防湿材料(表6-1)。以利于种子贮藏安全。

(2)具有密闭,与通风性能 密闭的目的是隔绝雨水、潮湿或高温等不良气候对种子的影响,并使药剂熏蒸杀虫达到预期的效果。通风的目的是散去仓内的水汽和热量,以防种子长期处在高温湿条件下影响其生活力。目前在机械通风设备尚未普及的情况下,一般采用自然通风。自然通风是根据空气对流原理进行的,因此,门、窗以对称设置为宜;窗户以翻窗形式为好,关闭时能做到密闭可靠;窗户位置高低应适当,过高则屋檐阻遏空气对流,不利通风,过低则影响仓库利用率。

(3)具有防虫、防杂、防鼠、防雀的性能 仓内房顶应设天花板,内壁四周需平整,并用石灰刷白,便于查清虫迹,仓内不留缝隙,既可杜绝害虫的栖息场所,又便于清理种子,防止混杂。库门需装防鼠板,窗户应装铁丝网,以防鼠、雀乘虚而入。

表 6-1 各种建筑材料的导热系数

材料名称	容重/(kg/m³)	导热系数/(kJ/(m·h·℃))	材料名称	容重/(kg/m³)	导热系数/(kJ/(m·h·℃))
毛石砌体	1 800～2 200	0.8～1.1	钢梁	7 600～7 850	45～50
砂子	1 500～1 600	0.45～0.55	玻璃	2 400～2 600	0.6～0.7
水泥	1 200～1 600	1.48	聚丙乙烯泡沫塑料	30～50	0.04～0.05
一般混凝土	1 900～2 200	0.8～1.1	聚丙乙烯(硬质)泡沫塑料	20～30	0.035～0.04
矿渣混凝土	1 200～2 000	0.4～0.6	矿渣棉	175～250	0.06～0.07
钢筋混凝土	2 200～2 500	1.25～1.35	膨胀珍珠岩	90～300	0.04～0.1
木材	500～800	0.15～0.2	膨胀蛭石	120	0.06
普通标准砖	1 500～1 900	0.5～0.8	软木板	160～350	0.04～0.08
砖砌体(干)	1 400～1 900	0.5～0.8	沥青	900～1100	0.03～0.04
多孔性砖	1 000～1 300	0.4～0.5	散稻壳	150～350	0.08～0.1
水泥砂浆	1 700～1 800	0.7～0.8			

(4)仓库附近应设晒场、保管室和检验室等建筑物 晒场用 以干燥或处理进仓前的种子,其面积大小视仓库而定,一般以相当于仓库面积的 1.5～2 倍为宜。保管室是贮放仓库器材工具的专用房,其大小可根据仓库实际需用和器材多少而定。检验室需设在安静而光线充足的地区。

(二)种子仓库的类型

1.房式仓

外形如一般住房。因取材不同分为木材结构、砖木结构或钢筋水泥结构等多种。木材结构由于取材不易,密闭性能及防鼠、防火等性能较差,现已逐渐拆除改建。目前建造的大部分是钢筋水泥结构的房式仓。这类仓库较牢固,密闭性能好,能达到防鼠、防雀、防火的要求。仓内无柱子,仓顶均设天花板,内壁四周及地坪都铺设用以防湿的沥青层。这类仓库适宜于贮藏散装或包装种子。仓容 15 万～150 万 kg。

2.低温仓库

这类仓库是根据种子安全贮藏的低温、干燥、密闭等基本条件建造的。其库房的形状、结构大体与房式仓相同,但构造相当严密,其内壁四周与地坪除有防潮层外,墙壁及天花板都有较厚的隔热层。库房内设有缓冲间。低温库不能设窗,以免外温湿透过缝隙传入库内。有时库内外温差过大,会在玻璃上凝结水而滴入种子堆。垛底设 18 cm 高的透气木质垫架,房内两垛种子间留 80 cm、过道,垛四周边离墙体 20 cm,以利取样,检查和防潮。库房内备有降湿和除湿机械设备,能使种温控制在 15℃ 以下,相对湿度在 65%左右,是目前较为理想的种子贮藏库。

3.简易仓

简易仓利用民房改造而成,将原民房结构保留,检修堵塞仓内各处破漏洞,并用纸筋石灰把梁柱、墙壁抹平刷白,地面将土夯实,铺上13～17cm厚的干河沙;压平后,铺一层沥青纸,沥青纸上再铺一层土坯,并将抹平即可。总之,要使仓内达到无洞无缝,不漏不潮,平整光滑的要求,并待充分干燥后,才可存放种子。

(三)仓库的保养

种子入库前必须对仓库进行全面检查与维修,以确保种子在贮藏期间的安全。

检查仓房首先应从大处着眼,仔细观察仓房有否下陷、倾斜等迹象,如有倒塌的可能,就不能存放种子。其次,从外到里逐步地进行检查,如房顶有否渗漏。仓内地坪应保持平整光滑,如发现地坪有渗水、裂缝、麻点时,必须补修,修补完后,刷一层沥青,使地坪保持原有的平整光滑。同样,内墙壁也应保持光滑洁白,如有缝隙应予嵌补抹平,并用石灰水刷白。仓内不能留小洞,防止老鼠潜入。对于新建仓库应作短期试存,观察其可靠性,试存结束后,即按建仓标准检修,确定其安全可靠后,种子方能长期贮存。

二、仓库设备

为提高管理人员的技术水平、工作效率和减轻劳动强度,种子仓库应配备下列设备。

(一)检验设备

为正确掌握种子在贮藏期间的动态和种子出仓时的品质,必须对种子进行检验。检验设备应按所需测定项目设置,如测温仪、水分测定仪、烘箱、发芽箱、容重器、扩大镜、显微镜和手筛等。

(二)装卸、输送设备

种子进出仓时,采用机械输送,可配置风力吸运机、移动式皮带输送机、堆包机及升运机等。如果各种机械配套,便可进行联合作业。

(三)机械通风设备

当自然风不能降低仓内温湿度时,应迅速采用机械通风。机械通风主要包括风机(鼓风、吸气)。当自然风不能降低仓内温湿度时,应迅速采用机械通风。通风机械上及管道(地下、地上两种)。一般情况下的通风方法以吸风比鼓风为好。

(四)种子加工设备

加工设备包括清选、干燥和药剂处理三大部分。清选机械又分清选和精选两种。干燥设备除晒场外,应备有人工干燥机。药剂处理机械如消毒机、药物拌种机等,对种子进行消毒灭菌,以防止种子病害蔓延。

(五)熏蒸设备

熏蒸设备是防治仓库内害虫必不可少的,有各种型号的防毒面具、防毒服、投药器及熏蒸剂等。

(六)温湿度遥测仪器

为了随时了解种子堆各部位和袋装种子堆垛不同部位的温度和湿度。现在通常采用遥测温湿度仪,将其探头埋在种子堆不同部位,就可及时观察到种子堆里温湿度变化,了解种子贮藏的稳定性。

三、种子入库前的准备

(一)种子入库前的准备

入库前的准备工作包括种子品质检验、种子的干燥和清选分级、仓房维修和清仓消毒等。

1.种子入库的标准与分批

(1)种子入库的标准　种子贮藏期间的稳定性因作物的种类、成熟度及收获季节等而有显著差异。例如在相同的水分条件下,一般油料作物种子比含淀粉或蛋白质较多的种子不易保藏;对贮藏种子水分的要求也不相同,如水稻种子的安全水分在南方必须在13%以下才能安全过夏季;而含油分较多的种子如油菜、花生、芝麻、棉花等种子的水分必须降低到8%～10%以下。破损粒或成熟度差的种子,由于呼吸强度大,在含水量较高时,很易遭受微生物及仓虫危害,种子生活力也极易丧失,因此,这类种子必须严格加以清选剔除。凡不符合入仓标准的种子都不应急于进仓,必须重新处理(清选或干燥),经检验合格取得合格证以后,才能进仓贮藏。

我国南北各省气候条件相差悬殊,种子入库的标准也不能强求一律。国家技术监督局1999年、1996年发布的农作物种子质量标准,在2008年对此标准进行修改(GB 16715.2-4404.2-2008、GB 4407.1-4407.2-2008和GB 16715.1-2008规定)。常见农作物入库标准见表6-2和表6-3。长城以北和高寒地区的水稻、玉米、高粱的水分允许高于13%,但不能高于16%,调往长城以南的种子(高寒地区除外)水分不能高于13%。

表6-2　农作物种子安全贮藏水分标准　%

作物种子	南方	北方	作物种子	南方	北方
籼稻	13		大豆	11.5～12.5	10～12
粳稻	14	13	棉籽	9～10	10～12
小麦	12	12～14	蚕豆	12～13	12～13
玉米	13	13～14	油菜籽	7～8	7～8
谷子	13.5	12～14	向日葵	10～11	12
高粱	13	12～14	大麦	14	31～45

表6-3　主要农作物种子的入库标准

作物种子	杂质含量	水分	成熟度	害虫
稻谷	籼稻不超过1.5%,粳稻不超过1%,泥芽稻不能贮藏	籼稻13.5%,粳稻14%	青谷不能贮藏	有虫害先治虫,再贮藏
小麦	杂质不超过1%,浸水、粘泥芽不能贮藏	小于12%	青谷不能贮藏	有虫害先治虫,再贮藏
玉米	杂质不超过1%,浸水、粘泥芽不能贮藏	小于13.5%,甜玉米不宜长时间贮藏	经霜枯死不能贮藏	有虫害先治虫,再贮藏
大豆	杂质不超过1%,泥尘不超过1%	小于11%～12%	种皮破损严重不宜贮藏	有虫害先治虫,再贮藏
棉籽	杂质不超过5%,无霉粒、破粒	小于11%	霜后不宜贮藏	有虫害先治虫,再贮藏

(2)种子入库前的分批　农作物种子在进仓以前，不但要按不同品种严格分开，还应根据产地、收获季节、水分及纯净度等情况分别堆放和处理。每批种子不论数量多少，都应具有均匀性。要求从不同部位所取得的样品都能反映出每批种子所具有的特点。通常不同的种子都存在着一些差异，如差异显著，就应分别堆放，或者进行重新整理，使其标准达到基本一致时，才能并堆，否则就会影响种子的品质。如纯净度低的种子，混入纯净度高的种子堆，不仅会降低后者在生产上的使用价值，而且还会影响种子在贮藏期间的稳定性。纯净度低的种子，容易吸湿回潮。同样，把水分悬殊太大的不同批的种子，混放在一起，会造成种子堆内水分的转移，致使种子发霉变质。又如种子感病状况、成熟不一致，均宜分批堆放。同批种子数量较多时(如稻麦种子超过 2.5×10^4 kg)也以分开为宜。种子入库前的分批，对保证种子播种品质和安全贮藏十分重要。

(二)清仓和消毒

做好清仓和消毒工作，是防止品种混杂和病虫发生的基础，特别是那些长期贮藏种子而又年久失修(包括改造仓)的仓库更为重要。

1.清仓

清仓工作包括清理仓库与仓内外整洁两方面。清理仓库不仅是将仓内的异品种种子、杂质、垃圾等全部清除，而且还要清理仓具，剔刮虫窝，修补墙面，嵌缝粉刷。仓外应经常铲除杂草，排去污水，使仓外环境保持清洁。其体做法如下：

(1)清理仓具　仓库里经常使用的竹席、箩筐、麻袋等器具，最易潜藏仓虫，须采用剔、刮、敲、打、洗、刷、暴晒、药剂熏蒸和开水煮烫等方法，进行清理和消毒，彻底清除仓具内嵌着的残留种子和潜匿的害虫。

(2)剔刮虫窝　木板仓内的孔洞和缝隙多，是仓虫栖息和繁殖的好场所，因此仓内所有的梁柱、仓壁、地板必须进行全面剔刮，剔刮出来的种子应及时清理，虫尸及时焚毁，以防感染。

(3)修补墙面　凡仓内外因年久失修发生壁灰脱落等情况，都应及时补修，防止种子和害虫藏匿。

(4)嵌缝粉刷　经过剔刮虫窝之后，仓内不论大小缝隙，都应该用纸筋石灰嵌缝。当种子出仓之后或在入仓之前，对仓壁进行全面粉刷，粉刷的目的不仅能起到整洁美观作用，还有利于在洁白的墙壁上发现虫迹。

2.消毒

不论旧仓或已存放过种子的新建仓，都应该做好消毒工作。方法有喷洒和熏蒸两种。消毒必须在补修墙面及嵌缝粉刷之前进行，特别要在全面粉刷之前完成。因为新粉刷的石灰在没有干燥前碱性很强，容易使药物分解失效。

空仓消毒可用敌百虫或敌敌畏等药处理。用敌百虫消毒，可将敌百虫原液稀释至0.5%～1%，充分搅拌后，用喷雾器均匀喷布，用药量为 3 kg 的 0.5%～1%水溶液可喷雾 100 m^2 面积。也可用1%的敌百虫水溶液浸渍锯木屑，晒干后制成烟熏剂进行烟熏杀虫。用药后关闭门窗，以达到杀虫目的。但存放种子前一定要经过清扫。

用敌敌畏消毒，每立方米仓容用 80%乳油 100～200 mg。施药用以下方法：①喷雾法，用 80%敌敌畏乳油 1～2 g 兑水 1 kg，配成 0.1%～0.2%的稀释液即可喷雾。②挂条法，将在 80% 敌敌畏乳油中浸过的宽布条或纸条，挂在仓房空中，行距约 2 m，条距 2～3 m，任其自行挥发杀虫。上述两法，施药后门窗必须密闭 72 h，才能有效。消毒后须通风 24 h，种子才能进仓，以保障人员安全。也可以用磷化铝熏蒸消毒，但需注意安全。

四、种子的入库

(一)严把种子入库关

种子入库是在清选和干燥的基础上进行的。在种子库彻底清理、消毒的基础上，严把种子入库关应该做到“五不入库”和“五分开”。“五不入库”是指来源不清的种子不入库；品种名称、数量不清，水分高于标准的种子不入库；净度低于标准的种子不入库；有活虫和病菌感染的种子不入库；无种子纯度和发芽率证明的种子不入库。“五分开”是指有虫、无虫的种子分开；不同种类、品种的种子分开；不同含水量的种子分开；不同纯度、净度的种子分开；新种子和陈种子分开。

(二)种子堆放管理

入库前还须做好堆放方案和标牌，如表 6-4 和图 6-1 所示。标签上注明作物、品种、等级及经营单位全称，将它拴牢在袋外。卡片应在包装封口前填写好装入种子袋内，或放在种子囤、堆内。填写内容有作物名称、品种、纯度、发芽率、水分、生产年月和经营单位。入库时，必须随即过磅在记，按种子类别和级别分别堆放，防止混杂。有条件的单位，应按种子类别不同分仓堆放。堆放的形式可分为袋装贮藏和散装贮藏两种。

表 6-4　公司种子标牌

品种名称		作物种类		数量	
种子质量	纯度	净度	发芽率	水分	
生产单位					
入库时间					
联系地址					

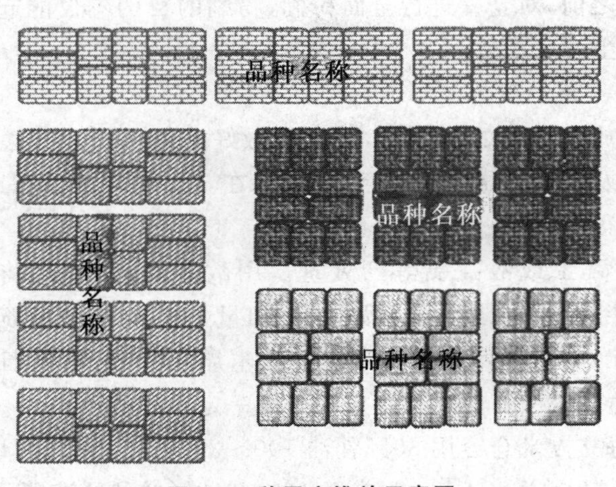

图 6-1　种子库堆放示意图

(三)种子的包装

种子包装分一般包装和防湿包装两种。目前大多数短期贮藏的农作物种子采用一般包装,很多蔬菜种子和贮藏期长的种子采用防湿包装。包装材料有常用的麻袋、布袋、纸袋,也可以是不透性的塑胶袋、塑胶编织袋、沥青纸袋、铝箔塑胶复合袋(简称铝钵袋)、塑胶桶(罐),以及金属材料制成的桶或罐等。包装容量是根据种子数量需要而定。农作物种子需用量大,多半用麻袋大包装,贮藏、运输容量为 50 kg 及 100 kg(国家标准 GB 7414-7415-87)。蔬菜种子需用量较小,有大包装或小包装,甚至几十克包装不等。

防湿包装密封后可防止种子吸湿回潮,即使在室温下贮藏,比不防湿包装的种子寿命要长。但是,不同质地的防湿材料制成的容器,它们的防潮作用也不相同,因而发芽率也有高低。

(四)袋装堆垛

袋装堆垛适用于大包装种子,其目的是仓内整齐、多放和便于管理:袋装堆垛形式依仓房条件、贮藏目的、种子品质、入库季节和气温高低等情况灵活运用。为了管理和检查方便起见,堆垛时应距离墙壁 0.5 m ,垛与垛之间相距 0.6 m 留作操作道(实垛例外)。垛高和垛宽根据种子干燥程度和种子状况而增减。含水量较高的种子,垛宽越狭越好,便于通风散去种子内的潮气和热量;干燥种子可垛得宽些。堆垛的方法应与库房的门窗相平行,如门窗是南北对开,则垛向应从南到北,这样便于管理,打开门窗时,有利空气流通。袋装堆垛法有如下几种(图 6-2):

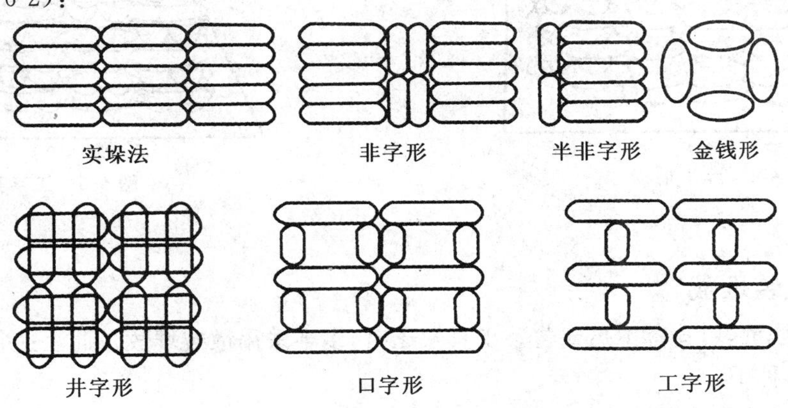

图 6-2 袋装堆垛方式示意图

1. 实垛法

袋与袋之间不留距离,有规则地依次堆放,宽度一般以四列为多,有时放满全仓(图 6-3)。此法仓容利用率最高,但对种子品质要求很严格,一般适宜于冬季低温入库的种子。

2. 非字形及半非字形堆垛法

按照非字或半非字排列堆成。如非字形堆法,第一层中间并列各直放两包,左右两侧各横放三包,形如非字。第二层则用中间两排与两边换位,第三层堆法与第一层相同(图 6-4)。半非字形是非字形的减半。

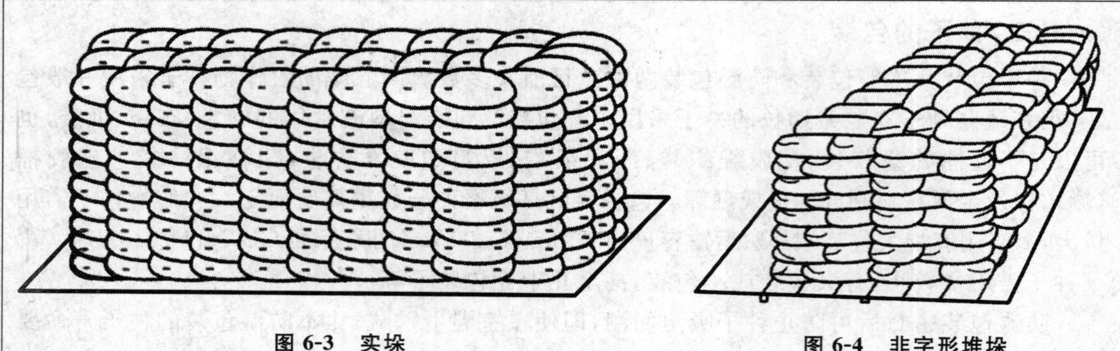

图 6-3　实垛　　　　图 6-4　非字形堆垛

3. 通风垛

这种堆垛法孔隙较大，便于通风散湿散热，多半用于保管高水分种子。夏季采用此法，便于逐包检查种子的安全情况。通风垛的形式有井字形、口字形、金钱形和工字形等多种（图 6-5 和图 6-6）。堆时难度较大，应注意安全，不宜堆得过高，宽度不宜超过两列。

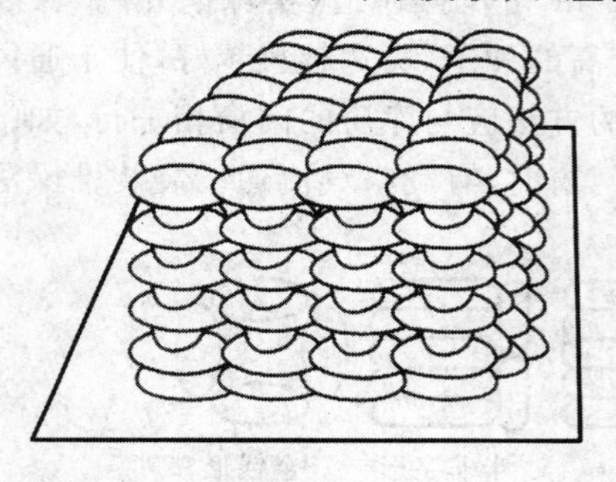

图 6-5　井字形垛

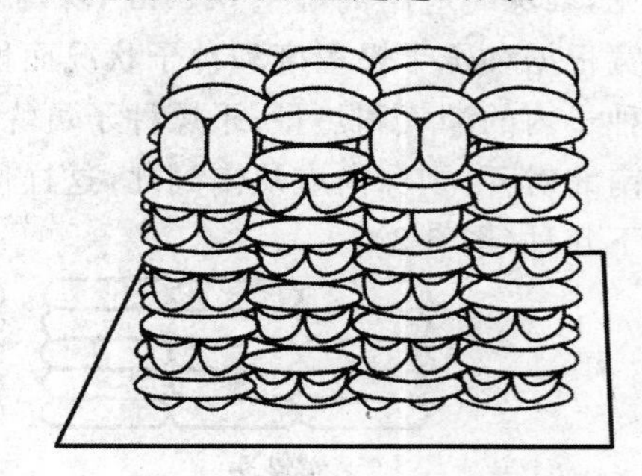

图 6-6　工字形垛

（五）散装堆放

在种子数量多，仓容不足或包装工具缺乏时，多半采用散装堆放。此法适宜存放充分干燥，净度高的种子。

1. 全仓散堆及单间散堆

此法堆放种子数量可以堆得较多，仓容利用率高。也可根据种子数量和管理方便的要求，将仓内隔成几个单间（图 6-7）。种子一般可堆高 2～3 m，但必须在安全线以下，全仓散堆数量大，必须严格掌握种子入库标准，平时加强管理，尤其要注意表层种子的结露或“出汗”等不正常现象。

2. 围包散堆

对仓壁不十分坚固或没有防潮层的仓库，或堆放散落性较大的种子（如大豆、豌豆）时，可采用此法。堆放前按仓房大小，以一批同品种种子做成麻袋包装，将包沿壁四周离墙 0.5 m 堆成围墙，在围包以内就可散放种子。堆放高度不宜过高，并应注意防止塌包（图 6-8）。

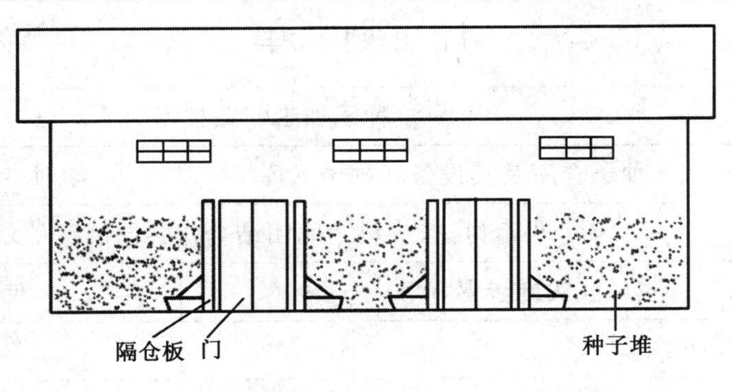

图 6-7 全仓散堆示意图

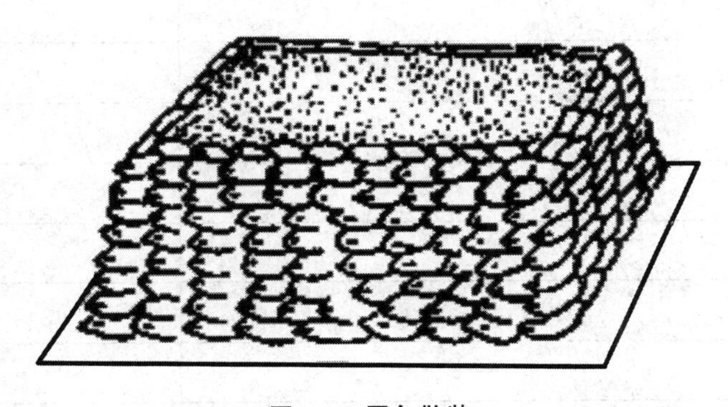

图 6-8 围包散装

3. 围囤散堆

在品种多而数量又不大的情况下采用此法，当品种级别不同或种子还不符合入库标准而又来不及处理时，也可作为临时堆放措施。堆放时边堆边围囤，囤高一般在 2 m 左右。

计 划 单

<table>
<tr><td>学习领域</td><td colspan="5">种子加工贮藏技术</td></tr>
<tr><td>学习情境6</td><td colspan="3">种子仓库及其设备和种子入库</td><td>学时</td><td>0.5</td></tr>
<tr><td>计划方式</td><td colspan="5">小组讨论、成员之间团结合作共同制订计划</td></tr>
<tr><td>序号</td><td colspan="3">实施步骤</td><td colspan="2">使用资源</td></tr>
<tr><td></td><td colspan="3"></td><td colspan="2"></td></tr>
<tr><td></td><td colspan="3"></td><td colspan="2"></td></tr>
<tr><td></td><td colspan="3"></td><td colspan="2"></td></tr>
<tr><td></td><td colspan="3"></td><td colspan="2"></td></tr>
<tr><td></td><td colspan="3"></td><td colspan="2"></td></tr>
<tr><td></td><td colspan="3"></td><td colspan="2"></td></tr>
<tr><td></td><td colspan="3"></td><td colspan="2"></td></tr>
<tr><td></td><td colspan="3"></td><td colspan="2"></td></tr>
<tr><td></td><td colspan="3"></td><td colspan="2"></td></tr>
<tr><td></td><td colspan="3"></td><td colspan="2"></td></tr>
<tr><td></td><td colspan="3"></td><td colspan="2"></td></tr>
<tr><td>制订计划说明</td><td colspan="5"></td></tr>
<tr><td rowspan="3">计划评价</td><td>班级</td><td></td><td>第 组</td><td>组长签字</td><td></td></tr>
<tr><td>教师签字</td><td colspan="2"></td><td>日期</td><td></td></tr>
<tr><td colspan="5">评语：</td></tr>
</table>

决 策 单

<table>
<tr><td>学习领域</td><td colspan="8">种子加工贮藏技术</td></tr>
<tr><td>学习情境6</td><td colspan="5">种子仓库及其设备和种子入库</td><td>学时</td><td colspan="2">1</td></tr>
<tr><td colspan="9">方案讨论</td></tr>
<tr><td rowspan="7">方案对比</td><td>组号</td><td>任务耗时</td><td>任务耗材</td><td>实现功能</td><td>实施难度</td><td>安全可靠性</td><td>环保性</td><td>综合评价</td></tr>
<tr><td>1</td><td></td><td></td><td></td><td></td><td></td><td></td><td></td></tr>
<tr><td>2</td><td></td><td></td><td></td><td></td><td></td><td></td><td></td></tr>
<tr><td>3</td><td></td><td></td><td></td><td></td><td></td><td></td><td></td></tr>
<tr><td>4</td><td></td><td></td><td></td><td></td><td></td><td></td><td></td></tr>
<tr><td>5</td><td></td><td></td><td></td><td></td><td></td><td></td><td></td></tr>
<tr><td>6</td><td></td><td></td><td></td><td></td><td></td><td></td><td></td></tr>
<tr><td>方案评价</td><td colspan="8">评语：</td></tr>
</table>

班级		组长签字		教师签字		日期	

材料工具清单

<table>
<tr><td>学习领域</td><td colspan="7">种子加工贮藏技术</td></tr>
<tr><td>学习情境 6</td><td colspan="7">种子仓库及其设备和种子入库</td></tr>
<tr><td>项目</td><td>序号</td><td>名称</td><td>作用</td><td>数量</td><td>型号</td><td>使用前</td><td>使用后</td></tr>
<tr><td rowspan="7">所用仪器仪表</td><td>1</td><td>各种种子传输机</td><td></td><td></td><td></td><td></td><td></td></tr>
<tr><td>2</td><td></td><td></td><td></td><td></td><td></td><td></td></tr>
<tr><td>3</td><td></td><td></td><td></td><td></td><td></td><td></td></tr>
<tr><td>4</td><td></td><td></td><td></td><td></td><td></td><td></td></tr>
<tr><td>5</td><td></td><td></td><td></td><td></td><td></td><td></td></tr>
<tr><td>6</td><td></td><td></td><td></td><td></td><td></td><td></td></tr>
<tr><td>7</td><td></td><td></td><td></td><td></td><td></td><td></td></tr>
<tr><td rowspan="8">所用材料</td><td>1</td><td>袋装种子</td><td></td><td></td><td></td><td></td><td></td></tr>
<tr><td>2</td><td></td><td></td><td></td><td></td><td></td><td></td></tr>
<tr><td>3</td><td></td><td></td><td></td><td></td><td></td><td></td></tr>
<tr><td>4</td><td></td><td></td><td></td><td></td><td></td><td></td></tr>
<tr><td>5</td><td></td><td></td><td></td><td></td><td></td><td></td></tr>
<tr><td>6</td><td></td><td></td><td></td><td></td><td></td><td></td></tr>
<tr><td>7</td><td></td><td></td><td></td><td></td><td></td><td></td></tr>
<tr><td>8</td><td></td><td></td><td></td><td></td><td></td><td></td></tr>
<tr><td rowspan="8">所用工具</td><td>1</td><td></td><td></td><td></td><td></td><td></td><td></td></tr>
<tr><td>2</td><td></td><td></td><td></td><td></td><td></td><td></td></tr>
<tr><td>3</td><td></td><td></td><td></td><td></td><td></td><td></td></tr>
<tr><td>4</td><td></td><td></td><td></td><td></td><td></td><td></td></tr>
<tr><td>5</td><td></td><td></td><td></td><td></td><td></td><td></td></tr>
<tr><td>6</td><td></td><td></td><td></td><td></td><td></td><td></td></tr>
<tr><td>7</td><td></td><td></td><td></td><td></td><td></td><td></td></tr>
<tr><td>8</td><td></td><td></td><td></td><td></td><td></td><td></td></tr>
<tr><td>班级</td><td></td><td>第　组</td><td>组长签字</td><td></td><td></td><td>教师签字</td><td></td></tr>
</table>

实 施 单

<table>
<tr><td>学习领域</td><td colspan="3">种子加工贮藏技术</td></tr>
<tr><td>学习情境6</td><td>种子仓库及其设备和种子入库</td><td>学时</td><td>1</td></tr>
<tr><td>实施方式</td><td colspan="3">小组合作;动手实践</td></tr>
</table>

序号	实施步骤	使用资源

实施说明:

班级		第　组	组长签字	
教师签字			日期	

作 业 单

<table>
<tr><td>学习领域</td><td colspan="5">种子加工贮藏技术</td></tr>
<tr><td>学习情境 6</td><td colspan="5">种子仓库及其设备和种子入库</td></tr>
<tr><td>作业方式</td><td colspan="5">资料查询、现场操作</td></tr>
<tr><td>1</td><td colspan="5"></td></tr>
<tr><td colspan="6">作业解答：</td></tr>
<tr><td>2</td><td colspan="5"></td></tr>
<tr><td colspan="6">作业解答：</td></tr>
<tr><td>3</td><td colspan="5"></td></tr>
<tr><td colspan="6">作业解答：</td></tr>
<tr><td>4</td><td colspan="5"></td></tr>
<tr><td colspan="6">作业解答：</td></tr>
<tr><td>5</td><td colspan="5"></td></tr>
<tr><td colspan="6">作业解答：</td></tr>
<tr><td rowspan="4">作业评价</td><td>班级</td><td></td><td>第　组</td><td colspan="2"></td></tr>
<tr><td>学号</td><td></td><td>姓名</td><td colspan="2"></td></tr>
<tr><td>教师签字</td><td></td><td>教师评分</td><td>日期</td><td></td></tr>
<tr><td colspan="5">评语：</td></tr>
</table>

检 查 单

<table>
<tr><td colspan="2">学习领域</td><td colspan="4">种子加工贮藏技术</td></tr>
<tr><td colspan="2">学习情境 6</td><td colspan="2">种子仓库及其设备和种子入库</td><td>学时</td><td>0.5</td></tr>
<tr><td>序号</td><td colspan="2">检查项目</td><td>检查标准</td><td>学生自检</td><td>教师检查</td></tr>
<tr><td>1</td><td colspan="2"></td><td></td><td></td><td></td></tr>
<tr><td>2</td><td colspan="2"></td><td></td><td></td><td></td></tr>
<tr><td></td><td colspan="2"></td><td></td><td></td><td></td></tr>
<tr><td></td><td colspan="2"></td><td></td><td></td><td></td></tr>
<tr><td></td><td colspan="2"></td><td></td><td></td><td></td></tr>
<tr><td></td><td colspan="2"></td><td></td><td></td><td></td></tr>
<tr><td></td><td colspan="2"></td><td></td><td></td><td></td></tr>
<tr><td></td><td colspan="2"></td><td></td><td></td><td></td></tr>
<tr><td></td><td colspan="2"></td><td></td><td></td><td></td></tr>
<tr><td></td><td colspan="2"></td><td></td><td></td><td></td></tr>
<tr><td></td><td colspan="2"></td><td></td><td></td><td></td></tr>
<tr><td></td><td colspan="2"></td><td></td><td></td><td></td></tr>
<tr><td></td><td colspan="2"></td><td></td><td></td><td></td></tr>
<tr><td rowspan="3">检查评价</td><td>班级</td><td></td><td>第 组</td><td>组长签字</td><td></td></tr>
<tr><td>教师签字</td><td colspan="2"></td><td>日期</td><td></td></tr>
<tr><td colspan="5">评语：</td></tr>
</table>

评 价 单

<table>
<tr><td>学习领域</td><td colspan="5">种子加工贮藏技术</td></tr>
<tr><td>学习情境6</td><td colspan="3">种子仓库及其设备和种子入库</td><td>学时</td><td>0.5</td></tr>
<tr><td>评价类别</td><td>项目</td><td>子项目</td><td>个人评价</td><td>组内互评</td><td>教师评价</td></tr>
<tr><td rowspan="16">专业能力
(60%)</td><td rowspan="2">资讯
(10%)</td><td>搜集信息(5%)</td><td></td><td></td><td></td></tr>
<tr><td>引导问题回答(5%)</td><td></td><td></td><td></td></tr>
<tr><td rowspan="3">计划
(10%)</td><td>计划可执行度(3%)</td><td></td><td></td><td></td></tr>
<tr><td>讨论的安排(4%)</td><td></td><td></td><td></td></tr>
<tr><td>检验方法的选择(3%)</td><td></td><td></td><td></td></tr>
<tr><td rowspan="4">实施
(15%)</td><td>仪器操作规程(5%)</td><td></td><td></td><td></td></tr>
<tr><td>仪器工具工艺规范(6%)</td><td></td><td></td><td></td></tr>
<tr><td>检查数据质量管理(2%)</td><td></td><td></td><td></td></tr>
<tr><td>所用时间(2%)</td><td></td><td></td><td></td></tr>
<tr><td rowspan="2">检查
(10%)</td><td>全面性、准确性(5%)</td><td></td><td></td><td></td></tr>
<tr><td>异常的排除(5%)</td><td></td><td></td><td></td></tr>
<tr><td rowspan="3">过程
(5%)</td><td>使用工具规范性(2%)</td><td></td><td></td><td></td></tr>
<tr><td>检验过程规范性(2%)</td><td></td><td></td><td></td></tr>
<tr><td>工具和仪器管理(1%)</td><td></td><td></td><td></td></tr>
<tr><td>结果
(10%)</td><td>排除异常(10%)</td><td></td><td></td><td></td></tr>
<tr><td rowspan="4">社会能力
(20%)</td><td rowspan="2">团结协作
(10%)</td><td>小组成员合作良好(5%)</td><td></td><td></td><td></td></tr>
<tr><td>对小组的贡献(5%)</td><td></td><td></td><td></td></tr>
<tr><td rowspan="2">敬业精神
(10%)</td><td>学习纪律性(5%)</td><td></td><td></td><td></td></tr>
<tr><td>爱岗敬业、吃苦耐劳精神(5%)</td><td></td><td></td><td></td></tr>
<tr><td rowspan="2">方法能力
(20%)</td><td>计划能力
(10%)</td><td>考虑全面、细致有序(10%)</td><td></td><td></td><td></td></tr>
<tr><td>决策能力
(10%)</td><td>决策果断、选择合理(10%)</td><td></td><td></td><td></td></tr>
<tr><td rowspan="3">评价评语</td><td>班级</td><td>姓名</td><td></td><td>学号</td><td>总评</td></tr>
<tr><td>教师签字</td><td>第　组</td><td>组长签字</td><td></td><td>日期</td></tr>
<tr><td colspan="5">评语：</td></tr>
</table>

教学反馈单

学习领域	种子加工贮藏技术			
学习情境 6	种子仓库及其设备和种子入库			
序号	调查内容	是	否	理由陈述
1				
2				
3				
4				
7				
8				
9				
10				
11				
12				
13				
14				
15				

你的意见对改进教学非常重要,请写出你的建议和意见:

调查信息	被调查人签字		调查时间	

学习情境 7　种子贮藏期间的变化和管理

种子进入贮藏期后，贮藏环境由自然状态转为干燥、低温、密闭。尽管如此，种子的生命活动并没有停止，只不过随着条件的改变而进行得更为缓慢。由于种子本身的代谢作用和受环境的影响，致使仓内的温度状况逐渐发生变化，可能会如吸湿回潮、发热和虫霉等异常情况出现。因此，种子贮藏期间的管理工作十分重要，应该根据具体情况建立各项制度，提出措施，勤加检查，以便及时发现和解决问题，避免损失。

任 务 单

<table>
<tr><td>学习领域</td><td colspan="6">种子加工贮藏技术</td></tr>
<tr><td>学习情境7</td><td colspan="4">种子贮藏期间的变化和管理</td><td>学时</td><td>6</td></tr>
<tr><td colspan="7">任务布置</td></tr>
<tr><td>能力目标</td><td colspan="6">1.掌握种子温度和种子水分的变化情况。
2.掌握种子结露概念、原因、部位、预测和预防方法。
3.掌握种子发热概念、原因、部位和预防方法。
4.掌握种子贮藏期间通风的目的,通风的原则和基本方法。
5.掌握种子检查的内容、周期和方法步骤。</td></tr>
<tr><td>任务描述</td><td colspan="6">能根据种子贮藏过程中种子温度、湿度变化,判断是否异常并能根据情况采取进行预防。</td></tr>
<tr><td>学时安排</td><td>资讯1学时</td><td>计划1学时</td><td>决策1学时</td><td>实施2学时</td><td>检查0.5学时</td><td>评价0.5学时</td></tr>
<tr><td>参考资料</td><td colspan="6">[1] 颜启传.种子学.北京:中国农业出版社,2001.
[2] 束剑华.园艺作物种子生产与管理.苏州:苏州大学出版社,2009.
[3] 吴金良,张国平.农作物种子生产和质量控制技术.杭州:浙江大学出版社,2001.
[4] 胡晋.种子贮藏加工.北京:中国农业出版社,2003.
[5] 农作物种子质量标准(2008).北京:中国标准出版社,2009.
[6] 金文林,等.种子产业化教程.北京:中国农业出版社,2003.</td></tr>
<tr><td>对学生的要求</td><td colspan="6">1.解释名词:种子结露　种子发热　吸附滞后现象　露点
2.简述种子温度的年变化情况。
3.种子结露发生的原因、部位和预防措施如何?
4.种子发热产生的原因、种类和预防措施如何?
5.简述贮藏期间通风的目的和原则。
6.机械通风应注意哪些事项?
7.种子检查的内容、周期和方法如何?</td></tr>
</table>

资讯单

<table>
<tr><td>学习领域</td><td colspan="3">种子加工贮藏技术</td></tr>
<tr><td>学习情境7</td><td>种子贮藏期间的变化和管理</td><td>学时</td><td>1</td></tr>
<tr><td>咨询方式</td><td colspan="3">在资料角、实验室、图书馆、专业杂志、互联网及信息单上查询;咨询任课教师</td></tr>
<tr><td>咨询问题</td><td colspan="3">1.解释名词:种子结露　种子发热　吸附滞后现象　露点
2.简述种子温度的年变化情况。
3.种子结露发生的原因、部位和预防措施如何?
4.种子发热产生的原因、种类和预防措施如何?
5.简述贮藏期间通风的目的和原则。
6.机械通风应注意哪些事项?
7.种子检查的内容、周期和方法如何?</td></tr>
<tr><td>资讯引导</td><td colspan="3">1.问题1～7可以在胡晋的《种子贮藏加工》中查询。
2.问题1～7可以在颜启传的《种子学》中查询。
3.问题1～7可以在刘松涛的《种子贮藏加工技术》中查询。</td></tr>
</table>

信 息 单

学习领域	种子加工贮藏技术
学习情境 7	种子贮藏期间的变化和管理

一、种子贮藏期间的变化

(一)种子温度和水分的变化

1.种子温度变化

种子处在干燥、低温、密闭条件下,其生命活动极为微弱。但隔湿防热条件较差的仓库,会对种子带来不良影响。根据观察,种子的温度和水分是随着空气的温湿度而变化的,但产变化比较缓慢。一天中的变幅较小,一年中的变幅较大。种子堆的上层变化较快,变幅较大,中层次之,下层较慢。图 7-1 为平房仓散装稻谷温度年变化的规律,在气温上升季节(3—8 月),种温也随之上升,但种温低于仓温和气温;在温度下降季节(9 月至翌年 2 月),种温也随之下降,但略高于仓温和气温。种子水分则往往是在低温期间和梅雨季节较高,而在夏秋季较低。

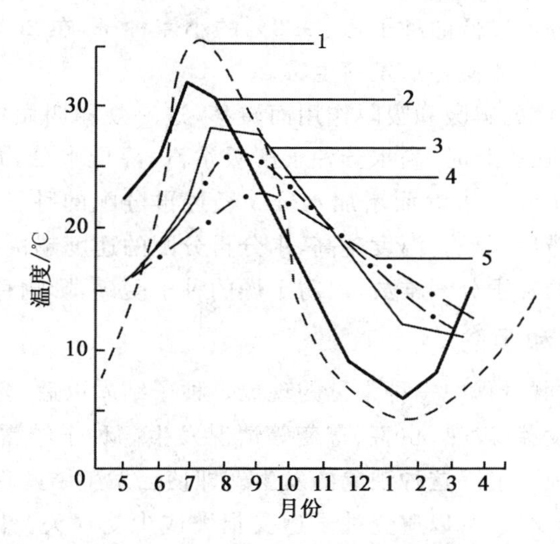

图 7-1 平房仓大量散装稻谷各层温度的年变化

1.气温 2.仓温 3.上层温度 4.中层温度 5.下层温度

2.水分的变化

种堆内的水分主要受大气的相对湿度的影响而变化,一年中的变化随季节而不同,在正常情况下,低温和梅雨季节的水分较高,夏、秋季的种子水分较低。各层次的种子水分变化各不相同,上层受影响最大,影响深度一般在 30 cm 左右,而其表层的种子水分变化尤其突出，中层和下层的种子水分变化较小，但下层近地面 15 cm 左右的种子易受地面的影响，种子水分上升较多。实践证明：表层和接触地面种子易受大气的影响，水分增多时会发生结露，甚至发芽、发热、霉烂现象。种子结露现象多发生在每年 4 月份、11 月份的前后，必须引起注意。

种子堆内会发生冷热空气对流，会造出种子堆内水分分层。种子堆内热空气比重轻而上升，水汽也随着上升，至表面遇冷空气。达到饱和状态或相对湿度增大，上层种子吸湿，水分含量增加，产生水分分层现象。此种现象常发生在秋冬季节。进入秋冬季节，经常翻动种堆得表面层，使种子堆部水分向外散发，可以降低种子的水分，防止种子堆结露、结顶。

此外，种子堆内还会发生水分热扩散，也叫湿热扩散。种堆温度是不平衡的，常存在温差。种子堆水分按照热传递的方向而转移的现象，称为水分热扩散现象，也就是种子堆内水汽总会从温暖部位向冷凉部位移动的现象。因为种温高部位空气中世界含水汽量大，水汽压力大，而低温部位的水汽压力小，根据分子移动规律，水汽压力大的高温部位水汽分子总是向水汽压力小的低温部位扩散移动，使低温部位水分增加。种子堆水分的湿热扩散和空气对流而导致的水分转移，往往同时发生，不易区分。但发生原因前者是由于水汽压力的差异，后者是由于空气密度的不同。

湿热扩散造成的局部水分增高常常发生在阴凉的墙边、柱子周围、墙角、种堆的底部等部位。种堆中冷热温差越大，时间越长，湿热扩散就越严重，甚至发生结露，严重影响贮藏柱子的安全，即使原始水分比较低的种子，人 9.8％的小麦种子，在 20℃的温差下，经过 2 周，因湿热扩散而增加水分，亦能使种子发芽生霉。

种子水分能通过水汽的解吸和吸附作用而转移，这一规律叫做“水分再分配”。当高水分的和低水分的种子堆在一起时，高水分种子解吸水汽，降低水分，并在籽粒间隙中形成较高的湿度，使低水分种子吸附水汽而增加水分。经过再分配的种子水分，只会达到相对平衡，这是因为存在吸附滞后现象。温度越高，水分再分配的速度越快。所以在种子入库和堆放时，必须把不同水分的种子分开堆放，以防干燥的种子受潮，影响种子的安全贮藏。

(二)种子的结露和预防

种子结露是种子贮藏过程中一种常见的现象。种子结露以后，含水量急剧增加，种子生理活动随之增强，导致发芽、发热、虫害、霉变等情况发生。种子结露现象不是不可避免的，只要加强管理，采取措施可消除这种现象的发生。即使已发生结露现象，将种子进行翻晒干燥、除水，不使其进一步发展，可以避免种子遭受损失或少受损失。因而，预防种子结露，是贮藏期间管理上的一项经常性工作。

1. 种子结露的原因和部位

通常的结露是热空气遇到冷的物体，便在冷物体的表面凝结成小水珠，这种现象叫结露。如果发生在种子上就叫种子结露。这是由于热空气遇到冷种子后，湿度降低，使空气的饱和含水量减小，相对湿度变大。当温度降低到空气饱和含水量等于当时空气的绝对湿度时，相对湿度达到 100％，此时在种子表面上开始结露。如果温度再下降，相对湿度超过 100％，空气中的水汽不能以水汽状态存在，在种子上的结露现象就越明显。为了表明开始结露时的温度，称为结露温度也叫露点。种子结露是一物理现象，在一年四季都有可能发生，只要空气与种子之间存在温差，并达到露点时就会发生结露现象；空气湿度愈大，也愈容易引起结露；种了水分愈高，结露的温差变小，反之，种子愈干燥，结露的温差变大，种子不易结露。种子水分与结露温差的关系见表 7-1。

表 7-1 种子水分与结露温差的关系

种子水分/%	10	11	12	13	14	15	16	17	18
结露温差/℃	12～14	10～12	8～10	7～8	6～7	4～5	3～4	2	1

仓内结露的部位，常见的有以下几种：

(1)种子堆表面结露　多半在开春后，外界气温上升，空气比较潮湿，这种湿热空气进入仓内首先接触种子堆表面，引起种子表面层结露，其深度一般由表面深至 3 m 左右。

(2)种子堆上层结露　秋、冬转换季节，气温下降，影响上层种子的温度。而中、下层种子的热量向上，二者造成温差引起上层结露，其部位距表面 20～30 cm 处。

(3)地坪结露　这种情况常发生在经过暴晒的种子未经冷却，直接堆放在地坪上，造成地坪湿度增大，引起地坪结露。也有可能发生在距地坪 2～4 cm 的种子层，所以也叫下层结露。

(4)垂直结露　发生在靠近内墙壁和柱子周围的种子，呈垂直形。前者常见于圆筒仓的南面，因日照强，墙壁传热快，种子传热慢而引起结露；后者常发生在钢筋水泥柱子，这种柱子传热快于种子，使柱子或靠近柱子周围种子结露。木质柱子结露的可能小一点。其次房式仓的西北面也存在结露的可能性。

(5)种子堆内结露　种子堆内通常不会发生结露，如果种子堆内存在发热点，而热点温度又较高，则在发热点的周围就会发生结露。另一种情况是两批不同温度的种子堆放在一起，或同一批经暴晒的种子，入库时间不同，造成二者温差引起种子堆内夹层结露。

(6)冷藏种子结露　经过冷藏的种子温度较低，遇到外界热空气也会发生结露，尤其是夏季高温从低温库提出来的种子，更易引起结露。

(7)覆盖薄膜结露　塑料薄膜透气性差，有隔湿作用，然而在有温差存在的情况下，却易凝结水珠。结露发生在薄膜温度高的一面。

2. 种子结露的预测

种子结露是由于空气与种子之间存在温差而引起的，但并不是任何温差都会引起结露，只有达到露点温度时才会发生结露现象。为了预防种子结露，及时掌握露点温度显得十分重要。

(1)应用种堆露点近似值检查表　预测种子的露点温度，一般可采用查露点温度的方法进行。例如，已知仓内种子水分为 13%，种温 20℃，查表 7-2，以种子水分 13% 为直向找，种温 20℃为横向找，二者的交点就是露点的近似位，即约在温度 11℃，说明种子与空气二者温度相差约 9℃时，就有可能发生结露。

(2)应用空气饱和湿度表　在一定温度下，空气的饱和湿度是个常数，当空气温度下降，相对湿度就会增大，当水汽达到饱和时，便能发生结露(表 7-3)。因此，根据这种关系就可以预测露点。

表 7-2　种子堆露点温度检查表

种温	种子水分/%								
/℃	10	11	12	13	14	15	16	17	18
0	−14	−11	−9	−7	−6	−4	−3	−2	−1
5	−9	−7	−5	−3	−1	0	1	3	4
10	−2	0	1	3	4	5	7	8	9
13	1	3	4	6	7	9	10	11	12
14	2	4	6	7	8	10	11	12	13
15	3	5	6	8	9	10	12	13	14
16	3	5	7	8	10	11	13	14	15
18	4	6	8	10	12	13	15	16	17
20	6	8	10	12	13	15	16	18	19
22	8	10	12	14	15	17	18	20	21
24	10	12	14	16	17	19	20	22	23
26	12	14	16	18	20	21	22	24	25
28	14	16	18	20	22	23	24	26	27
30	16	18	20	22	24	25	26	28	29
32	18	20	22	24	26	27	28	30	31
34	20	22	24	26	28	29	30	32	33

表 7-3　空气的饱和湿度表

温度/℃	饱和水汽量/(g/m³)	温度/℃	饱和水汽量/(g/m³)	温度/℃	饱和水汽量/(g/m³)	温度/℃	饱和水汽量/(g/m³)
−20	1.078	−3	3.926	14	11.961	31	31.702
−19	1.170	−2	4.211	15	12.712	32	33.446
−18	1.269	−1	4.513	16	13.504	33	35.272
−17	1.375	0	4.835	17	14.338	34	37.183
−16	1.489	1	5.176	18	15.217	35	39.183
−15	1.611	2	5.538	19	16.143	36	41.274
−14	1.882	3	5.922	20	17.117	37	43.461
−13	1.942	4	6.330	21	18.142	38	45.746
−12	2.032	5	6.768	22	19.220	39	48.133
−11	2.192	6	7.217	23	20.353	40	50.625
−10	2.363	7	7.703	24	21.544	41	53.8
−9	2.548	8	8.215	25	22.795	42	56.7
−8	2.741	9	8.858	26	24.108	43	59.3
−7	2.949	10	9.329	27	25.486	44	62.3
−6	3.171	11	9.934	28	26.931	45	65.4
−5	3.407	12	10.574	29	28.447	50	83.2
−4	3.658	13	11.249	30	30.036	100	597.4

3. 种子结露的预防

防止种子结露的方法，关键在于设法缩小种子与空气、接触物之间的似差，具体措施如下：

(1)保持种子干燥　干燥种子能抑制生理活动及虫、霉危害，也能使结露的温差增大，在一般的温差条件，不至于立即发生结露。

(2)密闭门窗保温　季节转换时期，气温变化大，这时要密闭门窗，对缝隙要糊2～3层纸条，尽可能少出入仓库，以利隔绝外界湿热空气进入仓内，可预防结露。

(3)表面覆盖移湿　春季在种子表面覆盖1～2层麻袋片，可起到一定的缓和作用。即使结露也是发生在麻袋片上，到天晴时将麻袋移置仓外晒干冷却再使用，可防种子表面结露。

(4)翻动面层散热　秋末冬初气温下降，经常耙动种子面层深至20～30 cm，必要时可扒深沟散热，可防止上层结露。

(5)种子冷却入库　经暴晒或烘干种子，除热处理之外，都应冷却入库，可防地坪结露。

(6)围包柱子　有柱子的仓库，可将柱子整体用一层麻袋包扎，或用报纸4～5层包扎，可防柱子周围的种子结露。

(7)通风降温排湿　气温下降后，如果种子堆内温度过高，可采用机械通风方法降温，使之降至与气温接近，可防止上层结露。对于采用期料薄膜覆盖贮藏的种子堆，在10月中下旬应揭去薄膜改为通风贮藏。

(8)仓内空间增温　将门窗密封，在仓内用电灯照明，可使仓内增温，提高空气持湿能力，减少温差，可防上层结露。在约1 300 m^3 空间内，安装20个60 W的灯泡和4个200 W灯泡共2 000 W，可增加仓温3～5℃，从当年10月下旬至翌年2月，基本上昼夜照明不发生结露。

(9)冷藏种子增温　冷藏种子在高温季节，出库前须进行逐步增温，使之与外界气温相接近可防结露。但每次增温温差不宜超过5℃。

4. 结露的处理种子

结露预防失误时，应及时采取措施加以补救。补救措施主要是降低种子水分，以防进一步发展。通常的处理方法是倒仓暴晒或烘干，也可以根据结露部位的大小进行处理。如果仅是表面层的，可将结露部分种子深至50 cm的一层揭去暴晒。结露发生在深层，则可采用机械通风排湿。当暴晒受到气候影响，也无烘干通风设备时，可根据结露部位采用就仓吸湿的办法，也可收到较好的效果。这种方法是采用生石灰用麻袋灌包扎口，平埋在结露部位，让其吸湿降水，经过4～5 d取出。如果种子水分仍达不到安全标准，可更换石灰再埋入，直至达到安全水分为止。

(三)种子的发热和预防

在正常情况下，种温随着气温、仓温的升降而变化。如果种温不符合这种变化规律，发生异常高温时，这种现象称为发热。

1. 种子发热的判断

(1)种温与记录比较　根据种温调查的结果，与前期的种温比较是否一致。如果种温陡然升高，就可以判定种温升高。

(2)各检查点比较　根据种温调查的结果,与仓内同一平面种温比较是否一致。如果其中一点种温陡然升高,就可以判定调查点种温升高。

(3)种温与仓温比较　根据种温调查的结果,判断是否随着气温和仓温变化而变化。如果种温陡然升高,就可以判定种温升高。

(4)检查的温度数据与早几年比较　也可以通过调查的种温结果与前几年同期种温的调查结果比较是否一致,如果调查的种温明显高于往年,就可能是种子发热的表现。

2.种子发热主要由以下原因引起

(1)种子贮藏期间新陈代谢旺盛,释放出大量的热能,积聚在种子堆内。这些热量又进一步促进种子的生理活动,放出更多的热量和水分,如此循环往返,导致种子发热。这种情况多发生于新收获或受潮的种子。

(2)微生物的迅速生长和繁殖引起发热。在相同条件下,微生物释放的热量远比种子要多。实践证明,种子发热往往伴随着种子发霉。因此,种子本身呼吸热和微生物活动的共同作用结果,是导致种子发热的主要原因。

(3)种子堆放不合理,种子堆各层之间和局部与堆体之间温差较大,造成水分转移、结露等情况,也能引起种子发热。

(4)仓房条件差或管理不当。

总之,发热是种子本身的生理生化特点、环境条件和管理措施等综合造成的结果。但是,种温究竟达到多高才算发热,不可能规定一个统一的标准,如夏季种温达35℃不一定是发热,而在气温下降季节则可能就是发热,这必须通过实践加以仔细鉴别。

3.种子发热的种类

根据种子发热,发热面积的大小可分为以下5种:

(1)上层发热　一般发生在近表层15～30 cm厚的种子层。发生时间一般在初春或秋季。初春气温逐渐上升,而经过冬季的种子层温度较低,两者相遇,上表层种子容易造成结露而引起发热。

(2)下层发热　发生状况和上层相似,不同的是发生部位是在接近地面的种子。多半由于晒热的种子未经冷却就入库,遇到冷地面发生结露引起发热,或因地面渗水使种子吸湿返潮而引起发热。

(3)垂直发热　在靠近仓壁、柱子等部位,当冷种子遇到仓壁或热种子接触到冷仓壁或柱子形成结露,并产生发热现象,称为垂直发热。前者发生在春季朝南的近仓壁部位,后者多发生在秋季朝北的近仓壁部位。

(4)局部发热　这种发热通常呈窝状形,发热的部位不固定。多半由于分批入库的种子品质不一致,如水分相差过大,整齐度差或净度不同等所造成。某些仓虫大量聚集繁殖也可以引起发热。

(5)整仓(全囤)发热　上述四种发热现象中,无论哪种发热现象发生后,如不迅速处理或及时制止,都有可能导致整仓(整囤)种子发热。尤其是下层发热,由于管理上造成的疏忽,最容易发展为全仓发热。

4.种子发热预防

根据发热原因,可采取以下措施加以预防。

(1)严格掌握种子入库的质量　种子入库前必须严格进行清选、干燥和分级，不达到标准，不能入库，对长期贮藏的种子，要求更加严格。入库时，种子必须经过冷却(热进仓处理的除外)。这些都是防止种子发热、确保安全贮藏的基础。

(2)做好清仓消毒，改善仓贮条件　贮藏条件的好坏直接影响种子的安全状况。仓房必须具备通风、密闭、隔湿、防热等条件，以便在气候剧变阶段和梅雨季节做好密闭工作；而当仓内温湿度高于仓外时，又能及时通风，使种子长期处在干燥、低温、密闭的条件下，确保安全贮藏。

(3)加强管理，勤于检查　应根据气候变化规律和种子生理状况.制定出具体的管理措施，及时检查，及早发现问题，采取对策，加以制止。种子发热后，应根据种子结霉发热的严重情况，采用翻把、开沟、扒塘等措施排除热量，必要时进行翻仓、摊晾和过风等办法降温散湿。发过热的种子必须经过发芽试验，凡已丧失生活力的种子，即应改作其他用。

(四)合理通风

1.通风的目的

通风是种子在贮藏期间的一项重要管理措施，其目的是：

(1)维持种子堆温度均一，防止水分转移。

(2)降低种子内部温度，以抑制霉菌繁殖及仓虫的活动。

(3)促使种子堆内的气体对流，排除种子本身代谢作用产生的有害物质和熏蒸杀虫剂的有毒气体等。

2.通风的原则

无论哪种通风方式，通风之前均必须测定仓库内外的温度和相对湿度的大小，以决定能否通风，主要有如下几种情况：

(1)遇雨天、刮台风、浓雾等天气，不宜通风。

(2)当外界温湿度均低于仓内时，可以通风。但要注意寒流的侵袭，防止种子堆内温差过大而引起表层种子结露。

(3)当外温度与仓内温度相同，而仓外温度低于仓内；或者仓内外湿度基本上相同而仓外温度低于仓内时，可以通风。前者以散湿为主，后者以降温为主。

(4)仓外温度高于仓内而相对湿度低于仓内；或者仓外温度低于仓内而相对湿度高于仓内，这时能不能通风，就要看当时的绝对湿度，如果仓外湿度高于仓内，不能通风，反之就能通风。绝对湿度(g/cm^3)＝当时饱和水汽量(g/cm^3)×当时的相对湿度(%)。

(5)一天内，傍晚可以通风，后半夜不能通风。

3.通风的方法

通风方式有自然通风和机械通风两种。可根据目前仓房的设备条件和需要选择进行。

(1)自然通风法　是根据仓房内外温、湿度状况，选择有利于降温降湿的时机，打开门窗让空气进行自然交流达到仓内降温散湿的一种方法。自然通风法的效果与温差、风速和种子堆装方式有关。当仓外温度比仓内低时，便产生了仓房内外空气的压力差，空气就会自然交流，冷空气进入仓内，热空气被排出仓外。温差越大，内外空气交换量越多，通风效果越好；风速越大则风压增大，空气流量也多，通风效果越好；仓内包装堆放的通风效果比散装堆放为好，而包装小堆和通风桩又比大堆和实垛的通风效果为好。

(2)机械通风法　机械通风是一种用机械鼓风(或吸风)通过通风管或通风槽进行空气交流,使种子堆达到降温、降湿的方法,多半用于散装种子。由于它是采用机械动力,通风效果比自然通风为好,具有通风时间短,降温快,降温均匀等优点。

机械通风的方式有风管式机械通风和风槽式机械通风两种,根据空气在种子堆内流动的方式不同,又可分为压入式与吸出式。用风机把干燥冷空气从管道或内槽压入种子堆,使堆内的湿、热空气由表面排出的叫压入式;从管道或风槽吸出湿、热空气,而干冷空气从表面进入种子堆的叫吸出式。以上几种通风方式,可根据仓房条件和种子堆装需要而定。最好把风机安装成能吸、能压两用,以便根据通风降温的具体情况,确定采用哪种形式或交替使用。为了便于移动,做到一机多用,一般把风机安装在能移动的小车上。当一仓达到通风降温目的后,可移到另一仓使用。

①风管式机械通风　由一个风机带一个通风管或带多个通风管组成的通系统,这些风管可根据通风部位的需要自由移动。通风管一般为薄钢板卷制成形焊接而成,管道直径为 8 cm 左右,分上、下两段,上段长 1.5～2 m,下段 2 m。风管末端 50 cm 长度的范围内钻有直径为 2～3 mm 的圆孔。使用时将风按等边三角形排列插入种子堆内,风管间距为 2 m,每根风管与仓外风机相接。用风管式通风降温,一般采用吸出式为宜。吸出式通风对上、中层种子降湿效果显著,对下层种子降温效果较差。为了避免发生这种情况,在用吸出式之再改用压入式,可防止表层种子结露。通风降温后,还需要拔去通风管以防管周围的种子的结露。

②风槽式机械通风　由风机和通风槽组成。根据通风槽能否移动,可分为定式(在地下)和移动式(在地上)两种。固定式又称地槽式,在仓房地平面下开设地槽。地槽的间距一般不宜超过种子堆的高度。地槽宽度为 30 cm 左右:地槽深度由连接风机的一端到另一端,应逐渐由深变浅形成斜坡,可使通入种子堆的风压相等。槽面可盖铁丝网或竹篾编成的网,但必须与地坪平整,以利清扫防止种子混杂。移动式通风槽可制成三角形或半圆形,根据仓房形状布置在地坪上。三角形通风槽可在三角形的木框架上钉上铁丝网或盖草包片即成。半圆形通风槽可用薄铁皮弯制而成,在薄铁皮上打直径为 2 mm 左右小孔可利于通气,也可用竹篾编织而成。在实际使用中竹篾编织的通风槽比铁皮的为好,可以避免金属导热快而引起的结露现象。

③机械通风应注意事项　机械通风的效果与当时的温、湿度有关。外界温、湿度低时,通风效果好;反之,除特殊情况外,一般不能通风。通常选择气温与种温的温差在 10℃以上效果较为明显。为防止种子从潮湿空气中吸湿,应掌握在当时的相对湿度低于种子平衡水分的相对湿度条件下进行通风。

通风前要耙平种子堆表面,使种子堆厚薄均匀,以免因种子堆的厚薄造成通风不均匀。

采用压入式通风时,为预防种子堆表面结露,可在面上铺一层草包。在结露未消失前,不能停止通风。采用吸出式通风时,则要用容器在风机出口处盛接凝结水。在水滴未止前不能停机,更不能中途停机,以防风管内的凝结水经管道孔流入种子堆。地槽通风则可在出风口接水或垫糠包吸湿。

吸出式风管通风,种子堆的上、中层降温快,底层降温效果较差,在没有达到通风要求时不能停止通风。或采用先吸后压的方式,以提高通风效果。使用单管或多管通风,各风管的接头要严密不能漏气，不能有软管或弯折等情况发生，以免影响通风效果。风管末端不能离地面过高否则会降低底层通风效果，应掌握在距地面以 30～40 cm 为好。

通风时须加强温度检查，随时掌握种温下降状况和可能出现的死角。出现死角的原因主要是通风管、槽布置不合理引起的。补救办法是在死角部位增加风管。

在实施通风作业时，应打开全部门窗，以加快空气流量。不进行通风时，应将进风口严密堵塞，以免种子受外界湿热空气的影响。

二、种子贮藏期间的管理

种子贮藏期间的管理工作十分重要。应该根据实际情况建立各项制度，提出措施，勤加检查，以便及时发现和解决问题，避免种子的损失。

(一)管理制度

种子入库后，建立和健全管理制度十分必要。管理制度包括：

1.岗位责任制

要挑选责任心、事业心强的人担任这一工作。保管人员要不断钻研业务，努力提高科学管理水平。有关部门要对他们定期考核。

2.保卫制度

仓库要建立值班制度，组织工作人员配合巡逻，及时消除不安全因素，做好防火、防盗工作，保证不出事故。

3.卫生制度

做好清洁卫生工作是消除仓库病虫害的先决条件。仓库内外须经常打扫、消毒，保持清洁。要求做到仓内六面光，仓外三不留(杂草、垃圾、污水)。种子出仓时，应做到出一仓清一仓，出一囤清一囤，防止混杂和感染病虫害。

4.检查和评比制度

检查内容包括以下几个方面：气温、仓温、种子温度、大气湿度、仓内湿度、种子水分、发芽率、虫霉情况、仓库情况等。根据种子仓库情况开展“五无”评比，“五无”种子仓库是指种子贮藏期间无虫、无霉变、无鼠雀、无事故、无混杂。通过评比，交流贮藏保管方面的经验，促进种子贮藏工作的开展。

5.建立档案制度

每批种子入库，都应该将其来源、数量、品质状况等逐项登记入册(表 7-4)。每次检查结果后的详细结果必须记录，通过对比和查考，发现变化原因金额及时采取措施，改进工作。

6.财务会计制度

每批种子进出仓，必须严格实行审批手续和过磅，账目要清楚，对种子的余缺做到心中有数，不误农事，堆不合理的额外消耗要追查责任。

(二)管理任务

1.防止混杂

种子进入仓库时容易发生品种混杂，特别是主要农作物种子，品种多，收获季节相近，特别需要注意。因此入库种子包装袋内外均要有标签。散装种子要防止人为的混杂，也要防止动物造成的混杂。散在地上的种子,如果品种不能确定,则不能作为种用。

表 7-4　种子仓库情况记录表　　　　　　检查员

品种	入库时间	种子数量	检查日期	气温	仓温	种温			种子水分	发芽率	种子纯度	虫害情况	处理意见
						上层	下层	中层					

2. 隔热防湿,合理通风

根据季节不同,做好仓库的密闭工作,防止外界的热气和水汽进入仓内。根据种子水分情况还要进行合理的通风,以降温、降湿。

3. 治虫防霉

治虫防霉是种子贮藏期间管理工作的一项重要内容,对于种子的安全贮藏,减少数量损失有明显作用。

4. 防鼠雀

种子贮藏期间,鼠雀除会造成种子数量损失外,还可能引起散装种子的混杂,老鼠还能破坏包装器材及仓库建筑。因此防鼠雀也是工作的一个环节。

5. 防事故防湿

防止事故的发生是"五无"种子仓库中重要的一项内容。贮藏期间要防止发生火灾、水淹、盗窃、错收错发和不能说明原因的超耗等仓储事故。

6. 检查工作

查仓是一项细致工作,检查要由详细的记录。具体步骤是,打开仓门后,先闻一下有无异味,然后再看门口、种子表面等部位有无鼠雀活动留下的足迹,观察墙壁等部位有无仓虫;划区设点安放测温、湿度仪器;扦样样品,供水分、发芽率、虫害、霉变等检验所用;观察温、湿度结果;观看仓库外有无倾斜、缝隙和鼠洞;根据检查结果,进行分析,针对问题,及时处理或提出解决方法。

(三)种子的检查

1. 种温度检查

(1)种温变化　在正常情况下,种温的升高和降低是受气温影响而变化。变化状况与仓库隔热密闭性能、种子堆大小及堆放方式有关,一般是仓库的隔热密闭性能差,种子堆数量少以及包装堆放的,受气温影响较大,种温升降变化也较快;反之。仓库隔热密闭性能好,又是全仓散装种子,受气温影响较小,尤其是中、下层种温比较稳定。

(2)检验方法　检查稳定的仪器有曲柄温度计、杆状温度计和遥感温度计。曲柄温度计又称米温度计,外有金属套,里面是一支弯曲温度计,适用于包装种子测定温度。杆状温度计用金属制成,杆的一端嵌有温度计一支,长度为1～3 m,可测定上、中、下层种温,适用于散装贮藏种子。遥感温度计由热敏电阻与仪表组成,种子入库时把测温探头埋在种子堆里,通过导线连接仪表上,主要打开开关调节旋钮,就可以测出各部分种子的温度,较为简便省力而准确。

检查种温可将整堆种子分成上、中、下三层,每层设5处,也可根据种子堆的大小适当增减,如堆面积超过100 m^2,需相应增加点数,对于平时有怀疑的区域,如靠壁、屋角、近窗处或曾漏雨等部位增设辅助点,以便全面掌握种子堆安危状况。种子入库完毕后的1个月内,每3 d检查1次(北方可减少检查次数,南方对油菜籽、棉籽要增加检查次数),以后每隔7～10 d检查1次。二、三季度,每月检查1次(表7-5)。

表7-5　不同季节温度检查周期

种子水分	夏秋季		冬季		春季		
	新收获	完熟种子	0℃以上	0℃以上	<0℃	5～10℃	10℃以上
安全水分以下	每天1次	3 d 1次	5～7 d 1次	半月1次	7～10 d 1次	5 d 1次	3 d 1次
安全水分以上	每天1次	每天1次	3 d 1次	7 d 1次	5 d 1次	3 d 1次	每天1次

2.水分检查

检查水分采用三层5点15处的方法,把每处所取的样品混匀后,再取试样进行测定。取样一定要有代表性,对于感觉上有怀疑的部位所取的样品,可以单独测定。检查水分的周期取决于种温,一、四季度,每季检查一次,二、三季度,每月检查1次,在每次整理种子以后,也应检查1次。

3.发芽率检查

种子发芽率一般每4个月检查1次,但应根据气温变化,在高温或低温之后,以及在药剂熏蒸后,都应相应增加1次。最后一次不得迟于种子出仓前10 d做完。

4.虫、霉、鼠、雀检查

害虫的方法一般采用筛检法,经过一定时间的振动筛理,把筛下来的活虫按每千克数计算。检查蛾类采用撒谷法,进行目测统计。检查周期决定于种温,种温在15℃以下每季1次;15～20℃每半月1次;20℃以下每5～7 d检查1次。检查霉烂的方法一般采用目测和鼻闻,检查部位一般是种子易受潮的壁角、底层和上层或沿门窗、漏雨等部位。查鼠雀是观察仓内有否鼠雀粪便和足迹,平时应将种子堆表面整平以便发现足迹。一经发现予以捕捉消灭,还需堵塞漏洞。

5.仓库设施检查

检查仓库地坪的渗水、房顶的漏雨、灰壁的脱落等情况,特别是遇到强热带风暴、台风、暴雨的天气,更应加强检查。同时对门窗启闭的灵活性和防雀网、防鼠板的坚牢程度的检查。

计　划　单

<table>
<tr><td>学习领域</td><td colspan="3">种子加工贮藏技术</td></tr>
<tr><td>学习情境 7</td><td>种子贮藏期间的变化和管理</td><td>学时</td><td>1</td></tr>
<tr><td>计划方式</td><td colspan="3">小组讨论、成员之间团结合作共同制订计划</td></tr>
</table>

序号	实施步骤	使用资源

<table>
<tr><td>制订计划
说明</td><td colspan="4"></td></tr>
<tr><td rowspan="3">计划评价</td><td>班级</td><td></td><td>第　组</td><td>组长签字</td></tr>
<tr><td>教师签字</td><td></td><td>日期</td><td></td></tr>
<tr><td colspan="4">评语：</td></tr>
</table>

决 策 单

<table>
<tr><td>学习领域</td><td colspan="8">种子加工贮藏技术</td></tr>
<tr><td>学习情境 7</td><td colspan="5">种子贮藏期间的变化和管理</td><td>学时</td><td colspan="2">1</td></tr>
<tr><td colspan="9">方案讨论</td></tr>
<tr><td rowspan="7">方案对比</td><td>组号</td><td>任务耗时</td><td>任务耗材</td><td>实现功能</td><td>实施难度</td><td>安全可靠性</td><td>环保性</td><td>综合评价</td></tr>
<tr><td>1</td><td></td><td></td><td></td><td></td><td></td><td></td><td></td></tr>
<tr><td>2</td><td></td><td></td><td></td><td></td><td></td><td></td><td></td></tr>
<tr><td>3</td><td></td><td></td><td></td><td></td><td></td><td></td><td></td></tr>
<tr><td>4</td><td></td><td></td><td></td><td></td><td></td><td></td><td></td></tr>
<tr><td>5</td><td></td><td></td><td></td><td></td><td></td><td></td><td></td></tr>
<tr><td>6</td><td></td><td></td><td></td><td></td><td></td><td></td><td></td></tr>
<tr><td>方案评价</td><td colspan="8">评语：</td></tr>
<tr><td>班级</td><td></td><td>组长签字</td><td></td><td>教师签字</td><td></td><td>日期</td><td colspan="2"></td></tr>
</table>

材料工具清单

学习领域	种子加工贮藏技术						
学习情境7	种子贮藏期间的变化和管理						
项目	序号	名称	作用	数量	型号	使用前	使用后
所用仪器仪表	1	呼吸仪					
	2						
	3						
	4						
	5						
	6						
	7						
所用材料	1	玉米种子			含水量20%		
	2	玉米种子			含水量10%		
	3	玉米种子			含水量15%		
	4						
	5						
	6						
	7						
	8						
所用工具	1	天平					
	2						
	3						
	4						
	5						
	6						
	7						
	8						

班级		第　组	组长签字		教师签字	

实 施 单

<table>
<tr><td>学习领域</td><td colspan="3">种子加工贮藏技术</td></tr>
<tr><td>学习情境 7</td><td>种子贮藏期间的变化和管理</td><td>学时</td><td>2</td></tr>
<tr><td>实施方式</td><td colspan="3">小组合作;动手实践</td></tr>
</table>

序号	实施步骤	使用资源

实施说明:

班级		第　组	组长签字	
教师签字			日期	

作 业 单

学习领域	种子加工贮藏技术
学习情境7	种子贮藏期间的变化和管理
作业方式	资料查询、现场操作
1	
作业解答：	
2	
作业解答：	
3	
作业解答：	
4	
作业解答：	
5	
作业解答：	

作业评价	班级		第 组			
	学号		姓名			
	教师签字		教师评分		日期	
	评语：					

检　查　单

学习领域	种子加工贮藏技术			
学习情境7	种子贮藏期间的变化和管理		学时	0.5
序号	检查项目	检查标准	学生自检	教师检查
1				
2				
检查评价	班级	第　组	组长签字	
	教师签字		日期	
	评语:			

评　价　单

<table>
<tr><td>学习领域</td><td colspan="8">种子加工贮藏技术</td></tr>
<tr><td>学习情境7</td><td colspan="4">种子贮藏期间的变化和管理</td><td colspan="2">学时</td><td colspan="2">0.5</td></tr>
<tr><td>评价类别</td><td>项目</td><td colspan="2">子项目</td><td>个人评价</td><td colspan="2">组内互评</td><td colspan="2">教师评价</td></tr>
<tr><td rowspan="16">专业能力
(60%)</td><td rowspan="2">资讯
(10%)</td><td colspan="2">搜集信息(5%)</td><td></td><td colspan="2"></td><td colspan="2"></td></tr>
<tr><td colspan="2">引导问题回答(5%)</td><td></td><td colspan="2"></td><td colspan="2"></td></tr>
<tr><td rowspan="3">计划
(10%)</td><td colspan="2">计划可执行度(3%)</td><td></td><td colspan="2"></td><td colspan="2"></td></tr>
<tr><td colspan="2">讨论的安排(4%)</td><td></td><td colspan="2"></td><td colspan="2"></td></tr>
<tr><td colspan="2">检验方法的选择(3%)</td><td></td><td colspan="2"></td><td colspan="2"></td></tr>
<tr><td rowspan="4">实施
(15%)</td><td colspan="2">仪器操作规程(5%)</td><td></td><td colspan="2"></td><td colspan="2"></td></tr>
<tr><td colspan="2">仪器工具工艺规范(6%)</td><td></td><td colspan="2"></td><td colspan="2"></td></tr>
<tr><td colspan="2">检查数据质量管理(2%)</td><td></td><td colspan="2"></td><td colspan="2"></td></tr>
<tr><td colspan="2">所用时间(2%)</td><td></td><td colspan="2"></td><td colspan="2"></td></tr>
<tr><td rowspan="2">检查
(10%)</td><td colspan="2">全面性、准确性(5%)</td><td></td><td colspan="2"></td><td colspan="2"></td></tr>
<tr><td colspan="2">异常的排除(5%)</td><td></td><td colspan="2"></td><td colspan="2"></td></tr>
<tr><td rowspan="3">过程
(5%)</td><td colspan="2">使用工具规范性(2%)</td><td></td><td colspan="2"></td><td colspan="2"></td></tr>
<tr><td colspan="2">检验过程规范性(2%)</td><td></td><td colspan="2"></td><td colspan="2"></td></tr>
<tr><td colspan="2">工具和仪器管理(1%)</td><td></td><td colspan="2"></td><td colspan="2"></td></tr>
<tr><td>结果
(10%)</td><td colspan="2">排除异常(10%)</td><td></td><td colspan="2"></td><td colspan="2"></td></tr>
<tr><td rowspan="4">社会能力
(20%)</td><td rowspan="2">团结协作
(10%)</td><td colspan="2">小组成员合作良好(5%)</td><td></td><td colspan="2"></td><td colspan="2"></td></tr>
<tr><td colspan="2">对小组的贡献(5%)</td><td></td><td colspan="2"></td><td colspan="2"></td></tr>
<tr><td rowspan="2">敬业精神
(10%)</td><td colspan="2">学习纪律性(5%)</td><td></td><td colspan="2"></td><td colspan="2"></td></tr>
<tr><td colspan="2">爱岗敬业、吃苦耐劳精神(5%)</td><td></td><td colspan="2"></td><td colspan="2"></td></tr>
<tr><td rowspan="2">方法能力
(20%)</td><td>计划能力
(10%)</td><td colspan="2">考虑全面、细致有序(10%)</td><td></td><td colspan="2"></td><td colspan="2"></td></tr>
<tr><td>决策能力
(10%)</td><td colspan="2">决策果断、选择合理(10%)</td><td></td><td colspan="2"></td><td colspan="2"></td></tr>
<tr><td rowspan="3">评价评语</td><td>班级</td><td></td><td>姓名</td><td></td><td>学号</td><td></td><td>总评</td><td></td></tr>
<tr><td>教师签字</td><td></td><td>第　组</td><td>组长签字</td><td colspan="2"></td><td>日期</td><td></td></tr>
<tr><td colspan="8">评语：</td></tr>
</table>

教学反馈单

学习领域	种子加工贮藏技术			
学习情境 7	种子贮藏期间的变化和管理			
序号	调查内容	是	否	理由陈述
1				
2				
3				
4				
7				
8				
9				
10				
11				
12				
13				
14				
15				
你的意见对改进教学非常重要,请写出你的建议和意见:				
调查信息	被调查人签字		调查时间	

学习情境8　主要农作物种子的贮藏方法

农作物种类繁多，种子的形态、生理各具特点，因此对于贮藏条件的要求也不一致。本章主要简要介绍几种比较主要的农作物和蔬菜种子的贮藏加工工艺和贮藏特性，贮藏保管技术等方面的知识，以便在具体工作中，根据当地情况，灵活运用，已达到安全贮藏的目的。

任　务　单

<table>
<tr><td>学习领域</td><td colspan="6">种子加工贮藏技术</td></tr>
<tr><td>学习情境 8</td><td colspan="4">主要农作物种子的贮藏方法</td><td>学时</td><td>6</td></tr>
<tr><td colspan="7">任务布置</td></tr>
<tr><td>能力目标</td><td colspan="6">1. 掌握小麦种子的贮藏特性和方法。
2. 掌握水稻种子、玉米种子的贮藏特性和贮藏方法。
3. 掌握棉花种子、大豆种子的贮藏特性和贮藏方法。
4. 掌握花生种子、蔬菜种子的贮藏特性和贮藏方法。</td></tr>
<tr><td>任务描述</td><td colspan="6">能根据小麦、水稻、玉米、棉花、大豆、油菜和蔬菜种子物理特性制定各类种子加工工艺和贮藏条件。</td></tr>
<tr><td>学时安排</td><td>资讯 1 学时</td><td>计划 1 学时</td><td>决策 1 学时</td><td>实施 2 学时</td><td>检查 0.5 学时</td><td>评价 0.5 学时</td></tr>
<tr><td>参考资料</td><td colspan="6">[1] 颜启传. 种子学. 北京:中国农业出版社,2001.
[2] 吴金良,张国平. 农作物种子生产和质量控制技术. 浙江:浙江大学出版社,2001.
[3] 胡晋. 种子贮藏加工. 北京:中国农业出版社,2003.
[4] 农作物种子质量标准(2008). 北京:中国标准出版社,2009.
[5] 金文林. 种子产业化教程. 北京:中国农业出版社,2003.</td></tr>
<tr><td>对学生的要求</td><td colspan="6">1. 小麦种子的贮藏特性和管理重点是什么?
2. 小麦种子热进仓贮藏法的方法步骤和注意事项如何?
3. 水稻种子的贮藏特性和管理工作要点是什么?
4. 玉米种子贮藏特性如何? 穗贮的优点、条件和要点如何?
5. 玉米种子越夏贮藏技术如何?
6. 棉花种子贮藏特性如何? 包衣棉籽贮藏技术要点如何?
7. 大豆种子贮藏特性如何? 大豆贮藏期间有何变化?
8. 花生种子贮藏特性如何? 荚果贮藏技术要点如何?
9. 蔬菜种子贮藏特性如何?</td></tr>
</table>

资 讯 单

<table>
<tr><td>学习领域</td><td colspan="3">种子加工贮藏技术</td></tr>
<tr><td>学习情境 8</td><td>主要农作物种子的贮藏方法</td><td>学时</td><td>1</td></tr>
<tr><td>咨询方式</td><td colspan="3">在资料角、实验室、图书馆、专业杂志、互联网及信息单上查询；咨询任课教师</td></tr>
<tr><td>咨询问题</td><td colspan="3">1. 小麦种子的贮藏特性和管理重点是什么？
2. 小麦种子热进仓贮藏法的方法步骤和注意事项如何？
3. 水稻种子的贮藏特性和管理工作要点是什么？
4. 玉米种子贮藏特性如何？穗贮的优点、条件和要点如何？
5. 玉米种子越夏贮藏技术如何？
6. 棉花种子贮藏特性如何？包衣棉籽贮藏技术要点如何？
7. 大豆种子贮藏特性如何？大豆贮藏期间有何变化？
8. 花生种子贮藏特性如何？荚果贮藏技术要点如何？
9. 蔬菜种子贮藏特性如何？</td></tr>
<tr><td>资讯引导</td><td colspan="3">1. 问题 1～9 可以在胡晋的《种子贮藏加工》中查询。
2. 问题 1～9 可以在颜启传的《种子学》中查询。
3. 问题 1～9 可以在刘松涛的《种子加工技术》中查询。</td></tr>
</table>

信 息 单

学习领域	种子加工贮藏技术
学习情境8	主要农作物种子的贮藏方法

一、水稻种子的贮藏方法

水稻是我国分布范围较广的一种农作物，类型和品种繁多，种植面积很大。为了预防缺种留种数量往往超过实际需用量数倍，这就给贮藏工作带来十分艰巨的任务。

(一)水稻种子的贮藏特性

1.通气性好

水稻种子称为颖果，子实由内外稃包裹着，稃壳外表面被有茸毛。某些品种的外稃尖端延长为芒。由于种子形态的这些特征，形成的种子堆一般较疏松，孔隙度较禾谷类的其他作物种子大约在50%～65%之间。因此，贮藏期间种子堆的通气性较其他种子好。

2.散落性差

同时由于种子表面粗糙，其散落性较一般禾谷类种子差，静止角约为33°～45°，对仓壁产生的侧压力较小，一般适宜高堆，以提高仓库利用率。水稻种子的吸湿性因内外稃的保护而吸湿缓慢，水分相对地比较稳定，但是当稃壳遭受机械损伤、虫蚀或气温高于种温，外界相对湿度又较高的情况下，则吸湿性显著增加。

3.耐热性差

水稻种子的耐高温性较麦种差，如在人工干燥或日光暴晒时，对温度控制失当，均能增加爆腰率，引起变色，损害发芽率。种子高温入库，处理不及时，种子堆的不同部位会发生显著温差，造成水分分层和表面结顶现象，甚至导致发热霉变。在持续高温的影响下，水稻种子含有的脂肪酸会急剧增高。据中国科学院上海植物研究所研究结果：含有不同水分的稻谷放在不同温度条件下贮藏3个月，在35℃下，脂肪酸均有不同程度的增加。这种贮藏在高温下的稻谷，由于内部已经质变，不适宜作种子用。

水稻种子的耐藏性因类型和品种不同而有明显差异，非糯稻种子的耐藏性较糯稻为好，籼稻种子强于粳稻，常规稻种子强于杂交稻。据刘天河(1984)对水稻(籼稻)杂交种及其三系种子耐藏性的研究，保持系和恢复系的种子较不育系和杂交种子的寿命为长。又据胡晋等(1989)研究，籼型种子中恢复系IR_{26}种子的耐藏性最好，其次是保持系珍汕97B，耐藏性最差的是不育系珍汕97A和杂交种汕优6号种子；粳型种子则以恢复系77302-1和杂交种虎优1号种子的耐藏性最好，保持系农虎26B种子的耐藏性最差，并认为杂交种及共三系种子耐藏性的不同和种子的原始活力及种子覆盖物的保护性能有关，裂壳率和柱头残迹夹持率高的种子不耐藏。种子的细胞质雄性不育基因对种子的耐藏性也有一定影响。

新收获的稻种生理代谢强度较大，在贮藏初期往往不稳定，容易导致发热、发芽，甚至发霉。早、中稻种子在高温季节收获进仓，在最初半个月内，上层种温往往突然上升，有时超过仓温10～15℃;即使水分正常的稻谷也会发生这种现象,如不及时处理,就会使种子堆的上层湿度愈来愈高,水汽积聚在籽粒的表面形成微小液滴,即所谓"出汗"现象。晚稻种子收获后未能充分干燥,水分如超过16%以上,翌春2—3月间,气温上升,湿度增高时,由于种子堆的内部和外部存在着相当大的温差,在其顶层就会发生结露发霉现象。南方各省早稻种子入库季节,雨水较多,气温和相对湿度迅速上升,若种子堆降温不及时,往往引起发热生虫。

(二)水稻种子贮藏技术要点

1.清理晒场

水稻种子品种繁多,有时在一块晒场上同时要晒几个品种,如稍有疏忽,容易造成品种混杂。因此,种子在出晒前,必须清理晒场,扫除垃圾和异品种种子。出晒后,应在场地上标明品种名称,以防差错。入库时要按品种有次序地分别堆放。

2.掌握暴晒种温和烘干温度

早晨收获的早稻种子,由于朝露影响,种子水分可达28%～30%,午后收割的有25%左右。一般情况下,暴晒2～3 d即可使水分下降到符合入库标准。暴晒时如阳光强烈,要多加翻动,以防受热不匀,发生曝腰现象,水泥晒场尤应注意这一问题。早晨出晒不宜过早,事先还应预热场地,否则由于场地与受热种子温差大发生水分转移,影响干燥效果。这种情况对于摊晒过厚的种子更为明显。机械烘干温度不能过高,防止灼伤种。

3.严格控制入库水分

水稻种子的安全水分标准,应随类型、保管季节与当地气候特点分别考虑拟订。一般情况梗稻可高些,籼稻可较低;晚稻可高些,早中稻可较低;气温低可高些,气温高可较低。据试验证明,种子水分降低到6%左右,温度在0℃左右,可以长期贮藏而不影响发芽率。种子水分在13%以下,可以安全过夏:水分在14%以下不论籼、梗稻种子贮藏到翌年6月份以后,发芽率均有下降趋势;水分在15%以上,贮藏到翌年8月份以后,种子发芽率几乎全部丧失。这就说明种子水分与温度密切相关。根据各地实践表明,在不同温度条件下种子的安全水分应有差异(表8-1)。

表8-1 水稻种子安全贮藏最高限度水分最高限度水分

温度/℃	最高限度水分/%
35	13以下
30	13.5以下
20～25	15
15	16
10	17
5	18(只能短期贮藏)

4.预防种子结露和发芽

水稻种子散装时,表层与空气直接接触,水分变化较快,一昼夜间的变化也很显著。据江苏省昆山县的观察结果:稻谷表层的水分变化在24 h内,以晚上2—4时为最高,达14.2%,至下午4—6时为最低,为11.95%,两者相差2.25%。除表层外,其他部位变化不显著，甚至1个月也察觉不出明显的差异。因此充分干燥的稻谷，为了防止，吸湿回潮，可采取散装密闭贮藏法。

水稻种子的休眠期，大多数品种比较短促，也有超过1～2个月的。这说明一般稻谷在田间成熟收获时，不仅种胚已经发育完成，而且已达到生理成熟阶段。由于稻谷具有这一生理特点，在贮藏期间如果仓库防潮设施不够严密，有渗水、漏雨情况，或入库后发生严重的水分转移与结露现象，就可能引起发芽或霉烂。这种现象在早、中籼稻和早、中梗中发生较为严重。稻谷回潮所以容易发芽，主要由于它的萌发最低需水量远较其他作物种子为低，一般仅需23%～25%。

5.治虫防霉

(1)治虫　我国产稻地区的特点是高温、多湿，仓虫容易产生。通常在稻谷入仓前已经感染，如贮藏期间条件适宜，就迅速大量繁殖，造成极大危害。仓虫对稻谷危害的严重性，一方面决定于仓虫的破坏性，同时也随仓虫繁殖力的强弱为转移。一般情况下，每千克稻谷中有玉米象20头以下时，就能引起种温上升，每千克内超过50头时，种温上升更为明显。单纯由于仓虫危害而引起的发热，种温一般不超过35℃，由于谷蠹危害而引起的发热，则种温可高达42℃。仓虫大量繁殖，除引起贮藏稻谷的发热外，还能剥蚀稻谷的皮层和胚部，使稻谷完全失去种用价值，用时降低酶的活性和维生素含量，并使蛋白质及其他有机营养物质遭受严重损耗。仓内害虫可用药剂熏杀。目前常用的杀虫药剂有磷化铝，另外，还可用防虫磷防护。具体用法和用量参见本章“化学药剂防治”。

(2)防霉　种子上寄附的微生物种类较多，但是危害贮藏种子的主要是真菌中的曲霉和青霉。温度降至18℃时，大多数霉菌的活动才会受到抑制；只有当相对湿度低于65%，种子水分低于13.5%时，霉菌才会受到抑制。霉菌对空气的要求不一，有好气性和嫌气性等不同类型。

虽然采用密闭贮藏法对抑制好气性霉菌有能有一定效果，但对能在缺氧条件下生长活动的霉菌如白曲霉、毛霉之类则无效。所以密闭贮藏必须在稻谷充分干燥、空气相对湿度较低的前提下，才能起到抑制霉菌的作用。

(三)杂交水稻种子贮藏特性和越夏贮藏技术

杂交水稻种子贮藏是杂交水稻利用过程中的重要一环。保持杂交水稻种子播种品质和生活力是推广杂交水稻和杂种优势利用的前提。特别是延续越年杂交水稻生活力，对缓解杂交种子供求矛盾，确保杂交水稻种植面积，发展粮食生产具有积极作用。现根据有关实践和各地贮藏经验，这里介绍杂交水稻种子贮藏特性和越夏贮藏技术。

1.杂交水稻种子的贮藏特性

(1)种子保护性能比常规稻种子差　杂交水稻种子具有野败的遗传特性，米粒组织疏松，闭颖较差。据对籼型杂交水稻种子闭合程度的直观考察，颖壳张开的种子数量占总数的23%。而常规种子颖壳闭合良好，种子开颖数极少。颖壳闭合差，使种子保护性能降低，易受外界因素影响，不利于贮藏。

(2)耐热性差　杂交水稻种子耐热性低于常规水稻种子。干燥或暴晒温度控制失当，均能增加爆腰率，引起种子变色，降低发芽率。同时，持续高温，使种子所含脂肪酸急剧增高，降低耐藏性,加速种子活力的丧失。早夏季制种的杂交稻种子晴天午间水泥地晒种,温度要达60℃左右,造成种子损伤发芽势、发芽率、发芽指数均降低。

(3)休眠期短,易穗萌　杂交水稻种子生产过程中需使用赤霉素。高剂量赤霉素的使用可打破杂交水稻种子的休眠期,使种子易在母株萌动。据对种子蜡熟至完熟期间考察,颖花受精后半个月胚发育完整,在适宜萌发的条件下,种子即开始萌动发芽。据1989年对收获的汕优64种子考察,因种子成熟期间遇上阴雨,穗上发芽种子达23%。1990年同一种子虽未遇雨,穗上发芽仍达3%～5%。而常规水稻种子两年均未发现穗发芽现象。

(4)不同收获期的杂交稻种子贮藏期间出现情况不同　春制和早夏制收获的种子收获期在高温季节,贮藏初期处于较高温度条件下,易发生“出汗”现象。秋制种子收获期温度已降,种子难以充分干燥,到翌年2—3月份种子堆顶层容易发生结露发霉现象。

(5)杂交水稻种子生理代谢强,呼吸强度比常规稻大,贮藏稳定性差　杂交水稻生产过程中易使种子内部可溶性物质增加,可溶性糖分含量比常规种子高,呼吸强度较大,不利于种子贮藏。

2.杂交水稻种子变质规律

(1)湿度引起霉变　湿度引起杂交水稻种子霉变主要有三种情况:一是新收种子进仓后有一个后熟阶段,种子内部进行着一系列生理生化变化,呼吸旺盛,不断放出水分,使种子逐渐回潮,湿度增大,引起种子发霉变质。二是秋制种子收获时气温较低,种子难以干燥,进仓后到次年春暖,气温回升,种子堆表层吸湿返潮,顶层“结露”,发霉变质。三是连续阴雨(特别在梅雨季节),空气相对湿度接近饱和,在种子稃壳上凝成液滴附在表面,引起种子发霉变质。

(2)发热引起霉变　一是种子贮藏期间(主要是新收获种子或受潮和高水分种子)新陈代谢旺盛,释放的大量热量聚积在种子堆内又促进种子生理活动,放出更多热量,如此反复,导致种子发热发霉变质。二是春季或早夏季收获的种子,初藏时处于高温季节,种子堆上层种温往往易突然上升,继而出现“出汗”现象,导致种子发热霉变。三是种子堆内部水分不一,整齐度差,出现种子堆内部发热,最终发霉变质。

(3)仓虫与病菌活动繁殖引起霉变　杂交稻种子产区的气候特点是高温多湿,仓虫螨类最易产生。仓虫活动引起种温上升,造成发热霉变。同时仓虫剥蚀皮层和胚,使种子失去种用价值。病菌在适宜条件下能很快繁殖,危害种子,引起种堆危害部分发热、霉变、结顶,最终腐烂变质。

3.杂交水稻种子越夏贮藏技术

杂交水稻种子生产常常出现过剩积压或丰歉不均的现象,因此常常遇到越受贮藏的问题。对于越夏贮藏的种子关键是控制种子的水分和贮藏的温度:具体可以采取以下措施。

(1)降低水分,清选种子　选择通风、透气良好,密闭性能可靠的仓库,对种子水分准确测定,以确定其是否直接进仓密闭贮藏,或作翻晒处理。种子水分在12.5%以内,可以不作翻晒处理,采用密闭贮藏,对种子生活力影响不大。管理得当,发芽率降低幅度在1%～2%以内的。但必须对进库种子进行清选,除去种子秕粒、虫粒、虫子、杂质,以加大种子孔隙度、散热性,减少病虫害,提高种子间通风换气的能力,为降温降湿打下基础。采取常规管理,根据贮藏种子变化,在4月中旬到下旬进行磷化铝低剂量熏蒸。剂量控制在种子含水量为12.5%

以下，空间每立方米为2 g，种堆为3 g，熏蒸7 d后开仓释放毒气，3 h后，作密闭贮藏管理。

(2)搞好密闭贮藏　种子含水量在12.5%以下时，可采用密闭贮藏。利用杂交水稻种子在贮藏期中，因呼吸作用所释放的碳酸气累积量，以抑制微生物及仓虫活动，使种子呼吸减少到最小程度，从而造成种子自发保藏的一种作用。由于种子处在相对密闭条件下，故对外界气温、气湿的影响也起着一定的隔绝作用，使种堆温度变化稳定，水分波动较小，延长种子安全保管的期限。密闭贮藏的最大特点是杀死害虫及其他有害动物的感染，在相对高的水分下，防止霉菌生长和发热，可以防止种子吸湿，节省处理和翻晒种子的费用和时间。但应注意一点的是对高水分种子，就不能及时采用密闭贮藏，更不能操之过急地熏蒸：因为含水量较高的种子，正处于呼吸旺盛阶段，这时熏蒸将会使种子呼吸更多的毒气，导致种子发芽率急剧下降。对此，应及时选择晴好天气进行翻晒。如无机会翻晒，在种子进入贮备库时加强通风，安装除湿机吸湿，迅速降低种子含量。随着含水量的降低而逐步转入密闭贮藏。应增加种子库内检查次数，种子含水量在12.5%以下，可以常年密闭贮藏；含水量为12.5%～13%的种子，在贮藏前期应短时间通风，降低种堆内部温度与湿度后，立即密闭贮藏。每年6—9月，要防止种子发热。

(3)注意控制温湿度　外界温湿度可直接影响种堆的温湿度和种子含水量。长期处于高温、高湿季节，往往造成仓内温、湿度上升。如果水分较低，温度变幅稍大，对种子贮藏亦无妨碍。但水分过高，则必须要求在适当低温下贮藏。种子含水续未超过12.5%，种温不超过20～25℃，相对湿度在55%以内，能长期安全贮藏。湿度同样影响种子含水量，能使种堆发热。如水分、温度、湿度均在标准范围内，则应严格控制含水量、温、湿度的变化。在6月下旬至8月下旬可采取白天仓内开除湿机，除去仓内高湿。晚上10时后或早上8时左右，采取通风、换气、排湿、降温，使仓内一直处于相对低温、低湿，以顺利通过炎热夏季。

此外，还应加强种情检查，掌握变化情况，及时发现问题，及早采取措施处理，注意仓内外的清洁卫生，以消除虫、鼠、雀危害。

(4)采用低温库贮藏　有条件的地方，应采用低温库贮藏，可以较好地保持种子的生活力。

二、小麦种子的贮藏方法

小麦收获时正逢高温多湿气候，即使经过充分干燥，入库后如果管理不当，仍易吸湿回潮、生虫、发热、霉变，贮藏较为困难，必须引起重视。

(一)小麦种子的贮藏特性

1.易吸湿

小麦种子称为颖果，稃壳在脱粒时分离脱落，果实外部没有保护物。果种皮较薄，组织疏松，通透性好，在干燥条件下容易释放水分；在空气湿度较大时也容易吸收水分。麦种吸湿的速度，因品种而不同。在相同条件下，红皮麦粒的吸湿速度比白皮麦粒慢；硬质小麦吸湿能力比软质小麦弱；大粒小麦比小粒、虫蚀粒弱。但是，从总体上讲，小麦种子具有较强的吸湿能力，在相同的条件下，小麦种子的平衡水分较其他麦类为高，吸湿性较稻谷为强。因此，麦粒在曝晒时降水快，干燥效果好；反之，在相对湿度较高的条件下，容易吸湿提高水分。

小麦种子在吸湿过程中还会产生吸胀热，产生吸胀热的临界水分为22%，水分在12%～22%，每吸收1 g水便能产生热量336 J。水分越低，产生热量越多。所以，干燥的麦种一旦吸湿不仅会增加水分，还会提高种温。

2.通气性差

小麦种子的孔隙度一般在35%～45%，通气性较稻谷差，适宜于干燥密闭贮藏，保温性也较好，不易受外温的影响。但是，当种子堆内部发生吸湿回潮和发热时，则不易排除。

3.耐热性好

小麦种子具有较强的耐热性，特别是未通过休眠的种子，耐热性更强。据试验，水分17%以下的麦种，种温在较长的时间内不超过54℃；水分在17%以上，种温不超过46℃的条件下进行干燥和热进仓，不会降低发芽率。根据小麦种子这一特性，实践中常采用高温密闭杀虫法防治害虫。但是，小麦陈种子以及通过后熟的种子耐高温能力下降，不宜采用高温处理，否则会影响发芽率。

4.后熟期长

小麦种子有较长的后熟期，有的需要经过1～3个月的时间。后熟期的长短因品种不同，通常是红皮小麦比白皮小麦长。一般是春性小麦有30～40 d，半冬性小麦有60～70 d，冬性和强冬性小麦在80 d以上。其次，小麦的后熟期与成熟度有关，充分成熟后收获的小麦后熟期短一些；提早收获的小麦则长一些。通过后熟作用的小麦种子可以改善麦粉品质。但是麦种在后熟过程中，由于物质的合成作用不断释放水分，这些水分聚集在种子表面上便会起“出汗”，严重时甚至发生结顶现象。有时因种子的后熟作用引起种温波动即“乱温”现象。这些都是麦种贮藏过程中需要特别注意的问题。小麦种皮颜色不同，耐藏性存在差异，一般红皮小麦的耐藏性强于白皮小麦。由于麦种很容易回潮并保持较高的水分，为仓虫、微生物的繁衍提供了良好的条件。为害小麦种子的主要害虫有玉米象、米象、谷蠹、印度谷螟和麦蛾等，其中以玉米象和麦蛾为害最多。被害的麦粒往往形成空洞或蛀蚀一空，完全失去使用价值。因此，小麦种子的贮藏特别应注意防回潮，防害虫和防病菌等“三防”工作。

(二)小麦种子贮藏技术要点

1.干燥密闭贮藏

小麦种子容易吸湿从而引起生虫和霉变，如能采用密闭贮藏防止吸湿回潮，可以延长贮藏期限。但是，密闭贮藏的麦种对水分要求十分严格，必须控制在12%以内才有效。超出12%便会影响发芽。水分越高发芽率下降越快。据试验，水分为11%、13%和15%的小麦种子，在室温条件下同样用铁桶密封贮藏。经过1年半后，水分为11%的小麦种子发芽率仍能保持在94%以上，水分13%的种子发芽率下降到69%，失去种用价值，而水分为15%的小麦种子，经过一个高温季节发芽率便下降，1年半后发芽率全部丧失。即使在低温条件下密闭贮藏麦种，同样需要保持干燥。如温度在15～20℃，水分为11.3%的小麦种子，经12个月贮藏，发芽率完好；水分14%的麦种，贮藏5个月，发芽率便开始下降；如果水分在16.5%，仅贮藏2个月，发芽率便下降。所以，小麦种子收获后要趁高温天气及时干燥，将水分降到12%以下，然后用缸、坛、瓮或木柜、铁桶等容器密闭贮藏比袋装通气贮藏好得多。密闭贮藏既能避免受潮湿空气的影响，又能预防种子吸湿而生虫。

2. 密闭压盖防虫贮藏

此法适用于数量较大的全仓散装种子，对于防治麦蛾有较好的效果。具体做法：先将种子堆表面耙平，后用麻袋2～3层，或篾垫2层或干燥糠灰10～17 cm覆盖在上面，可起到防湿、防虫作用，尤其是糠灰有干燥作用，防虫效果更好。覆盖麻袋或垫要求做到"平整、严密、压实"，就是指覆盖物要盖得平坦而整齐，每个覆盖物之间衔接处要严密不能有脱节或凸起，待覆盖完毕再在覆盖物上压一些有分量的东西，使覆盖物与种子之间没有间隙，以阻碍害虫活动及交尾繁殖。压盖时间与效果有密切关系，一般在入库以后和开春之前效果最好。但是种子入库以后采用压盖，要多加检查，以防后熟期"出汗"发生结顶。到秋冬季交替时，应揭去覆盖物降温，但要防止表层种子发生结露。如在开春之前采用压盖，应根据各地不同的气温状况，必须掌握在越冬麦蛾羽化之前压盖完毕。在冬季每周进行面层深扒沟一次，压盖后能使种子保持低温状态，防虫效果更佳。

3. 热进仓贮藏

热进仓贮藏是利用麦种耐热特性而采用的一种贮藏方法，对于杀虫和促进种子后熟作用有很好的效果。具有方法简便，节省能源，不受药物污染等优点，而且不受种子数量的限制。具体做法：选择晴朗天气，将小麦种子进行曝晒降水至12%以下，使种温达到46℃以上不超过52℃，此时趁热迅速将种子入库堆放，并须覆盖麻袋2～3层密闭保温，将种温保持在44～46℃之间，经7～10 d之后掀掉覆盖物，进行通风散温直至达到与仓温相同为止，然后密闭贮藏即可。为提高麦种热进仓贮藏效果，必须注意以下事项：

(1)严格控制水分和温度　小麦种子热进仓贮藏成败的关键在于水分和温度，水分高于12%会严重影响发芽率，一般可掌握在10.5%～11.5%。温度低于42℃杀虫无效，温度越高杀虫效力越大，但温度越高持续时间越长，对发芽率影响越大。一般掌握在种温46℃密闭7 d较为适宜，44℃则应延长至10 d。如果曝晒种温达到50℃以上时，将麦种拢成2 000～2 500 kg左右的大堆，保温2 h以上然后再入库，杀虫效果更好。

(2)入库后严防结露　经热处理的麦种温度较高，库内地坪温度较低，二者温差较大，种子入库后容易引起结露或水分分层现象。上表层麦种温度易受仓温影响而下降，与堆内高温发生温差使水分分层。有时这两部分种子反而会生虫和生霉。所以，小麦种子入库前须打开门窗使地坪增温，或铺垫经曝晒过的麻袋和砻糠(谷壳)，以缩小温差。如果用缸、坛、瓮等容器贮藏种子，必须与麦种同时曝晒增温。入库时无论麦种数量多大应一次完成，以免造成种子之间的温差。入库后应在面上加覆盖物，密闭门窗，既可保温又可预防结露。对于一些缸、坛等容器也应密封，以防麦种子在冷却过程中吸湿回潮。

(3)抓住有利时机迅速降温　高温密闭杀虫达到预期效果后，应迅速通风降温，这项工作应在短期内完成。因为长时间的高温密闭虽对杀虫有效，但对保持种子发芽率并不一定有益。如果降温时间拖得太长，小麦种子受外界温湿度影响增加水分，有时还有可能感染害虫。

(4)通过后熟期的小麦种子不宜采用热进仓贮藏　这是因为通过后熟作用的小麦种子耐热性降低，经高温处理后虽能达到杀虫目的，但是对发芽率会有较大影响。所以，热进仓贮藏应在小麦种子收获后立即进行较为适宜。

三、玉米种子的贮藏方法

玉米种子是大胚和含油分高，易吸湿，生虫和发霉，因此，做好玉米种子的贮藏工作其有很重要的意义。

（一）玉米种子的贮藏特性

穗贮与粒贮并用是玉米种子贮藏的一个突出特点，一般新收获的种子多采用穗贮以利通风降水，而隔年贮藏或具有较好干燥设施的单位常采取脱粒贮藏。

1. 种胚大，呼吸旺盛，容易发热

玉米在禾谷类作物种子中，属大胚种子，种胚的体积几乎占整个子粒的 1/3 左右，重量占全粒的 10%～12%，从它的营养成分来看，其中脂肪占全粒的 77%～89%，蛋白质占 30%以上，并含有大量的可溶性糖。由于胚中含有较多的亲水基，比胚乳更容易吸湿。在种子含水量较高的情况下，胚的水分含量比胚乳为高，而干燥种子的胚，水分却低于胚乳（表 8-2）。因此，吸水性较强，呼吸量比其他谷类种子大得多，在贮藏期间稳定性差，容易引起种子堆发热，导致发热霉变。有资料报道，含水量 14%～15%的玉米种子在 25℃条件下贮藏，呼吸强度为 28 mg O_2/(kg · 24 h)，而相同条件下的小麦种子呼吸强度仅为 0.64 mg O_2/(kg · 24 h)。

表 8-2　玉米胚与胚乳水分变化的比较　%

不同处理的玉米	全粒水分	胚部水分	胚乳水分	备　注
新剥玉米粒	31.4	45.2	29.0	刚从植株上剥下时测定的水分
收获后 5 d 的玉米	23.8	36.4	22.4	收获后剥去苞叶 5 d 后测定的水分
烘干的玉米	12.8	10.2	13.2	
晾晒后的玉米	14.4	11.2	14.8	

2. 玉米种胚易遭虫霉为害

其原因是胚部水分高，可溶性物质多，营养丰富。为害玉米的害虫主要是玉米象、谷盗、粉斑螟和谷蠹，为害玉米的霉菌多半是青霉和曲霉。当玉米水分适宜于霉菌生长繁殖时，胚部长出许多菌丝体和不同颜色的孢子，被称为“点翠”。因此，完整粒的玉米霉变，常常是从胚部开始的。实践证明，经过一段时间贮藏后的玉米种子，其带菌量比其他禾谷类种子高得多。因此，在生产上玉米经常发生“点翠”现象，这是玉米较难贮藏的原因之一。

在穗轴上的玉米种子由于开花授粉时间的不同，顶部子粒成熟度差，加上含水量高，在脱粒加工过程中易受损伤，据统计，一般损伤率在 15%左右。损伤子粒呼吸作用较旺盛，易遭虫、霉为害，经历一定时间会波及全部种子。所以，入库前应将这些破碎粒及不成熟粒清除，以提高玉米贮藏的稳定性。

3. 玉米种胚容易酸败

玉米种子脂肪含量绝大部分（77%～89%）集中在种胚中，这种分布特点加上种胚吸湿性又较强，因此，玉米种胚非常容易酸败，导致种子生活力降低。特别是在高温、高湿条件下贮藏，种胚的酸败比其他部位更明显。据试验，玉米在 13℃和相对湿度 50%～60%条件下贮藏 30 d，胚乳的酸度为 26.5（酒精溶液，下同），而胚为 211.5。在温度 25℃，相对湿度 90%的条件下，胚乳酸度为 31.0，胚则高达 633.0，可见玉米种胚容易酸败，高温、高湿更加快酸败的速度。

4.玉米种子易遭受低温冻害

在我国北方，玉米属于晚秋作物，一般收获较迟，加之种子较大，果穗被苞叶紧紧包裹在里面，在植株上水分不易蒸发，因此收获时种子水分较高，一般多在 20%～40%。由于种子水分高，入冬前来不及充分干燥，极易发生低温冻害，这种现象在下列情况下更易发生：一是低温年份、种子成熟期推迟，或不能正常成熟，含水量偏高；二是种子收获季节阴雨连绵、空气潮湿或低温来得早；三是一些杂交组合生育期偏长、活秆成熟或穗粗、粒大、苞叶包裹紧密。

有关玉米种子低温冻害条件的研究资料众多，由于研究者选用的材料和试验方法不同，得到的结果也不尽一致。据试验，玉米水分高于 17%时易受冻害，发芽率迅速下降。

5.玉米穗轴特性

玉米穗轴在乳熟及蜡熟阶段柔软多汁。成熟时轴的表面细胞木质化变得坚硬，轴心（髓部）组织却非常松软，通透性较好，具有较强的吸湿性。种子着生在穗轴上，其水分的大小在一定程度上决定于穗轴。潮湿的穗轴水分含量大于子粒，而干燥的穗轴水分则比子粒少。果穗在贮藏期间，种子和穗轴水分变化与空气相对湿度有密切关系，都是随着相对湿度的升降而增减。

将玉米穗轴和玉米粒，放在不同的相对湿度条件下，其平衡水分有明显的变化。据实验，在空气相对湿度低于 80%的情况下，穗轴水分低于玉米粒；当相对湿度高于 80%时，穗轴水分却高于玉米粒。前者情况，穗轴向子粒吸水，可以使玉米粒降低水分，而后者却相反，玉米粒从穗轴吸水，使种子增加水分。因此，相对湿度低于 80%的地区以穗藏为宜，超过 80%的地区，则以粒藏为宜。

（二）玉米种子贮藏技术要点

保管好玉米种，关键在于种子水分，低水分种子如不吸湿回潮，则能长期贮藏而不影响生活力。据各地经验，北方玉米种子水分在 14%以下，种温不高于 25℃，南方玉米种子水分在 13%以下，种温不超过 30℃，可以安全过夏。玉米霉变的临界水分如表 8-3 所示。

表 8-3 玉米霉变的临界水分

含水量/%	13	14	15	16	17	18	19	20
温度/℃	30	27	24	21	18	15	12	9

玉米贮藏有果穗贮藏和粒藏法两种，可根据各地气候条件、仓房条件和种子品质而选择采用。常年相对湿度较低的丘陵山区和我国北方，常采用穗藏法。常年相对湿度较高或仓房条件较好的地区却采用粒藏法。

1.果穗贮藏

（1）新收获的玉米果穗，穗轴内的营养物质因穗藏可以继续运送到子粒内，使种子达到充分成熟，且可在穗轴上继续进行后熟。

(2)穗藏孔隙度大,达51%左右,便于空气流通,堆内湿气较易散发。高水分玉米有时干燥不及时,经过一个冬季自然通风,可将水分降至安全标准以内,至第2年春即可脱粒,再行密闭贮藏。

(3)子粒在穗轴上着粒紧密,外有坚韧果皮,能起一定的保护作用,除果穗两端的少量子粒可能感染霉菌和被虫蛀蚀外,一般能起防虫、防霉作用,中间部分种子生活力不受影响,所以生产上常采用这部分种子作播种材料。

果穗贮藏同样要注意控制水分,以防发热和受冻害。果穗水分高于20%,在温度-5℃的条件下便受冻害而失去发芽率。水分高于17%,在-5℃时也会轻度受冻害,在-10℃以下便失去发芽率。水分大于16%时,果穗易受霉菌危害,在14%以下方能抑制霉菌生长。所以,过冬的果穗水分应控制在14%以下为宜。干燥果穗的方法可采用日光曝晒和机械烘干。曝晒法一般比较安全,烘干法对温度应作适当控制,种温在40℃以下,连续烘干72~96 h,一般对发芽率无影响,高于50℃对种子有害。

果穗贮藏法有挂藏和玉米仓堆藏两种。挂藏是将果穗苞叶编成辫,用绳逐个连接起来,挂在避雨通风的地方。有些是采用搭架挂藏,也有将玉米苞叶连接后围绕在树干上挂成圆锥体形状,并在圆锥体顶端披草防雨等各种形式。堆藏则是在露天地上用高粱秆编成圆形通风仓,将剥掉苞叶的玉米穗堆在里面越冬,次年再脱粒入仓,此法在我国北方采用较多。

2.子粒贮藏

粒藏法可提高仓容量,密度在55%~60%,空气在子粒堆内流通性较果穗堆内为差。如果仓房密闭性能较好,可以减少外界温湿度的影响,能使种子在较长时间内保持干燥,在冬季入库的种子,则能保持较长时间低温。据试验,利用冬季低温种温在0℃时将种子入库,面上盖一层干沙,到6月底种温仍能保持在10℃左右,种子不生霉不生虫,并且无异常现象。

对于采用子粒贮藏的玉米种子,当果穗收获后不要急于脱粒应以果穗贮藏一段时间为好。这样对种子完成后熟作用,提高品质以及增强贮藏稳定性都非常有利。玉米种子的后熟期因品种而不同,一般经过20~40 d即可完成,而经过15~30 d贮藏之后,就可达到最高的发芽率。

粒藏种子的水分,一般不宜超过13%,南方则在12%以下才能安全过夏。据各地经验,散装堆高随种子水分而定。种子水分在13%以下,堆高3~3.5 m,可密闭贮藏。种子水分在14%~16%,堆高2~3 m需间隙通风。种子水分在16%以上,堆高1~1.5 m,需通风,保管期不超过6个月,或采用低温保管,但要注意防止冻害。

(三)北方玉米种子安全越冬贮藏管理技术

北方玉米种子成熟后期气温较低,易受霜冻害,或收获时种子水分较高,又较难晒干燥,易受冻害。在贮藏管理中必须注意以下几点:

1.严格控制水分

以防冻害种子贮藏效果的好坏,很大部分取决于种子含水量。低温是种子贮藏的有利条件,但在北方寒冷的天气到来之前,种子只有充分晒干,才能防止冻害。入仓及贮藏期间,含水量要始终保持在14%以下,种子方可安全越冬。如果玉米种子含水量过高,种子内部各种酶类进行新陈代谢，呼吸能力加强，严寒条件下，种子就会发生冻害，降低或丧失发芽能力。据有关资料介绍，当玉米种子含水量低于14%时，室外温度在-40℃以下的条件下，不降低发芽率；当含水量在19%时，室外温度在-12～18℃的条件下，仅5 d就丧失发芽力；当含水量在30%时，在同样的室外温度下，只2 d时间，就全部冻死。

2.加强种子管理，定期检查含水量、发芽率

北方玉米种子冬贮时间较长，加工玉米种子胚部较大，胚组织疏松，有较强的生命活动和较高的呼吸强度，具有明显的吸湿性，即使是干燥的种子，在整个贮藏过程中，受空气中的温度、湿度变化及雨雪淋浸等影响，种子的含水量会发生较大的变化。因此在贮藏期间要定期检查种子含水量。如发现水分超过安全贮藏标准，应及时通风透气，调节温度，以免种子受冻或霉变。另外还应定期进行种子发芽试验，检验种子是否受害。若发芽率降低，应查明原因，及时采取补救措施。

3.切忌与农药化肥混放

种子是有生命的，要进行呼吸作用，因此不能与化肥、农药、油类、酸碱等具有腐蚀、熏蒸、易潮的物品同仓存放，以免种子吸潮发生霉变或被腐蚀、污染，降低发芽能力。

4.种袋标签清晰，严防混杂

贮藏时，种袋内外应有种子标签，注明品种名称、种子来源、数量、纯度、等级、贮藏日期等。如果在一个种子仓库内贮藏几个品种时，品种之间要保持一定距离，以防混杂。

5.创造良好的贮藏环境

对不符合建仓标准和条件差的仓库要进行维修，种仓要做到库内外干净清洁，仓库不漏雨雪。室外贮藏不可露天存放在雨雪淋浸的地方。还要认真做好防虫、防鼠工作。

6.要有合理的贮藏保管方法

贮藏方法是否合理，直接影响贮藏效果。贮藏方法大致有室外、冷室、暖室贮藏等几种，若种子含水量在14%以下，室内外越冬均安全。但一般多以冷室贮藏为宜，也可室外贮藏，但应注意防止雨雪淋浸。不论采取什么方法贮藏，都应把种子袋用树枝、木棍垫离地面30 cm以上，堆垛之间要留一定空隙。还应注意，在室外贮存的种子，遇冷后不应再转入室内；同样在室内贮存的种子，不可突然转到室外，否则，温度的骤然变化，会使种子的发芽率降低。

(四)包衣玉米种子贮藏方法

1.包衣种子贮藏特点

在正常贮藏条件下，据研究，贮藏一年的包衣与不包衣种子的发芽势和发芽率基本无差异。在同样条件下，不同品种种子的耐藏力有差异，但包衣与不包衣种子之间差异不大。包衣种子由于种衣剂含有杀菌杀虫成分，具有防霉、防虫的作用。包衣种子易吸湿回潮，当其含水量超过安全水分时，种衣剂化学药剂会渗入种胚，伤害种子，因此保持包衣种子的干燥状态是十分重要的。

2.包衣玉米种子越夏保存方法

欲越夏保存的玉米种子，先做种子发芽试验和活力测定，选择发芽率和活力水平高的种子批越夏保存；降低种子含水量，达到安全水分标准；采用防湿包装和干燥低温仓库贮藏；在贮藏期间做好防潮和检查工作，发现问题，及时处理，确保贮藏安全；出仓前做好种子发芽试验和活力测定，选择具有种用价值种子销售。

四、油菜种子的贮藏方法

油菜种子含油量较高，在35%～40%，一般认为不耐贮藏。但如能掌握它的贮藏特性，严格控制条件，也能达到安全贮藏的目的。

(一)油菜种子的贮藏特性

油菜种子贮藏特性主要包括以下三个方面。

1.吸湿性强

油菜种子种皮脆薄，组织疏松，且子粒细小，暴露的比面大。油菜收获正近梅雨季节，很容易吸湿回潮；但是遇到干燥气候也容易释放水分。据浙江省的经验，在夏季比较干燥的天气，相对湿度在50%以下，油菜种子水分可降低到7%～8%；而相对湿度在85%以上时，其水分很快回升到10%以上。所以常年平均相对湿度较高的地区和潮湿季节，特别要注意防止种子吸湿。

2.通气性差，容易发热

油菜种子近似圆形，密度较大，一般在60%以上。由于种皮松脆，子叶较嫩，种子不坚实，在脱粒和干燥过程中容易破碎，或者收获时混有泥沙等因素，往往使种子堆的密度增大，不易向外散发热量。然而油菜种子的代谢作用又旺盛，放出的热量较多。如果感染霉菌以后，分解脂肪释放的热量比淀粉类种子高1倍以上。所以油菜种子比较容易发热。尤其是那些水分高、感染霉菌，又是高堆的种子。据上海、苏南等地经验，发热时种温甚至可高达70～80℃。经发热的种子不仅失去发芽率，同时含油量也迅速降低。

3.含油分多，易酸败

油菜种子的脂肪含量较高，一般在36%～42%，在贮藏过程中，脂肪中的不饱和脂肪酸会自动氧化成醛、酮等物质，发生酸败。尤其在高温、高湿的情况下，这一变化过程进行得更快，结果使种子发芽率随着贮藏期的延长而逐渐下降。

油脂的酸败主要由两方面原因所引起：一是不饱和脂肪酸与空气中的氧起作用，生成过氧化物，它极不稳定，很快继续分解成为醛和酸。另一种原因是在微生物作用下，使油脂分解成甘油及脂肪酸，脂肪酸进而被氧化生成酮酸，酮酸经脱羧作用放出二氧化碳便生成酮。实践中油脂品质常以酸价表示，即中和1 g脂肪中全部游离脂肪酸所耗去的氢氧化钾的毫克数。耗去氢氧化钾量越多，酸价越高，表明油脂品质越差。

油菜种子在贮藏期间的主要害虫是螨类，它能引起种子堆发热，是油菜种子的危险害虫。螨类在油菜种子水分较高时繁殖迅速，只有保持种子干燥才能预防螨类为害。

(二)油菜种子贮藏技术要点

1.适时收获，及时干燥

菜籽收获以在花薹上角果有70%～80%呈现黄色时为宜。太早嫩籽多，水分高，不易脱粒，内部欠充实也较难贮藏；太迟则角果容易爆裂，籽粒散落，造成损失。脱粒后应及时干燥收获。

2.清除泥沙杂质

油菜种子的发热与含杂率高有一定关系，泥沙杂质过多，使种子堆的孔隙度变小，通气不良，妨碍散热散湿，因此菜籽入库以前，应进行严格的风选筛理，除去尘芥杂质及菌核之类物质，借以增加贮藏的稳定性。

3.严格控制入库水分

菜籽入库的安全水分应视当地气候特点和贮藏条件而定。就大多数地区的一般贮藏条件而言，种子水分控制在9%～10%以内，可以达到安全。但在高温多湿地区，且仓库条件较差，最好将水分控制在8%～9%以内。根据四川省的经验，水分超过10%，经高温季节，就开始结块；水分在12%以上，就会出现霉变，形成团饼，完全失去利用价值。

4.低温贮藏

低温贮藏对于保持菜籽发芽力有明显的效果。郭长根等(1978)曾用三个品种的菜籽进行少量贮藏试验，结果表明种子水分在7.9%～8.5%范围内，用塑料袋密封贮存于8℃的低温下，经12年之久，发芽率仍在98%以上。对于生产上大量种子的贮藏温度，应按季节加以控制，夏季一般不宜超过28～30℃；春秋季不宜超过13～15℃；冬季不宜超过6～8℃。如果种温超过仓温3～5℃，就应采取措施通风降温。

5.合理堆放

菜籽散装的堆放高度应随水分多少增减。水分在7%～9%时，堆高可到1.5～2.0 m；水分在9%～10%，堆高1～1.5 m；水分在10%～12%时，堆高只能在1.0 m左右，并须安装通风笼，水分超过12%时，不能入库。散装种子尽可能低堆，或将表面耙成波浪形，增大与空气的接触面，以利堆内湿、热的散发。

菜籽的袋装贮藏，应尽可能堆成各种形式的风凉桩，如井字形，工字形或金钱形等。种子水分在9%以下时，可堆高10包；水分在9%～10%时，可堆高8～9包；水分在10%～12%时，可堆高6～7包；水分在12%以下时，高度不宜超过5包。

6.加强管理、勤检查

菜籽属于不耐贮藏的种子，虽然进仓时种子水分低、杂质少，但在仓库条件好的情况下仍须加强管理和检查。一般在4—10月份，对水分在9%～12%的菜籽每天检查2次，水分在9%以下，每天检查1次；在11月至翌年3月之间，水分在9%～12%的菜籽每天检查1次，水分在9%以下，可隔天检查1次。

五、棉花种子的贮藏方法

(一)棉籽的贮藏特性

棉籽种皮厚，一般在种皮表面附有短绒，导热性很差，在低温干燥条件下贮藏，寿命可达10年以上，在农作物种子中是属于长命的类型。但如果水分和温度较高，就很容易变质，生活力在几个月内完全丧失。

1.耐藏性好

熟后的棉籽，种皮结构致密而坚硬，外有蜡质层可防外界温、湿度的影响。种皮内含有约7.6%左右的鞣酸物质，具有一定的抗菌作用。所以，从生物学角度讲，棉籽属于长寿命种子。但是未成熟种子则种皮疏松皱缩，抵御外界温、湿度的影响能力较差，寿命也较短。一般从霜前花轧出的棉籽，内容物质充实饱满，种壳坚硬，比较耐贮藏。而从霜后花轧出的棉籽，种皮柔软，内容物质松瘪，在相同条件下，水分比霜前采收的棉籽为高，生理活性也较强，因此耐藏性较差。

棉籽的不孕粒比例较高，据统计，中棉占10%左右，陆地棉占18%左右。棉籽经过轧花后机械损伤粒比较多，一般占15%～29%，特别是经过轧短绒处理后的种子，机损率有时可高达30%～40%。上述这些种子本身生理活性较强，又易受贮藏环境中各种因素的影响，不耐贮藏。

棉籽入库前，要进行一次检验，其安全标准为：水分不超过11%～12%，杂质不超过0.5%，发芽率应在90%以上，无霉烂粒，无病虫粒，无破损粒，霜前花籽与霜后花籽不可混在一起，后者通常不作留种用。

2.通气性差

一般的棉籽表面着生单细胞纤维称为棉绒。轧花之后仍留在棉籽上的部分棉绒称为短绒，占种子重量的55%左右，它的导热性较差，具有相当好的保温能力，不易受外界温、湿度的影响。如果棉籽堆内温度较低时，则能延长低温时间，相反堆内的热量也不易向外散发。短绒属于死坏物质易吸附水分子，在潮湿条件下易滋生霉菌，相对湿度在84%～90%时霉菌生长很快，放出大量热量，积累在棉籽堆内而不能散发引起发热，干燥的棉籽很容易燃烧，在贮藏期间要特别注意防火工作。

3.含油分多，易酸败

棉籽的脂肪含量较高，在20%左右，其中不饱和脂肪酸含量比较高，易受高温、高湿的影响使脂肪酸败。特别是霜后花中轧出的种子，更易酸败而丧失生活力。棉籽入库后的主要害虫是棉红铃虫，幼虫由田间带入，可在仓内继续蛀食棉籽，危害较大。幼虫在仓内越冬，到第2年春暖后羽化为成虫飞回田间。因此，棉籽入库前后做好防虫灭虫工作十分重要。

留种用的棉籽短绒上会带有病菌，可用脱短绒机或用浓硫酸将短绒除去，以消除这些病菌，并可节约仓容，来春播种时也比较方便，种子不至互相缠结，使播种落子均匀，对吸水发芽也有一定促进作用。但应注意脱去绒的棉籽在贮藏中容易发热，须加强检查和适当通风。

(二)棉籽贮藏技术要点

棉籽从轧出到播种约需经过5～6个月的时间。在此期间，如果温湿度控制不适当，就会引起种子中游离脂肪酸增多，呼吸作用旺盛，微生物大量繁殖，以致发热霉变，丧失生活力。

用于贮藏棉籽的仓库，虽然仓壁所承受的侧压力很小，但为了预防高温影响和水湿渗透，仓壁构造仍应适当加厚，地坪也须坚固不透水，此外还须具备良好的通风条件。棉籽在贮藏前如发现有红铃虫，可在轧花以后，通入热气对棉籽进行熏蒸，称为热熏法。此法不但可杀死红铃虫，且可促进棉籽后熟和干燥，有利于安全贮藏。

棉籽堆积在仓库中，只可装到仓容的一半左右，最至多不能超过70%，以便通风换气。仓库中须装置测温设备，方法是每隔3 m插竹管一根，管粗约2 cm，一端制成团锥形，管长分3种，以便上、中、下层各置温度计一支。竹管距仓壁亦为3 m，每隔5～10 d测温1次，9—10月份则需每天测温1次，温度须保持在15℃以下。如有异常现象，迅即采取翻堆或通风降温等措施。袋装棉籽须堆垛成行，行间留走道，如堆放面积较大，应设置通气设施。

我国地域广大，贮藏方式应因地制宜。华北地区冬季温度较低，棉籽水分在12%以下，已适宜较长时间保存，贮藏方式可以用露天围囤散装堆藏；冬季气温过低，须在外围加一层保护套，以防四周及表面棉籽受冻。水分在12%～13%，以上的棉籽要注意经常性的测温工作，以防发热变质。如水分超过13%以上，则必须重新晾晒，使水分降低后，才能入库。棉籽要降低水分，不宜采用人工加温机械烘干法，以免引起棉纤维燃烧。

华中、华南地区，温湿度较高，必须有相应的仓库设备，采用散装堆藏法。安全水分要求达到11%以下，堆放时不宜压实，仓内须有通风降温设备，在贮藏期间，保持种温不超过15℃。

(三)包衣棉籽的贮藏方法

由于用剩下的包衣棉籽带剧毒农药，无法转商，只能探埋处理，既浪费种子，又会污染环境。

根据研究，只要认真做好安全贮藏，种子发芽率和田间出苗率仍能基本保持原有水平，翌年仍能使用，既能节约种子，又增加经济效益，因此，做好包衣棉籽的越年保存是很有意义的。这里将包衣棉籽贮藏特点和方法简介如下：

(1)脱绒包衣棉种易于在夏秋两季吸潮、发热、降低发芽率。因此，必须降低水分，并防湿包装，堆成通风垛，在种垛上、中、下各处均匀放置温度计，掌握温度的变化情况。高温潮湿季有须每天检测1次，棉籽温度须保持在20℃以下。如有异常，立即采取倒仓或通风降温等措施，最好放入低温库保存，确保种子安全越夏。

(2)脱绒包衣棉籽种皮脆、薄、机械损伤多。如压力一大往往出现种皮破裂的情况，因此，仓贮中袋装种子高度不应超过2 m。

(3)包衣棉种带有剧毒，会发出刺激性气味，仓内不应贮存其他种子。同时，应注意人身安全，以防中毒。

六、大豆种子的贮藏方法

(一)大豆种子的贮藏特性

大豆除含有较高的油分外(17%～22%)，还含有丰富的蛋白质(38%～42%)，因此，其贮藏特性不仅与禾谷类作物种子大有差别，而与其他一般豆类比较也有所不同。

1.吸湿性强

大豆子叶中含有大量蛋白质(蛋白质是吸水力很强的亲水胶体)，同时由于大豆的种皮较薄，种孔(发芽口)较大，所以对大气中水分子的吸附作用很强。在20℃条件下，相对湿度为90%时，大豆的平衡水分达20.9%(谷物种子在20%以下)；相对湿度在70%时，大豆的平衡水分仅11.6%(谷物种子均在13%以上)。因此，大豆贮藏在潮湿的条件下，极易吸湿膨胀。大豆吸湿膨胀后，其体积可增加2～3倍，对贮藏容器能产生极大的压力，所以大豆晒干以后，必须在相对湿度70%以下的条件下保藏，否则容易超过安全水分标准。

2. 易丧失生活力

大豆水分虽保持在9%～10%的水平，如果种温达到25℃时，仍很容易丧失生活力。大豆生活力的影响因素除水分和温度外，种皮色泽也有很大的关系。黑色大豆保持发芽力的期限较长，而黄色大豆最容易丧失生活力。种皮色泽越深，其生活力越能保持长久，这一现象也出现在其他豆类中，其原因是由于深色种皮组织较为紧密，代谢作用较为微弱的缘故。

贮藏期间的通风条件影响大豆的呼吸作用，也会间接影响生活力。当大豆水分为10%，在0℃时放出CO_2的量为100 mg/(kg·24 h)，当温度升高到24℃时，通风贮藏的，其呼吸强度增至1 073 mg/(kg·24 h)，(即增强10倍多)，而不通风的仅384 mg/(kg·24 h)，(还不到4倍)。呼吸强度增高，放出水分和热量又进一步促进呼吸作用，很快就会导致贮藏条件的恶化而影响生活力。

根据Toole等(1946)的研究，两个大豆品种，在高水分(大粒黄为18.1%，耳朵棕为17.9%)，30℃条件下经1个月贮藏，大粒黄种子仅有14%的发芽率，而耳朵棕种子则完全死亡。同样水分如在10℃下贮藏1年，发芽率分别为88%和76%；而自然风干的种子(大粒黄水分为13.9%，耳朵棕为13.4%)10℃下贮藏4年，发芽率分别为88%和85%；低水分种子(大粒黄水分为9.4%，耳朵棕为8.1%)30℃条件下经1年贮藏，大粒黄和耳朵棕种子仍有87%和91%的发芽率，同样的低水分种子在10℃下贮藏10年，发芽率分别为94%和95%。

3. 破损粒易生霉变质

大豆颗粒椭圆形或接近圆形，种皮光滑，散落性较大。此外大豆种子皮薄、粒大，干燥不当易损伤破碎。同时种皮含有较多纤维素，对虫霉有一定抵抗力。但大豆在田间易受虫害和早霜的影响，有时虫蚀高达50%左右。这些虫蚀粒、冻伤粒以及机械破损粒的呼吸强度要比完整粒大得多。受损伤的暴露面容易吸湿往往成为发生虫霉的先导，引起大量的生霉变质。

4. 导热性差

大豆含油分较多，而油脂的导热率很小。所以大豆在高温干燥或烈日暴晒的情况下，不易及时降温以致影响生活力和食用品质。大豆贮藏期可利用这一特点以增强其稳定性，即大豆进仓时，必须干燥而低温，仓库严密，防热性能好，则可长期保持稳定，不易导致生活力下降。据黑龙江省试验，大豆贮藏在木板仓壁和铁皮仓顶的条件下，堆高4 m，于1月份入库，种温为－11℃，到7月份出仓时，仓温达30℃，而上层种温为21℃，中层为10℃，下层为7℃。如果仓壁加厚，仓顶选用防热性良好的材料，则贮藏稳定性将会大大提高。

5. 蛋白质易变性

大豆含有大量蛋白质，远非一般农作物种子所可比拟，但在高温高湿条件下，很容易老化变性。以致影响种子生活力和工艺品质及食用品质，这和油脂容易酸败的情况相同，主要由于贮藏条件控制不当所引起，值得注意。大豆种子一般含脂肪17%～22%，由于大豆种子中的脂肪多由不饱和脂肪酸构成，所以很容易酸败变质。

(二)大豆种子在贮藏期间的变化

大豆在贮藏期间发生一系列变化，除在一般农作物种子所见到的发热、生霉、结露、生虫、酸败、变质等情况外，还会发生某些为大豆种子所特有的问题，其中比较突出的就是浸油和红变。

大豆浸油是在贮藏过程中常常遇到的一种不正常变化。当水分超过13%，温度达25℃以上，即使还未发热生霉，但经过一段时间，豆粒会发软，两片子叶靠近脐的部位呈现深黄色甚至透出红色(一般称为红眼)。以后种温逐渐升高，豆粒内部红色加深并逐步扩大，即所谓红变，严重时有明显的浸油脱皮现象，子叶呈蜡状透明。这一变化不仅严重影响种子的生活力，同时也大大降低食用价值，出油率下降，油色变深，做成豆制品带有酸味，豆浆颜色发红。

大豆发生浸油和红变现象的原因，一般认为是在高温高湿的作用下，使蛋白质凝固变性，破坏了脂肪与蛋白质共存的乳化状态。脂肪渗出呈游离状态，即发生浸油现象，同时脂肪中的色素逐渐沉积以致引起子叶变红。从外观看，大豆的浸油红变也表现一定的发展过程。首先，是种皮光泽减退，种皮与子叶呈斑点状粘连，略带透明，习惯上称为“搭皮”，再进一步发展到脱皮，稍加压碾，种皮即破碎脱落，而子叶内面出现红色斑点，逐步扩大，呈明显的蜡状透明，带赤褐色，在整个变红过程中，种皮色泽也不断加深，由原来的淡黄色发展成为深黄、红黄以至红褐色。

大豆浸油红变与吸湿生霉之间存在一定的关系，即浸油红变可以单独出现而不伴随着吸湿生霉，而吸湿生霉的发展过程中都会出现浸油红变。根据实践经验，大豆水分超过13%，当种温超过25℃，就会发生红变。红变的严重性随着保持高温时间的延长而增加，但发展速度较生霉变质要慢一些。据哈尔滨市香坊仓库观察结果，水分达13.4%的大豆放在25℃下贮藏，经3 d后，出现红眼豆0.7%，10天后增至2.6%，20天后增至21.8%。

(三)大豆种子贮藏的技术要点

为了保证大豆的安全贮藏，应注意做好如下几项工作。

1.充分干燥

充分干燥是大多数农作物种子安全贮藏的关键，对大豆来说，更为重要。一般要求长期安全贮藏的大豆水分必须在12%以下，如超过13%，就有霉变的危险。大豆干燥以带荚为宜，首先要注意适时收获，通常应等到豆叶枯黄脱落，摇动豆荚时互相碰撞发出响声时收割为宜。收割后摊在晒场上铺晒2～3 d，荚壳干透有部分爆裂，再行脱粒，这样可防止种皮发生裂纹和皱缩现象。大豆入库后，如水分过高仍需进一步曝晒，据原粮食部科学研究设计院试验:大豆经阳光曝晒对出油率并无影响，但阳光过分强烈，易使子叶变成深黄脱皮甚至发生横断等现象。在曝晒过程中，以不超过44～46℃为宜，而在较低温度下晾晒，更为安全稳妥;晒干以后，应先摊开冷却，再分批入库。

2.低温密闭

大豆由于导热性不良，在高温情况下又易引起红变，所以应该采取低温密闭的贮藏方法。一般可趁寒冬季节，将大豆转仓或出仓冷冻，使种温充分下降后，再进仓密闭贮藏，最好表面加一层压盖物。加覆盖的和未加覆盖的相对比，在种子堆表层的水分要低，种温也低，并且保持原有的正常色泽和优良品质。有条件的地方将种子存入低温库、准低温库、地下库等效果更佳，但地下库一定要做好防潮去湿工作。贮藏大豆对低温的敏感程度较差，因此很少发生低温冻害。

3.及时倒仓过风散湿

新收获的大豆正值秋末冬初季节，气温逐步下降，大豆入库后，还需进行后熟作用，放出大量的湿热，如不及时散发，就会引起发热霉变。为了达到长期安全贮藏的要求，大豆入库3～4周，应及时进行倒仓过风散湿，并结合过筛除杂，以防止出汗发热，霉变，红变等异常情况的发生。

根据实践经验，大豆在贮藏过程中，进行适当通风很有必要。贮藏在缸坛中的大豆，由于长期密闭，其发芽率还比仓库内贮藏的为差。适当通风不仅可以保持大豆的发芽率，还能起到散湿作用，使大豆水分下降；因大豆在较低的相对湿度下，其平衡水分较一般种子为低。

七、花生种子的贮藏方法

(一)花生种子的贮藏特性

1.原始水分高，易发热生霉

花生的荚果刚收获时水分很高，可达40%～50%。由于颗粒较大荚壳较厚，而且子叶中含有丰富蛋白质，所以水分不易散发，但它的安全水分则要求达到9%～10%以下，有时曝晒4～5 d，还不能符合标准。花生荚果到一定干燥程度，质地变为松脆，容易发裂，不耐压，而吸湿性较强，在贮藏过程中，很容易遭受外界高温、潮湿、光线或氧气等不良影响，如果对水分和温度这两个主要因素控制不当，就往往造成发热霉变，走油，酸败，含油率降低以及生活力丧失等一系列品质变化。据生产实践经验，花生荚果含水分11.4%，同时温度升高到17℃，即滋生霉菌引起变质；特别是一经黄曲霉菌为害，就会产生黄曲霉素，对人畜有致癌作用，不论种用或食用，都失去价值。此外花生荚果从土中收起，带有泥沙杂质，一经淘洗，荚壳容易破裂，更难晒干，在贮藏期间就会引起螨类和微生物的繁殖和为害。

2.干燥缓慢，易受冻害，失去生活力

花生种子生长于地下，收获时含水量可高达40%～50%，花生收获期正值秋季凉爽季节，如天气情况太差，未能及时收获，易造成子房柄霉烂，荚果脱落，遗留在土中，或由于子房柄入土不深，所结荚果靠近土面，这都可能遭到早霜侵袭，使种子冻伤。同时由于花生种子较大，其中又含有较多的蛋白质，水分不易散失，在严寒来临之际，种子水分不能及时降至受冻的临界水分以下时，也会受到低温冻害。根据观察，花生的植株在－1.5℃时即将受冻枯死，到－3℃，荚果即受到冻害。受冻的花生种子，色泽发暗发软，有酸败气味，在纬度较高地方，花生贮藏最突出的问题是早期受冻和次年度过夏季，一般花生产区，花生种子的发芽率仅50%～70%，值得加以重视。

花生收获后未能及时干燥，也能造成冻害。根据王景升等研究，含水量38.41%～45.15%的花生种子在－3～－2℃条件处理12 h，则使发芽率明显降低；含水量24%的种子，在－6℃条件下存放3天发芽率显著下降。据河北省秦皇岛市粮食仓库的资料，受冻的花生不但丧失生活力，同时食用品质也显著下降。

3.种皮薄，含油多，怕晒，对高温敏感

花生种子的种皮薄而脆，如日晒温度较高，种皮容易脆裂，色泽变暗，而且在曝晒过程中，由于多次翻动会导致种皮破裂，破瓣粒增加，贮藏时易诱发虫霉，呼吸强度也会升高，降低贮藏稳定性和种子品质。若未充分晒干而天气连续阴雨，种皮就失去光泽，籽粒发软。花生种子含油分40%～50%，在高温、高湿、机械损伤、氧气、日光及微生物的综合影响之下，很容易发生酸败，花生种子除含有丰富的油分外，还含有较多的蛋白质，堆微生物的繁殖和发育提供有利条件。这些都是花生容易丧失生活力的重要因素。

(二)花生种子在贮藏期间变化

1.脂肪酸的变化

花生在贮藏期间的稳定程度可根据脂肪酸的变化情况为衡量标准，据实践经验，花生米(种子)进仓初期，尚处物质合成作用，脂肪酸稍有下降趋势。以后随着贮藏期主要取决于水分和温度：当水分为8%，温度在20℃以下时，变化基本稳定，温度增加到25℃，脂肪酸显著的增加。如气温下降，则又趋向稳定。凡受机械损伤，受冻害及被虫蚀的子粒，脂肪酸的增多更为明显。当脂肪起整个子粒酸败变质。

2.浸油的变化

花生种子的脂肪酸逐渐增高，同时就会发生浸油现象，种皮色泽变暗，呈深褐色，子叶由乳状，食味不正常，严重的还带有腥臭味。花生浸油的临界水分与温度和是否带壳贮藏有密切关系。

3.发热生霉

花生种子含有较多的蛋白质，容易吸湿返潮，很容易发热生霉，霉变首先从未成熟粒、破损粒、冻伤粒开始，逐渐扩大影响至完好的种子，主要决定于开始贮藏时的水分和温度，用一般贮藏方法(囤藏、散藏、袋藏等)水分在8%以下，不会发热生霉。

(三)花生种子贮藏技术要点

总起来说，花生保藏的主要关键在于适时收获(防冻)，充分干燥(防冻防热)，冷却进仓，低温密闭，播前脱壳。

1.适时收获，抓紧干燥

花生种子收获过早，籽粒不饱满，产量低，发芽率也低，而收获太迟，不但容易霉烂变质，而且早熟花生会在田间发芽，晚熟花生还可能受冻。因此，花生种子应在成熟适度的前提下，及时收获，以免受冻害丧失生活力。一般晚熟品种应在寒露至霜降之间收获完毕。据生产实践经验，刚收获的荚果一经霜冻就不能发芽。正常情况下，当植株上部叶片变黄，中、下部叶片由绿转黄，大部分荚果的果壳硬化、脉纹清晰、海绵组织收缩破裂，种仁籽粒饱满、种皮呈现本品种特有光泽时，即可收获。为避免收获时遭受霜冻，晚熟品种收获时要与早霜错开至少3 d以上，收获后要及时干燥。

花生收获后，应采取全株晾晒，这样不仅干燥快、干燥安全，而且有利于植株中的养分继续向种子转移。在田间晾晒时，可将荚果朝上，植株向下顺垅堆放。也可运到晒场上，堆成南北小长垛，蔓在内，荚果在两侧朝外，晾晒过程中避免雨淋。倘收获时遇到阴雨天气，须将花生荚果上的湿土除去，放在木架上，堆成圆锥形垛，荚果朝里，并留孔隙通风。晾晒7 d左右即可将荚果摘下。

2.荚果贮藏

花生荚果贮藏过夏，须将水分控制在9%～10%。干燥的荚果在冬季通风降温后，趁低温密闭贮藏。高水分的荚果可用小囤贮存过冬，经过通风干燥后，第2年春暖前再入仓密闭保管。如水分超过15%，在冬季低温条件下，易遭受冻害，必须设法降低水分，才能保藏。

种用花生一般以荚果贮藏为妥。最好在晒干以后，先摊开通风降温，待气温降至10℃以下时，再入仓储藏，以防止早期入仓发热。花生入仓初期，尚未完成后熟，呼吸强度大，须注意通风降温，否则可能造成闷仓闷垛的异常情况。严重影响发芽率。又在次年播种前，不宜脱壳过早，否则会影响发芽率，一般应在播种前10 d方脱壳。

留种花生荚果最好用袋装法贮藏，剔除破损及嫩粒，水分在9%～10%，堆垛温度不宜超过25℃。如进行短期保藏，可采用散装贮藏，堆内设置通气筒，堆高不超过2 m(不论脱壳与否，均不耐压)。

从安全贮藏角度看，用荚果贮藏具有许多优越性：种子有荚壳保护，不易被虫霉为害；荚果组织疏松，一经晒干，不易吸潮，受不良气候条件影响较小，生活力可以保持较久；对检查和播种前的选种工作较为方便，特别是鉴定种子的品种纯度和真实性等。其唯一缺点就是体积较大，比用种仁贮藏需多占仓容2倍以上。

3.种仁贮藏

作为食用或工业用的花生，一般都以种仁(花生米)贮藏。须待荚果干燥后再行脱壳。脱壳后的种仁如水分在10%以下，可贮藏过冬，如水分在9%以下能贮藏到次年春末；如果要度过次夏必须降至8%以下，同时种温控制在25℃。

花生仁吸湿性强，度过高温高湿的梅雨季节和夏季，很容易吸湿生霉。经充分干燥的花生米，通过寒冷的冬季，一到来春气温上升，湿度增高，就应进行密闭贮藏。密闭方法为先压盖一层席子，上面再盖压一层麻袋片。席子的作用除隔热防潮外，还可防止工作人员在上面走动时踩伤花生仁，麻袋片能吸收空气中水汽，回潮时取出晒晾，再重新盖上，这称为“麻袋片搬水法”。如能保持水分在8%以下，种温不超过20℃则很少发生脂肪变质或种粒发软等现象。

八、蔬菜种子的贮藏方法

(一)蔬菜种子的贮藏特性

蔬菜种子种类繁多，种属各异，甚至分属不同科。种子的形态特征和生理特性很不一致，对贮藏条件的要求也各不相同。

蔬菜种子的颗粒大小悬殊，大多数种类蔬菜的籽粒比较细小，如各种叶菜、番茄、葱类等种子。并且大多数的蔬菜种子含油量较高。

蔬菜大多数为天然异交作物或常异交作物，在田间很容易发生生物学变异。因此，在采收种子时应进行严格选择，在收获处理过程中严防机械混杂。

蔬菜种子的寿命长短不一，瓜类种子由于有坚固的种皮保护，寿命较长，番茄、茄子种子一般室内贮藏3～4年仍有80%以上的发芽率。含芳香油类的大葱、洋葱、韭菜以及某些豆类蔬菜种子易丧失生活力，属短命种子。对于短命的种子必须年年留种，但通过改变贮藏环境，寿命可以延长。如洋葱种子经一般贮藏1年就变质，但在含水量降至6.3%，密封，－4℃条件下贮藏7年仍有94%的发芽率。

(二)蔬菜种子贮藏技术要点

1.做好精选工作

蔬菜种子籽粒小,重量轻,不像农作物种子那样易于清选。籽粒细小并种皮带有茸毛短刺的种子易黏附混入菌核、虫卵、杂草种子等有生命杂质以及残叶、碎果种皮、泥沙、碎秸秆等无生命杂质。这些种子在贮藏期间很容易吸湿回潮,还会传播病虫杂草,因此在种子入库前要对种子充分清选,去除杂质。蔬菜种子的清选对种子安全贮藏,提高种子的播种质量比农作物种子具有更重要的意义。

2.合理干燥种子

蔬菜种子日光干燥时须注意,晒种时小粒种子或种子数量较少时,不要将种子直接摊在水泥晒场上或盛在金属容器中置于阳光下暴晒,以免温度过高烫伤种子。可将种子放在帆布、苇席、竹垫上晾晒。午间温度过高时,可暂时收拢堆积种子,午后再晒。在水泥场上晒大量种子时,不要摊得太薄,并经常翻动,午间阳光过强时,可加厚晒层或将种子适当堆积,防止温度过高,午后再摊薄晾晒。

也可以采用自然风干方法,将种子置于通风、避雨的室内,令其自然干燥。此法主要用于最少、怕阳光晒的种子(如甜椒种子),以及植株干燥而种果或种粒未干燥的种子。

3.正确选用包装方法

大量种子的贮藏和运输可选用麻袋、布袋包装。金属罐、盒,适于少量种子的包装或大量种子的小包装,外面再套装纸箱可作长期贮存或销售,适于短命种子或价格昂贵种子的包袋。纸袋、聚乙烯铝箔复合袋、聚乙烯袋、复合纸袋等上要用于种子零售的小包装或短期的贮存。含芳香油类蔬菜种子如葱、韭菜类,采用金属罐贮藏效果较好。密封容器包装的种子,水分要低于一般贮藏的含水量。

4.大量和少量种子的贮藏方法

大量种子的贮藏与农作物贮藏的技术要求基本一致。留种数量较多的可用麻袋包装,分品种堆垛,每一堆下应有垫仓板以利于通风。堆垛高度一般不宜超过6袋,细小种子如芹菜之类不宜超过3袋。隔一段时间要倒桩翻动一下,否则底层种子易压伤或压扁。有条件的应采用低温低湿库贮藏,有利于种子生活力的保持。

蔬菜种子的少量贮藏较广泛,方法也更多。可以根据不同的情况选用合适的方法。

(1)低温防潮贮藏　经过清选并已干燥至安全含水量以下的种子装入密封防潮的金属罐或铝箔复合薄膜袋内,再将种子放在低温、干燥条件下贮藏。罐装、铝箔复合袋在封日时还可以抽成真空或半真空状态,以减少容器内氧气量。

(2)在干燥器内贮藏　目前我国各科研或生产单位用得比较普遍的是将精选晒干的种子放在纸口袋或布口袋中,贮于干燥器内。干燥器可以采用玻璃瓶、小口有盖的缸瓮、塑料桶、铝罐等。在干燥器底部盛放干燥剂,如生石灰、硅胶、干燥的草木灰及木炭等,上放种子袋,然后加盖密闭。干燥器存放在阴凉干燥处,每年晒种一次。并换上新的干燥剂。这种贮藏方法,保存时间长,发芽率高。

(3)整株和带粒贮藏　成熟后不自行开裂的短角果,如萝卜及果肉较薄,容易干缩的辣椒,可整株拔起;长荚果,如豇豆可以连荚采下,捆扎成把。以上的整株或扎成的把,可挂在阴凉通风处逐渐干燥，至农闲或使用时脱粒。这种挂藏方法，种子易受病虫报害，保存时间较短。

5.蔬菜种子的安全水分

蔬菜种子的安全水分随种子类别不同，一般以保持在8%～12%为宜，水分过高。生活力下降很快。不结球自菜、结球白菜、甘蓝、花椰菜、叶用芥菜、根用芥菜、萝卜、茵笋、香茄、辣椒、甜椒、黄瓜种子含水示不应高于8%。芹菜、茄子、南瓜种子不应高于9%含水量。胡萝卜、大葱、韭菜、洋葱种子不应高于10%含水量。菠菜种子不应高于11%含水量。在南方气温高、湿度大的地区特别应严格掌握蔬菜种子的安全贮藏含水量，以免种子发芽力迅速下降。

计 划 单

<table>
<tr><td>学习领域</td><td colspan="3">种子加工贮藏技术</td></tr>
<tr><td>学习情境 8</td><td>主要农作物种子的贮藏方法</td><td>学时</td><td>1</td></tr>
<tr><td>计划方式</td><td colspan="3">小组讨论、成员之间团结合作共同制订计划</td></tr>
</table>

序号	实施步骤	使用资源

<table>
<tr><td>制订计划说明</td><td colspan="4"></td></tr>
<tr><td rowspan="3">计划评价</td><td>班级</td><td></td><td>第　组</td><td>组长签字</td><td></td></tr>
<tr><td>教师签字</td><td colspan="2"></td><td>日期</td><td></td></tr>
<tr><td colspan="5">评语：</td></tr>
</table>

决 策 单

<table>
<tr><td>学习领域</td><td colspan="8">种子加工贮藏技术</td></tr>
<tr><td>学习情境8</td><td colspan="5">主要农作物种子的贮藏方法</td><td>学时</td><td colspan="2">1</td></tr>
<tr><td colspan="9">方案讨论</td></tr>
<tr><td rowspan="7">方案对比</td><td>组号</td><td>任务耗时</td><td>任务耗材</td><td>实现功能</td><td>实施难度</td><td>安全可靠性</td><td>环保性</td><td>综合评价</td></tr>
<tr><td>1</td><td></td><td></td><td></td><td></td><td></td><td></td><td></td></tr>
<tr><td>2</td><td></td><td></td><td></td><td></td><td></td><td></td><td></td></tr>
<tr><td>3</td><td></td><td></td><td></td><td></td><td></td><td></td><td></td></tr>
<tr><td>4</td><td></td><td></td><td></td><td></td><td></td><td></td><td></td></tr>
<tr><td>5</td><td></td><td></td><td></td><td></td><td></td><td></td><td></td></tr>
<tr><td>6</td><td></td><td></td><td></td><td></td><td></td><td></td><td></td></tr>
<tr><td>方案评价</td><td colspan="8">评语：</td></tr>
</table>

班级		组长签字		教师签字		日期	

材料工具清单

<table>
<tr><td>学习领域</td><td colspan="7">种子加工贮藏技术</td></tr>
<tr><td>学习情境 8</td><td colspan="7">主要农作物种子的贮藏方法</td></tr>
<tr><td>项目</td><td>序号</td><td>名称</td><td>作用</td><td>数量</td><td>型号</td><td>使用前</td><td>使用后</td></tr>
<tr><td rowspan="7">所用仪器仪表</td><td>1</td><td></td><td></td><td></td><td></td><td></td><td></td></tr>
<tr><td>2</td><td></td><td></td><td></td><td></td><td></td><td></td></tr>
<tr><td>3</td><td></td><td></td><td></td><td></td><td></td><td></td></tr>
<tr><td>4</td><td></td><td></td><td></td><td></td><td></td><td></td></tr>
<tr><td>5</td><td></td><td></td><td></td><td></td><td></td><td></td></tr>
<tr><td>6</td><td></td><td></td><td></td><td></td><td></td><td></td></tr>
<tr><td>7</td><td></td><td></td><td></td><td></td><td></td><td></td></tr>
<tr><td rowspan="8">所用材料</td><td>1</td><td>水稻种子</td><td></td><td></td><td></td><td></td><td></td></tr>
<tr><td>2</td><td>小麦种子</td><td></td><td></td><td></td><td></td><td></td></tr>
<tr><td>3</td><td>玉米种子</td><td></td><td></td><td></td><td></td><td></td></tr>
<tr><td>4</td><td></td><td></td><td></td><td></td><td></td><td></td></tr>
<tr><td>5</td><td></td><td></td><td></td><td></td><td></td><td></td></tr>
<tr><td>6</td><td></td><td></td><td></td><td></td><td></td><td></td></tr>
<tr><td>7</td><td></td><td></td><td></td><td></td><td></td><td></td></tr>
<tr><td>8</td><td></td><td></td><td></td><td></td><td></td><td></td></tr>
<tr><td rowspan="8">所用工具</td><td>1</td><td></td><td></td><td></td><td></td><td></td><td></td></tr>
<tr><td>2</td><td></td><td></td><td></td><td></td><td></td><td></td></tr>
<tr><td>3</td><td></td><td></td><td></td><td></td><td></td><td></td></tr>
<tr><td>4</td><td></td><td></td><td></td><td></td><td></td><td></td></tr>
<tr><td>5</td><td></td><td></td><td></td><td></td><td></td><td></td></tr>
<tr><td>6</td><td></td><td></td><td></td><td></td><td></td><td></td></tr>
<tr><td>7</td><td></td><td></td><td></td><td></td><td></td><td></td></tr>
<tr><td>8</td><td></td><td></td><td></td><td></td><td></td><td></td></tr>
</table>

班级		第　组	组长签字		教师签字	

实 施 单

<table>
<tr><td>学习领域</td><td colspan="3">种子加工贮藏技术</td></tr>
<tr><td>学习情境 8</td><td>主要农作物种子的贮藏方法</td><td>学时</td><td>2</td></tr>
<tr><td>实施方式</td><td colspan="3">小组合作；动手实践</td></tr>
</table>

序号	实施步骤	使用资源

实施说明：

<table>
<tr><td>班级</td><td></td><td>第　组</td><td>组长签字</td><td></td></tr>
<tr><td>教师签字</td><td colspan="2"></td><td>日期</td><td></td></tr>
</table>

作　业　单

<table>
<tr><td>学习领域</td><td colspan="6">种子加工贮藏技术</td></tr>
<tr><td>学习情境 8</td><td colspan="6">主要农作物种子的贮藏方法</td></tr>
<tr><td>作业方式</td><td colspan="6">资料查询、现场操作</td></tr>
<tr><td>1</td><td colspan="6"></td></tr>
<tr><td colspan="7">作业解答：</td></tr>
<tr><td>2</td><td colspan="6"></td></tr>
<tr><td colspan="7">作业解答：</td></tr>
<tr><td>3</td><td colspan="6"></td></tr>
<tr><td colspan="7">作业解答：</td></tr>
<tr><td>4</td><td colspan="6"></td></tr>
<tr><td colspan="7">作业解答：</td></tr>
<tr><td>5</td><td colspan="6"></td></tr>
<tr><td colspan="7">作业解答：</td></tr>
<tr><td rowspan="4">作业评价</td><td>班级</td><td></td><td>第　组</td><td></td><td colspan="2"></td></tr>
<tr><td>学号</td><td></td><td>姓名</td><td></td><td colspan="2"></td></tr>
<tr><td>教师签字</td><td></td><td>教师评分</td><td></td><td>日期</td><td></td></tr>
<tr><td colspan="6">评语：</td></tr>
</table>

检　查　单

<table>
<tr><td>学习领域</td><td colspan="4">种子加工贮藏技术</td></tr>
<tr><td>学习情境 8</td><td colspan="2">主要农作物种子的贮藏方法</td><td>学时</td><td>0.5</td></tr>
<tr><td>序号</td><td>检查项目</td><td>检查标准</td><td>学生自检</td><td>教师检查</td></tr>
<tr><td>1</td><td></td><td></td><td></td><td></td></tr>
<tr><td>2</td><td></td><td></td><td></td><td></td></tr>
<tr><td></td><td></td><td></td><td></td><td></td></tr>
<tr><td></td><td></td><td></td><td></td><td></td></tr>
<tr><td></td><td></td><td></td><td></td><td></td></tr>
<tr><td></td><td></td><td></td><td></td><td></td></tr>
<tr><td></td><td></td><td></td><td></td><td></td></tr>
<tr><td></td><td></td><td></td><td></td><td></td></tr>
<tr><td></td><td></td><td></td><td></td><td></td></tr>
<tr><td></td><td></td><td></td><td></td><td></td></tr>
<tr><td></td><td></td><td></td><td></td><td></td></tr>
<tr><td></td><td></td><td></td><td></td><td></td></tr>
<tr><td></td><td></td><td></td><td></td><td></td></tr>
<tr><td rowspan="3">检查评价</td><td>班级</td><td>　　　　第　组</td><td>组长签字</td><td></td></tr>
<tr><td>教师签字</td><td></td><td>日期</td><td></td></tr>
<tr><td colspan="4">评语：</td></tr>
</table>

评 价 单

学习领域	种子加工贮藏技术				
学习情境 8	主要农作物种子的贮藏方法			学时	0.5
评价类别	项目	子项目	个人评价	组内互评	教师评价
专业能力（60%）	资讯（10%）	搜集信息（5%）			
		引导问题回答（5%）			
	计划（10%）	计划可执行度（3%）			
		讨论的安排（4%）			
		检验方法的选择（3%）			
	实施（15%）	仪器操作规程（5%）			
		仪器工具工艺规范（6%）			
		检查数据质量管理（2%）			
		所用时间（2%）			
	检查（10%）	全面性、准确性（5%）			
		异常的排除（5%）			
	过程（5%）	使用工具规范性（2%）			
		检验过程规范性（2%）			
		工具和仪器管理（1%）			
	结果（10%）	排除异常（10%）			
社会能力（20%）	团结协作（10%）	小组成员合作良好（5%）			
		对小组的贡献（5%）			
	敬业精神（10%）	学习纪律性（5%）			
		爱岗敬业、吃苦耐劳精神（5%）			
方法能力（20%）	计划能力（10%）	考虑全面、细致有序（10%）			
	决策能力（10%）	决策果断、选择合理（10%）			
评价评语	班级		姓名	学号	总评
	教师签字		第　组	组长签字	日期
	评语：				

教学反馈单

学习领域	种子加工贮藏技术			
学习情境 8	主要农作物种子的贮藏方法			
序号	调查内容	是	否	理由陈述
1				
2				
3				
4				
7				
8				
9				
10				
11				
12				
13				
14				
15				
你的意见对改进教学非常重要,请写出你的建议和意见:				
调查信息	被调查人签字		调查时间	

附件1　种子质量标准

一、禾谷类作物种子质量标准(GB 4404.1—2008)

附表1-1　禾谷类作物种子质量标准　%

<table>
<tr><th>作物名称</th><th colspan="2">种子类别</th><th>纯 度
不低于</th><th>净 度
不低于</th><th>发芽率
不低于</th><th>水 分
不高于</th></tr>
<tr><td rowspan="5">水稻</td><td rowspan="2">常规种</td><td>原种</td><td>99.9</td><td rowspan="5">98.0</td><td rowspan="2">85</td><td rowspan="2">13.0(籼)
14.5(粳)</td></tr>
<tr><td>大田用种</td><td>99.0</td></tr>
<tr><td rowspan="2">不育系
保持系
恢复系</td><td>原种</td><td>99.9</td><td rowspan="3">80</td><td rowspan="2">13.0</td></tr>
<tr><td>大田用种</td><td>99.5</td></tr>
<tr><td>杂交种</td><td>大田用种</td><td>96.0</td><td>13.0(籼)
14.5(粳)</td></tr>
<tr><td rowspan="7">玉米</td><td rowspan="2">常规种</td><td>原种</td><td>99.9</td><td rowspan="7">99.0</td><td rowspan="2">85</td><td rowspan="7">13.0</td></tr>
<tr><td>大田用种</td><td>97.0</td></tr>
<tr><td rowspan="2">自交系</td><td>原种</td><td>99.9</td><td rowspan="2">80</td></tr>
<tr><td>大田用种</td><td>99.0</td></tr>
<tr><td>单交种</td><td>大田用种</td><td>96.0</td><td rowspan="3">85</td></tr>
<tr><td>双交种</td><td>大田用种</td><td>95.0</td></tr>
<tr><td>三交种</td><td>大田用种</td><td>95.0</td></tr>
<tr><td rowspan="2">小麦</td><td rowspan="2">常规种</td><td>原种</td><td>99.9</td><td rowspan="2">99.0</td><td rowspan="2">85</td><td>13.0</td></tr>
<tr><td>大田用种</td><td>99.0</td><td rowspan="3">13.0</td></tr>
<tr><td rowspan="2">大麦</td><td rowspan="2">常规种</td><td>原种</td><td>99.9</td><td rowspan="2">99.0</td><td rowspan="2">85</td></tr>
<tr><td>大田用种</td><td>99.0</td></tr>
<tr><td rowspan="5">高粱</td><td rowspan="2">常规种</td><td>原种</td><td>99.9</td><td rowspan="7">98.0</td><td>75</td><td rowspan="5">13.0</td></tr>
<tr><td>大田用种</td><td>98.0</td><td></td></tr>
<tr><td rowspan="2">不育系
保持系
恢复系</td><td>原种</td><td>99.9</td><td></td></tr>
<tr><td>大田用种</td><td>99.0</td><td></td></tr>
<tr><td>杂交种</td><td>大田用种</td><td>93.0</td><td>80</td></tr>
<tr><td colspan="2" rowspan="2">粟、黍
(常规种)</td><td>原种</td><td>99.8</td><td>85</td><td rowspan="2">13.0</td></tr>
<tr><td>大田用种</td><td>98.0</td><td></td></tr>
</table>

二、经济作物种子质量标准(GB 4407.1—2008)

附表 1-2　纤维类作物种子质量标准　　%

作物名称	种子类别		纯度 不低于	净度 不低于	发芽率 不低于	水分 不高于
棉花 常规种	棉花毛籽	原种	99.0	97.0	70	12.0
		大田用种	95.0			
	棉花光籽	原种	99.0	99.0	80	
		大田用种	95.0			
	棉花薄膜 包衣籽	原种	99.0			
		大田用种	95.0			
棉花杂交 种亲本	棉花毛籽		99.0	97.0	70	12.0
	棉花光籽		99.0	99.0	80	
	棉花薄膜包衣籽		99.0			
棉花杂交 一代种	棉花毛籽		95.0	97.0	70	12.0
	棉花光籽		95.0	99.0	80	
	棉花薄膜包衣籽		95.0			

附表 1-3　黄麻、红麻和亚麻种子质量标准　　%

作物名称	种子类别	纯度 不低于	净度 不低于	发芽率 不低于	水分 不高于
圆果黄麻	原种	99.0	98.0	80	12.0
	大田用种	96.0			
长果黄麻	原种	99.0	98.0	85	12.0
	大田用种	96.0			
红麻	原种	99.0	98.0	75	12.0
	大田用种	97.0			
亚麻	原种	99.0	98.0	85	9.0
	大田用种	97.0			
	良种	96.0		60	

三、油料类作物种子质量标准(GB 4407.2—2008)

附表 1-4 油菜种子质量标准

%

<table>
<tr><th>作物名称</th><th colspan="2">种子类别</th><th>纯 度
不低于</th><th>净 度
不低于</th><th>发芽率
不低于</th><th>水 分
不高于</th></tr>
<tr><td rowspan="5">油菜</td><td rowspan="2">常规种</td><td>原种</td><td>99.0</td><td rowspan="5">98.0</td><td rowspan="2">85</td><td rowspan="5">9.0</td></tr>
<tr><td>大田用种</td><td>95.0</td></tr>
<tr><td rowspan="2">亲本</td><td>原种</td><td>99.0</td><td rowspan="3">80</td></tr>
<tr><td>大田用种</td><td>98.0</td></tr>
<tr><td>杂交种</td><td>大田用种</td><td>85.0</td></tr>
</table>

附表 1-5 向日葵种子质量标准

%

<table>
<tr><th>作物名称</th><th colspan="2">种子类别</th><th>纯 度
不低于</th><th>净 度
不低于</th><th>发芽率
不低于</th><th>水 分
不高于</th></tr>
<tr><td rowspan="5">向日葵</td><td rowspan="2">常规种</td><td>原种</td><td>99.0</td><td rowspan="5">98.0</td><td rowspan="2">85</td><td rowspan="2">9.0</td></tr>
<tr><td>大田用种</td><td>96.0</td></tr>
<tr><td rowspan="2">亲本</td><td>原种</td><td>99.0</td><td rowspan="3">90</td><td rowspan="3">9.0</td></tr>
<tr><td>大田用种</td><td>98.0</td></tr>
<tr><td>杂交种</td><td>大田用种</td><td>96.0</td></tr>
</table>

附表 1-6 花生、芝麻种子质量标准

%

<table>
<tr><th>作物名称</th><th>种子类别</th><th>纯 度
不低于</th><th>净 度
不低于</th><th>发芽率
不低于</th><th>水 分
不高于</th></tr>
<tr><td rowspan="2">花生</td><td>原种</td><td>99.0</td><td rowspan="2">99.0</td><td rowspan="2">80</td><td rowspan="2">10.0</td></tr>
<tr><td>大田用种</td><td>96.0</td></tr>
<tr><td rowspan="2">芝麻</td><td>原种</td><td>99.0</td><td rowspan="2">97.0</td><td rowspan="2">85</td><td rowspan="2">9.0</td></tr>
<tr><td>大田用种</td><td>97.0</td></tr>
</table>

四、蔬菜种子质量标准(GB 16715.2～5-1999)

附表 1-7　白菜类、茄果类、甘蓝类、叶菜类种子质量标准　%

作物名称	种子类别		纯度不低于	净度不低于	发芽率不低于	水分不高于
结球白菜	亲本	原种	99.9	98.0	75	7.0
		良种	99.0			
	常规种	原种	99.9		85	
		良种	95.0			
	杂交种	一级	98.0		85	
		二级	96.0			
不结球白菜		原种	99.9	98.0	85	7.0
		良种	95.0			
茄子	亲本	原种	99.9	98.0	75	8.0
		良种	99.0			
	常规种	原种	99.9		75	
		良种	96.0			
	杂交种	一级	98.0		85	
		二级	95.0			
辣椒	亲本	原种	99.9	98.0	75	7.0
		良种	99.0			
	常规种	原种	99.0		75	
		良种	90.0			
	杂交种	一级	95.0		80	
		二级	90.0			
番茄	亲本	原种	99.9	98.0	85	7.0
		良种	99.0			
	常规种	原种	99.9		55	
		良种	95.0			
	杂交种	一级	98.0		85	
		二级	95.0			

续附表 1-7

作物名称	种子类别		纯度 不低于	净度 不低于	发芽率 不低于	水分 不高于
甘蓝	亲本	原种	99.9	98.0	70	7.0
		良种	99.0			
	常规种	原种	99.0		85	
		良种	95.0			
	杂交种	一级	96.0		70	
		二级	93.0			
球茎甘蓝		原种	99.0	98.0	85	7.0
		良种	95.0			
花椰菜		原种	99.0	98.0	85	7.0
		良种	96.0			
芹菜		原种	99.0	95.0	65	8.0
		良种	92.0			
菠菜		原种	99.0	97.0	70	10.0
		良种	92.0			
莴苣		原种	99.0	96.0	80	7.0
		良种	96.0			

附件 2　农作物种子贮藏

主要农作物种子贮藏

本标准代替 GT/T 7414—1987。本次修订主要依据《中华人民共和国种子法》的有关规定以及大量的试验数据，与 GT/T 7414—1987 相比，主要变化如下：

扩大了贮藏种子的范围；

增加了低温库的贮藏内容；

修改了种子存放的技术指标和标志；

增加了种子发芽率的参考贮藏条件和期限。

本标准的附录 A 为资料性附录。

本标准由中华人民共和国农业部提出。

本标准负责起草单位：全国农业技术推广服务中心、中国农业科学院蔬菜花卉研究所、中国农业科学院品质所、广西壮族自治区种子站、合肥丰乐种业股份有限公司。

本标准主要起草人：谷铁城、何艳琴、黄祖纹、卢新雄、胡鸿、胡小荣、王兆贤、宁明宇、马继光。

本标准代替所代替标准的历次版本发布情况：

GT/T 7414—1987。

1. 范围

本标准规定了农作物种子贮藏的技术要求。

本标准适用于农作物种子的贮藏，不适用于以块根（块茎）、芽苗等为繁殖材料的贮藏。

2. 规范性引用文件

下列文件中的条款通过本标准的引用而成为本标准的条款。凡是注日期的引用文件，其随后所有的修改单（不包括勘误的内容）或修订版均不适用于本标准，然而，鼓励根据本标准达成协议的各方研究是否可使用这些文件的最新版本。凡是不注日期的引用文件，其最新版本适用于本标准。

GB 4404.1　粮食作物种子　禾谷类

GB 4404.2　粮食作物种子　豆类

GB 4407.1　经济作物种子　纤维类

GB 4407.2　经济作物种子　油料类

GB 15671　主要农作物包衣种子技术条件

GB 15671.1　瓜菜作物种子　瓜类

GB 15671.2　瓜菜作物种子　白菜类

GB 15671.3　瓜菜作物种子　茄果类

GB 15671.4　瓜菜作物种子　甘蓝类

GB 15671.5　瓜菜作物种子　叶菜类

3.术语和定义

下列术语和定义适用于本标准。

3.1 常温种子仓库(seed warehouses of natural condition)

在自然条件下贮藏种子的仓库及其设备。

3.2 低温种子仓库(seed warehouses of low temperature)

在人为控制条件下贮藏种子的仓库及其设施。库内温度≤15℃,相对湿度≤65%。

3.3 贮藏(storage)

利用种子仓库堆种子进行3个月以上的保持和保管,使种子保持可能高的发芽率。

4.仓库条件

库内要由温度和湿度显示仪器。库房要牢固,门窗齐全,具有密闭与通风性能,能防湿、防混杂、防鼠雀、防虫、防火。低温种子仓库要符合国家、行业的设计标准,具有控制温度和湿度的设施。

5 贮藏管理

5.1 种子入库要求

应先进行干燥和精选去杂,质量按 GB 4404.1~2、GB 4407.1~2、GB/T 16715.1~5 执行。薄膜包衣种子按 GB 15671 执行。未列入国家标准的蔬菜种子种类,应符合入库的要求。

5.2 种子存放

5.2.1 按作物种类、品种区分存放。包衣种子应执行 GB 15671 标准。设立专库,与其他种子分开存放。仓库要有通风设施,保持干燥。

5.2.2 种子距地面高度,最低≥200 mm,距库顶≥500 mm。袋装堆放呈"非"字形、"半非"字形或垛。种子离墙壁机理≥500 mm。

5.2.3 种子存放后,应留有通道,通道宽度≥1 000 mm。

5.2.4 放入低温种子仓库的种子温度与仓温差≤5℃,种子接触地面、墙壁处隔热铺垫、架空,保证通气。

5.3 堆垛标志

种子入库后标明堆号(围号)、品种、种子批号、种子质量、产地、生产日期、入库时间、种子水分、净度、发芽率、纯度。

5.4 检查

5.4.1 种子入库后应定期进行检查。检查时应避免外界高温、高湿的影响,低温种子仓库应每天记录库内温度和湿度。常温种子仓库应定期记录库内的温度和湿度。进入包衣种子库应由安全保护措施。

5.4.2 种子温度检查

种子入库半月内,每3 d检查一次(北方可减少检查次数,南方对含油量高的种子增加检查次数)。半个月后,检查周期可延长。

5.4.3 种子质量检查

贮藏期间堆种子水分和发芽率进行定期抽样检测,检验次数可根据当地的气候条件确定,北方地区应该至少检验两次,南方地区适当增加检验次数。在高温季节低温库种子应每月抽样检测一次。

5.5　种子虫害检验

采用上、中、下三层随机抽样，按 1 kg 种样中的活头数计算害虫密度，库温高于 20℃，15 d 检查一次，库温低于 20℃，2 个月检查一次。

5.6　种子贮藏水分的控制

种子贮藏期间的水分应该符合国家标准（GB 4404.1～2、GB 4407.1～2、GB/T 16715.1、GB/16715.2～5），水分超过国家标准和安全贮藏要求的种子应进行翻晒或机械除湿。标准外的蔬菜种子一般保持在 7%～10%为宜。

5.7　种子贮藏期

根据农作物种子贮藏期间南、北发芽率变化规律，提出参考贮藏条件和期限（参见附录 A）。

附　录　A
（资料性附录）
种子贮藏期限

表 A.1　部分主要农作物种子常温库贮藏发芽率高于国家标准的期限

作物种类	初始发芽率/%	初始含水量/%	包装物种类	期限/天		
				北京	合肥	南宁
杂交玉米	98	12.8	编织	16(85)	11	1
			塑料	16(84)	6	3
			纸塑	16(86)	12	3
			铝箔	16(86)	11	3
杂交水稻	99	12.8	编织	16(86)	6	0
			塑料	16(86)	3	1
			纸塑	16(84)	3	1
			铝箔	16(86)	3	1
杂交油菜	93	8.3	编织	16(89)	13	1
			塑料	16(88)	13	3
			纸塑	16(86)	13	3
			铝箔	16(83)	12	3

注 1：本贮藏试验时间为 2001 年 6 月至 2002 年 9 月，共 16 个月（两个夏季贮藏）

注 2：括号内为贮藏期间到达 16 个月但仍高于国家标准的实际发芽率（%）

表 A.2　部分蔬菜种子常温库贮藏发芽率高于国家标准的期限

作物种类	初始发芽率/%	初始含水量/%	包装物种类	期限/天		
				北京	合肥	南宁
芹菜	74	6.2	编织	12	0	4
			塑料	15	4	3
			纸塑	12	10	0
			铝箔	8	7	7
菠菜	97	7.8	编织	16(87)	10	16(78)
			塑料	16(86)	10	16(78)
			纸塑	16(87)	10	16(80)
			铝箔	16(85)	12	16(80)
番茄	91	6.6	编织	16(87)	12	13
			塑料	16(87)	15	14
			纸塑	16(88)	15	14
			铝箔	16(87)	4	12
西瓜	97	6.4	编织	16(95)	0	4
			塑料	16(94)	4	3
			纸塑	16(95)	10	0
			铝箔	16(93)	7	7
辣椒	98	6.3	编织	16(95)	10	16(78)
			塑料	16(95)	10	16(78)
			纸塑	16(95)	10	16(80)
			铝箔	16(92)	12	16(80)
茄子	95	4.5	编织	16(90)	12	13
			塑料	16(90)	15	14
			纸塑	16(90)	15	14
			铝箔	16(88)	4	12

注 1:本贮藏试验时间为 2001 年 6 月至 2002 年 9 月,共 16 个月(两个夏季贮藏)

注 2:括号内为贮藏期间到达 16 个月但仍高于国家标准的实际发芽率(%)

表 A.3 部分主要农作物种子低温库贮藏发芽率高于国家标准的期限

作物种类	初始发芽率/%	初始含水量/%	包装物种类	期限/天		
				北京	合肥	南宁
杂交玉米	98	12.8	编织	—	16(98)	4
			塑料	16(88)	16(96)	16(87)
			纸塑	16(93)	16(96)	4
			铝箔	16(92)	16(98)	16(96)
杂交水稻	96	12.8	编织	3	16(88)	16(83)
			塑料	16(83)	16(83)	16(83)
			纸塑	16(84)	16(86)	16(82)
			铝箔	16(85)	16(90)	16(85)
杂交油菜	94	8.2	编织	—	16(96)	16(90)
			塑料	16(92)	16(92)	16(90)
			纸塑	16(89)	16(96)	16(89)
			铝箔	16(90)	16(94)	16(92)

注 1:本贮藏试验时间为 2001 年 6 月至 2002 年 9 月,共 16 个月(两个夏季贮藏)

注 2:括号内为贮藏期间到达 16 个月但仍高于国家标准的实际发芽率(%)

表 A.4　部分蔬菜种子常温库贮藏发芽率高于国家标准的期限

作物种类	初始发芽率/%	初始含水量/%	包装物种类	期限/天		
				北京	合肥	南宁
芹菜	74	6.2	编织	16(67)	5	—
			塑料	16(70)	5	—
			纸塑	16(69)	16(70)	—
			铝箔	16(66)	16(71)	—
菠菜	97	7.8	编织	16(93)	16(82)	16(86)
			塑料	16(91)	16(84)	16(82)
			纸塑	16(93)	16(87)	16(82)
			铝箔	16(93)	16(82)	16(82)
番茄	91	6.6	编织	16(90)	16(89)	16(85)
			塑料	16(89)	16(90)	5
			纸塑	16(89)	5	16(85)
			铝箔	16(90)	16(87)	5
西瓜	97	6.4	编织	16(95)	0	4
			塑料	16(94)	4	3
			纸塑	16(95)	10	0
			铝箔	16(93)	7	7
辣椒	98	6.3	编织	16(94)	16(95)	16(94)
			塑料	16(97)	16(94)	16(95)
			纸塑	16(96)	16(95)	16(92)
			铝箔	16(96)	16(95)	16(92)
茄子	95	4.5	编织	16(96)	16(98)	16(94)
			塑料	16(96)	16(95)	16(94)
			纸塑	16(97)	16(94)	16(92)
			铝箔	16(98)	16(97)	16(96)

注 1:本贮藏试验时间为 2001 年 6 月至 2002 年 9 月,共 16 个月(两个夏季贮藏)

注 2:括号内为贮藏期间到达 16 个月但仍高于国家标准的实际发芽率(%)

参考文献

[1] 颜启传. 种子学. 北京:中国农业出版社,2001.

[2] 王建华,张春庆. 种子生产学. 北京:高等教育出版社,2006.

[3] 曹雯梅,刘松涛,等. 作物种子生产. 北京:中国农业大学出版社,2010.

[4] 束剑华. 园艺植物种子生产与管理. 苏州:苏州大学出版社,2009.

[5] 胡晋,谷铁城. 种子贮藏原理与技术. 北京:中国农业出版社,2001.

[6] 孙新政,等. 园艺植物种子生产. 北京:中国农业出版社,2006.

[7] 王成俊. 作物种子贮藏. 成都:四川科学技术出版社,1997.

[8] 毕新华,戴心维. 种子学. 北京:中国农业出版社,1993.

[9] 忻介六. 贮粮害虫综合防治的探讨. 粮食贮藏,1979(1):3-8.

[10] 李广武. 低温生物学. 长沙:湖南科学技术出版社,1998.

[11] 李笑光. 农作物干燥与通风贮藏. 天津:天津科学技术出版社,1989.

[12] 卢良峰,路文静. 遗传学. 北京:中国农业出版社,2007.

[13] 王许玲,刘志宏. 种子加工贮藏技术. 北京:中国农业大学出版社,2011.

[14] 王建华,张春庆. 种子生产学. 北京:高等教育出版社,2006.

[15] 李自学. 玉米育种与种子生产. 北京:中国农业科学技术出版社,2010.

[16] 陈火英,柳李旺. 种子种苗学. 上海:上海交通大学出版社,2011.

[17] 陈杏禹. 蔬菜种子生产技术. 北京:化学工业出版社,2011.

[18] 张宏宇. 粮食与种子贮藏技术. 北京:金盾出版社,2009.

[19] 胡晋. 种子贮藏加工学. 2 版. 北京:中国农业大学出版社,2009.

[20] 孙群,胡晋,等. 种子加工与贮藏. 北京:高等教育出版社,2008.

[21] 大卫・威尔让布斯,等. 科学的种子 4. 欧瑜译. 北京:人民教育出版社,2009.

[22] 高荣岐,张春庆. 作物种子学. 北京:中国农业出版社,2010.

[23] 王立军,胡凤新. 种子贮藏加工与检验. 北京:化学工业出版社,2009.

[24] 闫学林. 种子工程学. 天津:天津大学出版社,2011.

[25] 冯云选. 种子贮藏加工. 北京:化学工业出版社,2011.